水利水电施工

SHUILI SHUIDIAN SHIGONG

2024 年第 6 册

中国电力建设集团有限公司

中国水力发电工程学会施工专业委员会　主编

全国水利水电施工技术信息网

中国水利水电出版社
www.waterpub.com.cn

·北京·

图书在版编目（CIP）数据

水利水电施工. 2024年. 第6册 / 中国电力建设集团
有限公司，中国水力发电工程学会施工专业委员会，全国
水利水电施工技术信息网主编. -- 北京 : 中国水利水电
出版社，2024. 12. -- ISBN 978-7-5226-3101-1

Ⅰ. TV5-53

中国国家版本馆CIP数据核字第2025ER7343号

书　　　名	水利水电施工　2024 年第 6 册 SHUILI SHUIDIAN SHIGONG　2024 NIAN DI 6 CE	
作　　　者	中国电力建设集团有限公司 中国水力发电工程学会施工专业委员会　主编 全国水利水电施工技术信息网	
出 版 发 行	中国水利水电出版社 （北京市海淀区玉渊潭南路 1 号 D 座　100038） 网址：www.waterpub.com.cn E-mail: sales@mwr.gov.cn 电话：(010) 68545888（营销中心）	
经　　　售	北京科水图书销售有限公司 电话：(010) 68545874、63202643 全国各地新华书店和相关出版物销售网点	
排　　　版	中国水利水电出版社微机排版中心	
印　　　刷	北京印匠彩色印刷有限公司	
规　　　格	210mm×285mm　16 开本　10 印张　411 千字　4 插页	
版　　　次	2024 年 12 月第 1 版　2024 年 12 月第 1 次印刷	
定　　　价	36.00 元	

烟台金山湾生态城基础设施 BT 项目

威海蓝色海湾整治行动项目

烟台港海阳港区二期工程总承包项目

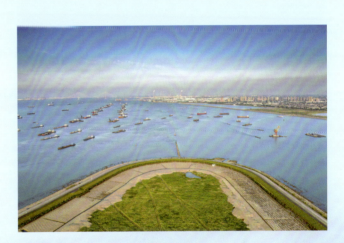

长江澄通河段铁黄沙整治工程局部

长江澄通河段铁黄沙整治工程全景

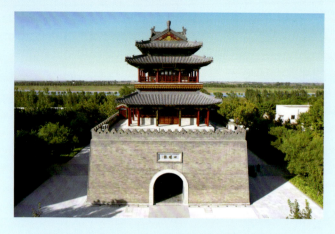

藁城区四明楼古建筑基础设施及配套建设项目

陈树湘党性教育基地（道州长征学院）EPC 项目

大理市道路提升改造工程项目海舌公园生态廊道路

青岛中德生态园项目

中国电建集团港航建设有限公司上海市松江区新建
学员宿舍楼 EPC 工程

龙岗区2020年河流水质提升及污水处理厂提质增效工程

东莞市石马河流域综合治理项目 EPC+O

珠海市海洋生态保护修复项目

广东省东莞市茅洲河界河段综合整治（东莞部分）一期、二期项目

乌鲁木齐市"水进城"项目-河湖水系连通工程（先导工程）项目

雄安新区白洋淀生态清淤扩大试点工程

卢氏县洛河城区段综合治理项目示范段工程

浙江省松阳水环境综合治理及生态价值转换特许经营项目

巴基斯坦卡西姆码头及航道 EPC 项目

巴基斯坦卡西姆港卸煤码头运行维护项目

孟加拉国巴瑞萨燃煤电站项目厂区吹填及地基预处理工程

孟加拉国巴山岛围堤扩建工程

毛里塔尼亚努瓦迪布新矿石码头工程

毛里塔尼亚塔尼特渔港工程

厄瓜多尔可尼尔防洪工程

毛里塔尼亚卡伊迪桥闸加固项目（lot 1 标）

毛塔努瓦迪布 SNIM 医院扩建改建工程

孟加拉国帕德玛大桥河道整治工程

孟加拉国帕德玛大桥河道整治工程南岸 4 千米堤身

本书封面、封底、插页照片均由中国电建集团港航建设有限公司提供

《水利水电施工》编审委员会

前　言

　　《水利水电施工》是全国水利水电施工行业内反映水利水电工程施工前沿技术、创新科技成果、科技情报资讯和工程建设管理经验的综合性技术丛书。本丛书以总结水利水电工程前沿施工技术、推广应用创新科技成果、促进科技情报交流、推动中国水电施工技术和品牌走向世界为宗旨。《水利水电施工》自 2008 年在北京公开出版发行以来，至 2023 年年底，已累计编撰发行 96 分册，深受行业内广大工程技术人员的欢迎和有关部门的认可。

　　为进一步提高《水利水电施工》丛书的质量，增强丛书内容的学术性、可读性、价值性，自 2017 年起，对丛书的版式由原杂志型调整为丛书型。调整后的丛书版式继承和保留了国际流行大 16 开版本、每分册设计精美彩页 6～12 页、内文黑白印刷的原貌。

　　本书为调整后的《水利水电施工》2024 年第 6 册，全书共分 7 个部分，分别为：地下工程、地基与基础工程、混凝土工程、试验与研究、机电与新能源工程、市政与交通工程、企业经营与项目管理，共包含各类技术文章和管理文章 34 篇。

　　本书可供从事水利水电施工、设计以及有关建筑行业、金属结构制造、路桥市政建设以及轨道交通施工行业的相关技术人员和企业管理人员学习借鉴和参考。

编者

2024 年 10 月

目　录

Contents

Test and Research

Electromechanical and New Energy Engineering

Roads, Bridges and Municipal Projects

Enterprise Operation and Project Management

审稿人：张正富

复杂地质隧道病害治理评价自动化监测技术

聂东怡/中电建路桥集团有限公司

【摘　要】 在隧道施工和运营两个阶段，采用自动化监测技术验证隧道病害治理效果，可为隧道二衬开裂、仰拱隆起等病害提供数据支撑，揭示围岩深部位移、初支应力的变化趋势，进而为类似复杂地质隧道病害治理措施提供基础资料。本文以建（个）元高速公路他白依隧道为依托工程，通过隧道病害段落监测，揭示多级构造影响下极软岩小净距变形公路隧道围岩应力演变规律。

【关键词】 复杂地质隧道　病害治理　自动化监测

1　引言

随着我国公路建设的迅猛发展，公路隧道的数量日益增多，建设过程中不可避免会穿越一些复杂地质路段。复杂的工程地质条件与特殊的围岩力学性质致使隧道围岩大变形问题十分突出，严重制约隧道工程的施工建设安全与长期运营稳定。尤其是在多级构造影响的极软岩环境下，围岩大变形问题更加突出，常规的隧道监测手段、参数难以满足安全预警要求。

目前，针对施工期及运营期隧道的自动化监控监测较少。一般在施工期对隧道进行必要的监控量测，用于指导施工。运营期监测主要用于科学研究或跨江跨河、海底隧道的沉降、差异位移、扭转变形等方面，涉及围岩压力、围岩深部位移、支护间应力等，受到施工成本及监测手段的影响，参建单位一般不愿意投入。除非在施工过程中遇到难以处理的困难而又急需了解围岩变形状况，才会有针对性地选取部分选测项目，且在运营期监测过程中，相关监测参数预警阈值设置等方面无统一标准，全凭经验设置。

为了验证多级构造影响下极软岩小净距变形隧道病害处治效果，本文以云南省红河州建水（个旧）至元阳高速公路他白依隧道为研究对象，采用自动化监测手段，掌握他白依隧道在施工及运营期的洞周深部围岩变

形规律及结构受力规律，结合地表水下渗等诸多水环境对结构的长期影响作用，为施工安全及结构的长期稳定分析提供依据；通过监测数据分析，判断围岩与结构的稳定性状态，验证调整设计后的支护结构效果；通过运营期监控监测，了解该工程条件下所表现、反映出来的一些地下工程规律和特点，为今后类似工程的自动化监测技术的发展提供借鉴、依据和指导作用；通过对隧道内的长期监测断面的数据进行分析，掌握隧道支护结构和周围岩体的变形、应力状态及其稳定情况，提供隧道运营过程中的结构安全预警。

2　工程概况

2.1　隧道概况

他白依隧道设计的左线起点桩号为 Z5K62＋502，左线终点桩号为 Z5K65＋115，全长 2613m；右线起点桩号为 K62＋490，右线终点桩号为 K65＋080，全长 2590m；一般埋深为 100～250m，最大埋深为 297m，属深埋长隧道。

2.2　地质情况

2.2.1　地形地貌

隧址区位于建水县坡头乡他白依村，进口位于斜坡

山脊侧面，山脊侧面为林地，植被稀疏，以灌木为主，地表为残坡积覆盖；隧址区内地势起伏大，左右线进口地形较陡，地形坡度为30°～65°。出口位于冲沟东侧山脊侧面的斜坡上，地形坡度为20°～35°，隧道与山脊侧面斜坡正交，地貌类型属岩溶中山峡谷型。

2.2.2 地质构造

根据区域地质资料及地质调查，受隧道进口左侧直线距离约350m的龙岔河区域断裂 F_{17} 及隧道出口约50m红河逆深大断裂-次生级断裂 F_{14} 构造分布影响，隧道穿越区域受区域断裂影响，断层（层间挤压）及节理发育，岩体破碎，分析隧道通过的断层破碎带、节理密集带，可知围岩稳定条件差，存在塌方及涌水的工程地质问题。

2.3 水文地质条件

隧址区地表水主要为大气降水，通过地表径流快速向冲沟排泄，沟谷地带覆盖层透水性较好，隧道岩体中节理裂隙较为发育，地表水易沿节理裂隙下渗补给。

2.4 病害情况

施工过程中，他白依隧道掌子面连续揭露围岩均为全～强风化板岩、炭质灰岩，围岩破碎松散，岩体完整性差。

隧道洞内地质灾害有：局部小中型涌水，隧道塌方灾害（72次），局部较大型突泥涌水灾害（4次），地表沉降开裂（开裂20余条，最大宽度25cm）。

隧道洞内结构病害有：初期支护结构开裂、掉块约2086m，钢架扭曲、折断约2086m，局部初期支护侵限约1808m，局部仰拱隆起约488m，局部二次衬砌开裂约372m。

3 监测内容及断面布设

依托前期病害调查资料，结合项目工程特点和现场动态的施工进度，考虑监测断面的可操作性，按施工期监测和运营期监测分别确定了监测断面及监测项目。

3.1 围岩内部位移监测

针对二衬开裂段，在隧道左右边墙采用多点位移计监测围岩的深层位移，主要目的为监测隧道边墙围岩位移变化情况。仰拱开裂地段增加仰拱底部的深部位移监测点。

3.2 水压力监测

在隧道左右边墙采用渗压计监测围岩水压力，主要

目的为监测隧道周边水压力的变化情况，判断水压力对结构的影响，每个断面设置2个监测孔，仰拱开裂段增加1个仰拱测点。

3.3 围岩压力监测

在隧道初支与围岩之间设置压力盒进行围岩压力监测，掌握围岩对隧道结构的作用荷载，每个断面设置拱顶、左右拱脚、左右边墙5个监测点，仰拱拆换段在仰拱处增加1个监测点。

3.4 初支拱架应力监测

在隧道初支拱架内外侧翼缘焊接表面应变计监测初支拱架受力，掌握初支在抵抗围岩变形过程中的受力状态，每个断面设置拱顶、左右拱腰、左右边墙5个监测点（仰拱开裂段增加1个测点），每个监测点在初支内外侧钢拱架上成对布置监测元器件。

3.5 两层支护间接触压力监测

在隧道初支与二衬之间设置压力盒进行接触压力监测，掌握初支对二衬结构的作用荷载，每个断面设置拱顶、左右拱脚、左右边墙5个监测点（仰拱开裂段增加1个测点）。

3.6 衬砌混凝土应力监测

在隧道衬砌混凝土内部埋设混凝土应变计监测衬砌受力，掌握衬砌内部的受力状态，每个断面设置拱顶、左右拱腰、左右边墙5个监测点（仰拱开裂段增加1个测点），每个监测点在衬砌钢筋内外侧成对布置监测元器件。

4 监测方式及频率

4.1 监测方式

施工期监测采用人工监测，随设备安装进行日常监测。运营期监测将每个断面的监测点信号线引至边墙部位，在隧道两侧边墙部位安装数据采集器，采集器设定为定时采集，利用洞内220V交流电连续供电，通过物联网通信信号进行数据远程传输，监测及传输方式示意如图1所示。

4.2 监测频率

按照《在役公路隧道长期监测技术指南》（T/CHTS 10021—2020）3.0.4条的规定，监测要求和监测频率宜分别按照表1、表2执行。

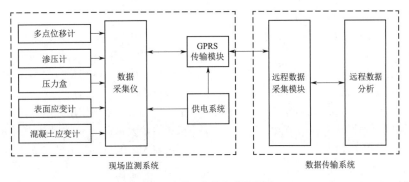

图1　监测及传输方式示意图

表1　监测要求

监测等级	监测内容与方法
一级	监测内容：以病害特征监测为主，结构变形、受力监测为辅； 监测方法：以人工检测为主
二级	监测内容：以病害特征结构变形受力监测为主，围岩或周围环境监测为辅； 监测方法：采用专业监测设备，重要监测项目实施自动化监测
三级	监测内容：同时开展病害特征、结构变形、受力以及围岩或周边环境监测； 监测方法：病害的关键参数及结构变形、受力等监测项目实施自动化监测

表2　按照监测等级确定的长期监测频率

长期监测等级	一级	二级	三级
监测频率	1～2次/月	2～3次/周	1～2次/d

5　监测控制值

5.1　施工期

施工期监测数据的分析侧重于绝对值和增长趋势，绝对值用以判断结构的整体受力状态，增长趋势用以判断结构受力变化状态。施工期监测项目控制值见表3。

表3　施工期监测项目控制值

监测项目	控制值
钢支撑应力	钢材屈服强度：235MPa
衬砌混凝土应力	C30：弯曲抗压28.1MPa、抗拉2.2MPa
水压力	计算值：通过结构荷载法计算结构内力； 经验值：25cm厚混凝土最大允许荷载约为300kPa，60cm厚混凝土最大允许荷载约为800kPa
围岩压力	
接触压力	
围岩深部位移	先通过地层结构法计算支护反力，再通过结构荷载法计算结构内力

本项目暂定预警等级为二级预警，一级黄色预警以最大允许值的80％作为控制值，二级红色预警以最大允许值的95％作为控制值，达到黄色预警需要引起重视，达到红色预警需要综合评判是否需要采取干预措施。施工期监测项目控制值见表4。

表4　施工期监测项目控制值

监测项目	控制值	
	黄色预警	红色预警
钢支撑应力	188MPa	223MPa
衬砌混凝土应力	弯曲抗压22.48MPa、抗拉1.76MPa	弯曲抗压26.69MPa、抗拉2.09MPa

5.2　运营期

运营期结构与周边环境变化相对固定，因此监测数据的分析以增长趋势为主，当稳定或基本稳定状态的监测数据突然出现较大增长时，则表示外部环境发生了明显改变或结构自身劣化严重，现阶段隧道受压异常，需要引起重视，最终预警值还是需要以施工期预警控制值为准。

6　自动化系统设计

6.1　系统设计原则

系统设计应遵循一定的原则，尽量做到可靠、经济、合理。监测系统是提供获取结构信息的工具，使决策者可以针对特定目标做出正确的决策。

系统坚持贯彻"技术可行、实施可能、经济合理"的基本原则，使得监测系统做到可用、实用、好用的程度，充分发挥作用，为隧道运营管理及安全提供数据上和技术上的支持。

6.2　系统组成

系统由感知层、传输层和运用层组成，具体表现为传感器系统、数据采集子系统、数据传输子系统、数据库子系统、数据处理与控制系统、安全评价和预警子系统，各个层相互协调，实现系统的各种功能。

7 数据统计分析

以断面 Z5K63＋462 为例，初支结构于 2022 年 9 月 16 日安装，测试周期为 15 个月；二衬结构于 2022 年 10 月 12 日安装，测试周期为 14 个月。

7.1 围岩深部位移

（1）断面各位置围岩位移整体变化量值不大，除仰拱 2m 位置变化值达到 45.08mm 和左拱腰 2m 位置变化值达到 15.46mm，其余各点位移值基本在 10mm 以内，围岩位移剖面如图 2 所示。

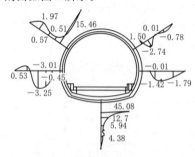

图 2 围岩位移剖面图（单位：mm）

（2）各测点在安装完成后 1 个月内，监测数据呈现增大趋势，表明此时洞周围岩位移在向洞内发展，1 个月之后完成衬砌，监测数据大部分开始变小，表明受初支及衬砌大刚度结构的影响，结构变形减小，洞周围岩持续向洞内变形，导致在隧道周边形成挤压状态，因而监测数据变化量相对变小。

（3）测试周期 14 个月内，各点监测数据均达到稳定状态。

围岩位移变化较平缓，整体值不大，且仰拱和右边墙以各自最深点 12m 处为基准点，都向远离洞内方向发生位移变形，其他位置相对于各自 12m 处发生了洞内位移，并且该断面围岩位移变化敏感范围是 0～2m。

7.2 围岩压力

（1）各测点围岩压力整体值不大，基本上在 130kPa 以内，最大值为 330.90kPa，围岩压力剖面如图 3 所示。

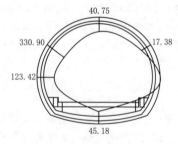

图 3 围岩压力剖面图（单位：kPa）

（2）测点埋设后，由于支护变形，局部测点围岩压力相对于初始安装时减小，呈现为负值，而后随着洞周围岩的挤压变形，围岩压力逐步增大，呈现为正值。

（3）围岩压力变化速率整体不大，各点监测数据均达到稳定状态。

围岩对拱架的作用力基本在 40kPa 左右，而左侧围岩压力较大，在 123.42～330.90kPa 之间，相对于其他部位较大，但总体趋于可控范围。

7.3 钢架应力

（1）各测点钢架应力整体值不大，整体表现为受压，应力值基本上在 100MPa 以内，最大值出现在拱顶部位，为 124.33MPa，钢架应力剖面如图 4 所示。

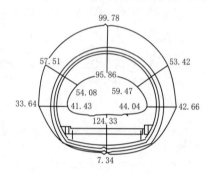

图 4 钢架应力剖面图（单位：MPa）

（2）测点埋设后，由于支护变形和洞周围岩的挤压，钢架应力基本呈现匀速递增的趋势，监测数据在经过 1 个月之后（衬砌施作）基本呈现稳定的趋势。

（3）钢架应力变化速率整体不大，并在 9 个月测试周期内达到稳定状态。

左下侧钢架应力较小，顶部应力最大；从拱架内外翼缘出发，仰拱处拱架内侧受压，外侧略微受压，原因是拱架两侧压力作用，底部比较平坦，外侧出现压应力较小，其他部位拱架内外侧都受到相同的压应力。

7.4 水压力

（1）水压力整体值不大，左右边墙在 50kPa 左右，换算成水头高度为 5m，仰拱水压力测点在 2022 年 11 月 21 日损坏。

（2）水压力在测点安装后的 1 个月内基本上没有变化，11 月 10 日后出现增长趋势，可能与衬砌施作后水流路径从衬砌背后调整有关。

（3）水压力变化速率整体不大，监测数据均达到相对稳定状态。

7.5 支护间接触压力

（1）各测点支护间接触压力整体值不大，压力值基本上在 20kPa 以内，最大值出现在左边墙部位，为 −125.84kPa，支护间接触压力剖面如图 5 所示。

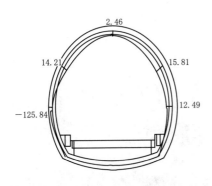

图 5　支护间接触压力剖面图（单位：kPa）

（2）从监测数据的趋势来看，衬砌除左边墙外接触压力一直未有较大的增长变化，表明衬砌受力整体很小，安全储备较高；左边墙接触压力在 8 个月的监测周期内达到稳定状态。

除去左边墙接触压力数据出现异常而不予考虑外，根据其他测点数据，拟合出该断面各处接触压力的剖面图。从剖面图中可以看出，断面整体接触压力较小。

7.6　混凝土应力

（1）衬砌混凝土整体值不大，受压在 3.42MPa 以内，衬砌混凝土应力剖面如图 6 所示。

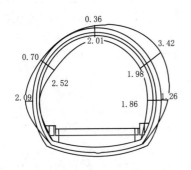

图 6　衬砌混凝土应力剖面图（单位：MPa）

（2）从监测数据的趋势来看，衬砌混凝土应力在施作 1 个月左右收水化热作用缓慢减小，1 个月后开始缓慢增长并逐渐达到稳定状态。

断面衬砌混凝土应力整体处于受压状态，且数值较小。

8　结语

通过对他白依隧道围岩深部位移、围岩压力、钢架应力、水压力、支护间接触压力以及二衬混凝土应力进行监测，采用数理统计的方法对隧道病害治理段落各监测实际参数随时间、深度和沿隧道纵向变化的规律进行分析，分析结果如下：

（1）未监测前，隧道内施工期二衬混凝土多次开裂、仰拱隆起，隧道拱部围岩松动圈一直未稳定，随着围岩松动圈范围的增大，连通周边含水层，岩体达到高度饱水状，造成仰拱基础、二衬周边围岩遇水软化，致使围岩的单轴抗压强度和黏聚力随含水率的增加而逐渐减小，造成施工完成后结构破坏。

（2）病害处治前期（施工期），各监测参数时态曲线整体呈现出急剧增长—迅速降低—趋于稳定的变化规律。

（3）病害处治后（刚通车后），即二衬混凝土施工完成至通车期间，围岩压力呈缓慢增长趋势，表明多级构造影响的极软岩不良地质条件下的大断面隧道，围岩变形速率小而变形持续时间长。

（4）随着时间的推进，进入运营期后，围岩变形速率趋于稳定，基本上处于恒定状态，进一步验证了病害处治方案，即通过注浆的方法在隧道周边形成了稳定的压力拱，加上锚杆发挥作用，限制了变形的进一步发展；上部围岩通过自然平衡拱把岩体重量传递到了洞室的两侧，对拱圈范围内的岩体不产生压力，变形趋于稳定。

参考文献

[1] 蒋宇静，张学朋. 隧道衬砌自动化检测及健康评价技术研究 [J]. 隧道建设（中英文），2021，41（3）：341 – 348.

[2] 尚金光. 基于物联网模式的隧道变形监测预警系统研究 [D]. 成都：西南交通大学，2012.

[3] 中国公路学会. 在役公路隧道长期监测技术指南：T/CHTS 10021—2020 [S]. 北京：人民交通出版社，2020.

[4] 中华人民共和国交通运输部. 公路隧道施工技术规范：JTG/T 3660—2020 [S]. 北京：人民交通出版社，2020.

高水位地质条件下大口径PCCP管道安装技术要点研究

赵文凯　孙雷雨　李磊磊/中国电建市政建设集团有限公司

【摘　要】 本文结合海南琼西北供水工程PCCP管道施工经验，分析大口径PCCP管道在高水位地质条件下的施工特点，论述高水位地质条件下的运输道路施工、管沟开挖、PCCP管安装和管沟回填施工等重难点，总结高水位地质条件下的大口径PCCP管道安装技术要点。

【关键词】 PCCP管道　高地下水位　大口径

1　引言

预应力钢筒混凝土管（prestressed concrete cylinder pipe，PCCP）在水利工程建设中应用，能有效降低工程成本，提高供水工程质量。海南琼西北供水工程，地处热带北缘，全年高温，降雨充沛，台风频繁。高地下水位地质条件以南方地区最为常见，主要为常年积水的水田地、坑塘、水产养殖地等地段，覆盖地表以下的一般为1~5m淤泥层，地基承载力较差。通过技术改进和设备优化选择，在高水位地质条件下，进行1.8m大直径的PCCP管道安装，管道安装后各项技术指标满足规范和设计要求，具有明显的经济效益和社会效益。

2　大口径PCCP管材的性能及特点

PCCP是一种新型的刚性材料，是带有钢筒的高强度混凝土管芯缠绕预应力钢丝、喷以水泥砂浆保护层、采用钢制承插口同钢筒焊在一起，承插口有凹槽和胶圈形成了滑动式胶圈的柔性接头，是钢板、混凝土、高强钢丝和水泥砂浆几种材料组成的复合结构，具有钢材和混凝土各自的优良特性。PCCP具有合理的复合结构、承受内外压较高、接头密封性好、抗震能力强、施工方便快捷、防腐性能好、维护方便等特性，为工程界所关注，广泛应用于长距离输水干线、压力倒虹吸、城市供水工程、有压输水管线、电厂循环水工程下水管道、压力排污干管等。与以往管材相比，PCCP具有适用范围广、经济寿命长、抗震性能好、安装方便及密闭性良好等优点。

3　大口径PCCP管道施工技术难点

大口径PCCP管道安装，以内径1.8m管为例，单根管道长度为6m，单根管道重量约12t，运输车辆单次运输3根，加上车辆自重，即单台运输车辆的重量可达50t，车辆行驶对运输道路的要求较高，对高地下水位地质条件环境而言无疑是施工难点。鉴于高地下水位地质条件，开挖土方多为淤泥质软土，而淤泥质软土具有较高的灵敏度和触变性，其结构骨架在动力作用下极易被破坏，使土体强度骤然降低，易导致开挖面失稳，造成边坡滑塌等现象，因此选择合适的支撑体系或调整开挖边坡坡比是高地下水位地质条件下土方开挖的难点。在管道安装完成后，高地下水位地质条件下管沟渗水量较大，极易造成管道上浮，进而出现管道轴线偏移等情况，如何在高水位高渗水量施工环境下控制管道安装轴线是施工难点。

4　高水位地质条件下大口径PCCP管道施工技术要点

4.1　高水位地质条件下运输道路修筑技术要点

高水位地质条件下的大口径管道施工环境存在以下特点：①临时施工便道主要位于淤泥质土上，地基承载力差；②地下水位高，土层含水率高；③施工便道承担管道、材料的进场运输，运输量大且承载吨位高；④履带吊站位要求地基平整坚实，需满足安全吊装要求；⑤南方地区气候条件特殊，雨水多、频次高、突发性强。因此，常规的施工方法无法满足便道施工的现场要求。此外，施工便道的修筑质量也会直接影响到施工项目的正常进度。为了确保施工便道行车畅通，雨季也能够正常使用，保证 PCCP 管道安装的正常顺利进行，须对所修筑的施工运输道路作特别要求。

施工道路采用建筑废料或片石料填筑，采用进占法进行铺筑施工。填筑厚度控制在 0.5～1.0m，线路纵坡按照不小于 4%，道路行驶速度不大于 15km/h，便道宽度为 3.5m，局部设置加宽段用于会车，视淤泥层厚度现场调整。结合施工运输道路车辆行驶时道路的受力特点，压力集中在轮胎着地点，运输道路表面极易出现翻浆、深迹等情况。为分散车轮压力，在所修筑的运输道路顶面铺设一层 1cm 厚钢板，沿运输车辆行驶方向铺设，用以分散运输车辆对路面的压力，同时可减少建筑废料填筑厚度，降低施工成本。

在所建的运输道路两侧修筑排水沟，用以排除积水，减少地表水或雨水对运输道路的侵蚀。主要注意事项为：在潮湿或水田地段填筑便道时，应在便道外侧开挖纵向排水沟，排除积水，切断或降低地下水；在护坡道外侧的排水沟外侧填筑土埂，防止水流入；在有大片低洼积水地段填筑便道时，将先做土埂排除积水，并将杂草、淤泥以及不适宜的材料清除出便道铺设地面以外，并翻晒湿土，后进行填筑并压实；经过水沟的地段，埋置混凝土圆管，管节安装应线形顺畅、接头平整严密、不漏水；管顶回填土石夯压密实、平整；施工便道修筑应利用晴好天气，抓住时机，采用快速施工法，做到当天开挖、当天换填、当天碾压，未来得及碾压时，必须采取防雨措施防止雨水渗透。

通过以上措施，确保了施工便道的通畅。在高温、潮湿、多雨的季节，能够快速运输大件物品，运输道路的填筑，运输通行效率大大提升，确保了管道运输的质量和施工进度的提升。

4.2 高水位地质条件下管沟开挖施工技术要点

高水位地质条件下大口径管道管沟开挖存在边坡坍塌、管底涌砂涌水等风险，为避免此类情况的出现，可以从技术和管理两方面进行控制。

（1）技术方面。在开挖施工前，对施工段落内开挖的土（泥）样进行取样检测，分析土（泥）样的工程特性，如征地条件良好，可调整到合适的开挖边坡坡比，管道标准断面（土基段）坡比采用 1∶1.0，岩石段坡比采用 1∶0.5。如征地条件不良，可采用打钢板桩的方式进行边坡支护，钢板支护深度为 1.5～2m。沟槽开挖前务必排除施工段落覆盖地表水，并采取拦水梗等措施将地表水隔离在施工范围外。沟槽开挖过程中，每层预留集水井，并在开挖的同时进行渗水抽排。

（2）管理方面。采用合理化的施工报检程序，简化报验流程，尽可能缩短开挖基面暴露时间，可就重要部位或关键点对各参建单位采取旁站措施，以及明确视频影像资料报验规则等。

4.3 高水位地质条件下 PCCP 管道安装施工技术要点

（1）吊装设备选型。针对高水位地质条件下大口径管道施工环境，采用稳定性好、载重能力大、防滑性能好的履带起重机进行吊装。本项目采用徐工 XGC150 履带起重机，主臂最大额定起重量为 150t，固定副臂最大额定起重量为 24t，主臂长度为 18～81m，固定副臂长度为 13～31m。该机器是新一代履带起重机产品，具有高安全性、高可靠性的特点，在拆装运输方面具有便利性。

履带起重机管道安装示意如图 1 所示。

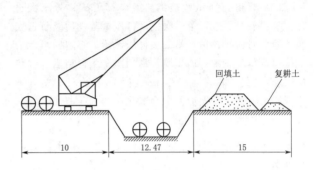

图 1　履带起重机管道安装示意图（单位：m）

（2）管节对接安装施工。PCCP 管道安装前，仔细清洗管道的承插口环工作面，然后对承口工作面涂刷无毒的植物油类作为润滑剂，橡胶圈在套入插口环凹槽之前，将插口环凹槽涂满润滑剂；套入插口环凹槽后，使用一根钢棒插入橡胶圈并下绕整个接头转一圈，在插口的各部位上将胶圈的粗细调匀，使其均匀地箍在插口环凹槽内，且无扭曲、翻转现象，在每根安装好的胶圈外表面涂刷一层润滑剂。管道对接采用内拉结合外拉的方法进行，示意如图 2 所示。①内拉方法：在已安装完成的第一节管道内下部架设受力斜梁（垂直长度略大于管道内径，顶端焊接一钢板，厚度略小于规范或安装指南中允许的最小管道安装后间距，使用时插入顶端两节管道间缝内），在第二节管道外端口架设横梁，用钢丝绳和手拉葫芦将两梁连接，通过手拉葫芦将第二节管道拉至安装位置。②外拉方法：在管道外部，用钢丝绳分别将已安装好的管道和待要安装的管道兜身，并在管道顶部用手拉葫芦和钢丝绳将两兜身的钢丝绳连接在一起，逐渐收短手拉葫芦受力主链，将第二节管道拉至安装位置。现场施工中，管道的对接靠内拉和外拉同步进行，依靠底部内拉力和顶部的外拉力，逐渐将两节管道顶压对接在一起，相邻两节管道的安装间隙应控制在设计要求的范围内。在顶压过程中，若发现橡胶圈滚动不匀，可用手锤及专用工具敲打，变形较大时，应及时停止并退出管道，检查胶圈损坏情况，需要时调换胶圈，然后重新安装。对接完成后，校核调整管道标高、中心线，满足要求。

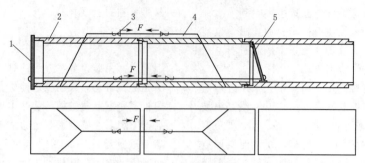

图2 内拉结合外拉的方法进行两节管道安装对接示意图

1—受力梁；2—管道；3—手拉葫芦；4—钢丝绳；5—受力梁；F—受力

（3）管道打压试验检测。接口打压试验分三次进行，管道安装后进行第一次接口打压试验，后续管道安装两根后对此接口进行第二次打压试验，管道回填后对此接口进行第三次打压试验。第三次打压合格后，应将M8螺丝缠绕生料带后拧紧。采用弹簧压力计时精度不应低于1.5级，最大量程应为试验压力的1.3～1.5倍，表壳的公称直径不应小于150mm，使用前应校正。

4.4 高水位地质条件下大口径PCCP管道安装设计优化

高水位地质条件下管基承载力较差，本项目从设计优化的角度出发，联系了设计单位优化管道垫层厚度及材料，防止管道沿线出现不均匀沉降情况，垫层采用300mm厚中粗砂进行回填。通过对沿线材料进行考察和调研，经与设计单位沟通协商，将回填材料优化。对图纸进行深度研读，结合其他项目施工中的经验，在PCCP管道运营期间，管线拐弯处的管道承受的侧向水压力较大，在项目进场初期的图纸初设阶段，积极对接设计单位，经过有理有据的争取，增加了镇墩，提出可在管线拐点增设镇墩，必要时增加镇墩尺寸、数量，防止管线运营期间出现偏移、漏水情况，设计单位采纳了这一优化建议。镇墩设置示意如图3所示。

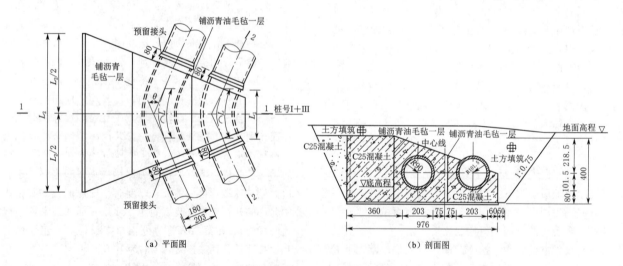

（a）平面图　　　　　　　　　　（b）剖面图

图3 镇墩设置示意图（单位：mm）

4.5 高水位地质条件下PCCP管沟回填施工技术要点

为提高管沟回填效率，管顶50cm以下可采用小型轮式碾压机具配合人工夯实，管顶50cm以上采用较大型振动碾机。由于管道属隐蔽工程，因此管道安装完成一定长度（按设计要求）后，必须经建设各方共同验收合格方可进行回填作业。各协作队伍要组织安排好各工序衔接，避免已验收合格的管道长时间外露不回填。管沟回填之前，将沟槽内所有的砖、石、木等异物清理干净，并排除管沟边缘的松散土和坍塌体；管沟内不能有积水，禁止带水回填；管沟回填应该按照分段施工的原则，采用符合回填要求的原土，压实度不低于90%，最大粒径不大于50mm。采用装载机配合溜槽或溜板下料，条件合适时，采用液压反铲下料；管件下部、侧面等无法使用机械的，以人工夯实。

除按要求对压实度进行检测外，监理单位还要注意及时抽查检测，只有压实度检测结果合格后方可进行下一层填筑；管道建基面至管道顶 50cm 以下范围内，回填时应从管道两侧均衡下料，以人工平整，每层铺料厚度不超过 30cm，管道两侧至管顶的回填土必须对称分层夯实，避免管道移位甚至脱节，采用轻型机械沿管道轴线方向压实，必要时人工压实，杜绝漏压，此范围内回填压实过程中要注意保护管道，防止其损伤；管道顶 50cm 以上范围内，方可使用较大机械按要求分层摊铺平整并碾压，注意碾压搭接宽度不小于 50cm，碾压不到的管沟边角要借助小型夯实机夯实。

5 实施效果

通过对高水位复杂地质条件下大口径 PCCP 管道施工项目进行研究，对前期图纸优化和后期的运输及安装的施工技术要点进行深入剖析，解决了大口径 PCCP 管道的运输和安装难题。PCCP 埋管段施工期提前 20d 完成，高峰期管道安装进度达到每天 6.8 节，实现了工期和进度的"双丰收"。管道安装完成后，接口水压试验和管道水压试验效果良好，达到供水条件。

6 结语

基于海南琼西北供水项目高水位地质条件下大口径 PCCP 管道施工项目，研究高水位地质条件下大口径 PCCP 管道运输及安装要点，提出了高水位地质条件下大口径 PCCP 管道设计优化及现场安装技术措施，确立了关键工序的施工技术要点，依据管道安装实情和设计图纸，严格进行安装施工，针对大口径 PCCP 管道安装提出了控制和优化措施，确保了 PCCP 管道工程施工的质量。

参考文献

[1] 袁波，王波. PCCP 管道安装施工工艺与方法探讨 [J]. 治淮，2016 (9)：42 - 44.

[2] 杨硕，白建民，赵建章. 浅谈 PCCP 管道安装过程中的质量控制 [J]. 工程质量，2015 (2)：92 - 96.

[3] 王建，杜鹏. 浅析输水工程中 PCCP 管道施工的安装技术 [J]. 工程技术，2016 (6)：96.

[4] 虎元强. 浅析 PCCP 管施工质量控制要点 [J]. 工程技术：引文版，2016 (3)：178.

抽水蓄能电站尾闸室岩锚梁精细化
开挖技术研究应用

余　健　姜晓航　刘　蕊/中国电建集团北京勘测设计研究院有限公司

【摘　要】　清原抽水蓄能电站岩锚梁岩台爆破开挖是尾闸室最为关键且难度最大的环节，在开挖过程中采用精细化分区、岩台光面爆破、岩锚梁下拐点预加固等措施，确保岩锚梁开挖面平整度、半孔率及断面超欠挖均达到预期效果，其成果可为国内同类型电站岩锚梁开挖施工提供工程实例和技术经验。

【关键词】　抽水蓄能电站　尾闸室　岩锚梁　施工技术

1　引言

岩壁吊车梁是一种高效、经济、稳定的建筑结构，被广泛应用在我国水电站地下厂房中，壁式吊车梁按刚体平衡法设计，利用长锚杆把吊车梁的钢筋混凝土支座锚固在岩壁之上，岩壁梁的全部荷载通过锚杆及混凝土与岩壁接触面上的摩擦力传递到岩体上，充分利用了围岩自稳承载能力。清原抽水蓄能电站尾闸室岩锚梁位于闸室中上部，属尾闸室的关键部位，同时岩台面是岩锚梁的支撑基础，运行期间要承受较大的动荷载，其施工进度及质量直接关系到尾闸室中下部的开挖施工。因此本文针对尾闸室岩锚梁开挖施工技术进行研究，在确保工程本质安全的前提下，对后续加快电站施工进度及节约工程投资起到了重要作用，同时为运行期机组的安全稳定生产提供了安全保障。

2　工程概况

清原抽水蓄能电站位于辽宁省清原满族自治县境内，为Ⅰ等大（1）型工程，规划 6 台单机容量为300MW 的竖轴单级混流可逆式水泵水轮机组，总装机容量为 1800MW，枢纽建筑物由上水库、输水系统、地下厂房发电系统、下水库等组成。尾水事故闸门室位于主变室下游边墙 47.75m 处，由 1 个上室、6 个竖井段、1 个集水井、1 个副厂房组成。尾水事故闸门上室为城门洞形结构，开挖尺寸为 194.95m×10.4m（8.8m）×20m（长×宽×高），岩锚梁位于尾闸室Ⅱ层开挖范围内，岩锚梁全长 174.9m、宽 1.45m、高 2.2m，施工通

道利用尾闸运输洞末端进入。

3　地质条件

清原抽水蓄能电站尾闸室地表高程为 539.00～569.00m，洞室上覆岩体厚度为 246～323m。洞室围岩为微新花岗岩，岩体结构为次块状～块状结构，岩体较完整。断裂构造不发育，裂隙主要发育 NW、NEE、NNE 三组。裂隙主要以陡倾角为主，其中 NNE 向裂隙中有部分缓倾角裂隙发育。陡倾角裂隙在上室上下游边墙和竖井段易产生局部不稳定块体，在边墙和竖井段局部出现掉块；上室顶拱岩体由于缓倾角类型的切割，产生局部掉块或块体塌落，易形成较大的岩体光面，施工时应重视缓倾角裂隙对洞室顶拱的影响，及时采取随机支护措施。洞室围岩以Ⅲ类为主，局部为Ⅱ类，围岩局部稳定性差，洞室开挖后易产生局部掉块，对局部不稳定块体及时采取随机支护处理。洞室位于地下水位线以下 233～277m，岩体微弱透水，洞室开挖后以渗水或滴水为主，局部裂隙发育部位可能会集中出水，但水量不大。

4　开挖施工程序

4.1　岩锚梁开挖施工顺序

尾闸室岩锚梁开挖以中部拉槽Ⅱ$_{1-1}$ 层、Ⅱ$_{1-2}$ 层预裂爆破超前，两侧边墙保护层Ⅱ$_{2-1}$ 层、Ⅱ$_{2-2}$ 层扩挖错距 50m 梯段爆破跟进的施工顺序，分部位、分区域以"之"字形错距的推进方式实施。中部拉槽采用手风钻

造水平孔抬炮开挖，中槽超前上下游边墙50m以上。上下游边墙预留保护层，用手风钻造垂直孔梯段光面爆破错距跟进。中部拉槽梯段爆破循环进尺为5m，边墙保护层循环进尺为15～20m。中部拉槽开挖施工完成50m后可进行上下游边墙预留保护层施工。首先搭设垂直孔样架并进行岩台上部边墙竖直光爆孔（图1中②位置）及保护层竖直光爆孔（图1中③位置）的钻设，垂直光爆孔（图1中②位置）造孔完成后插入$\phi40$PVC管进行保护；之后进行保护层Ⅱ$_{2-1}$的爆破开挖，保护层Ⅱ$_{2-1}$施工1～2个爆破循环后搭设一期样架进行保护层竖直光爆孔（图1中④位置）的钻设，并进行保护层Ⅱ$_{2-2}$的爆破开挖。保护层开挖完成后搭设岩台斜孔样架进行岩台光爆孔（图1中⑤位置）钻设，最后分段进行岩台Ⅱ$_3$层开挖施工。尾闸室岩锚梁开挖分层如图1所示。

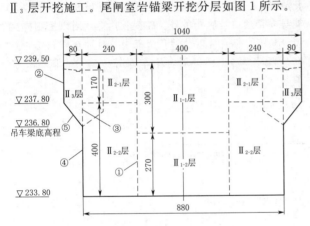

图1 尾闸室岩锚梁开挖分层图
（高程单位：m；尺寸单位：cm）

4.2 施工程序

岩锚梁的开挖是尾水事故闸门室开挖施工的重点与难点，特别是岩台的开挖成型，对岩锚梁的受力条件有直接影响，开挖中必须确保岩台成型良好。尾闸室岩锚梁岩台开挖造孔控制如图2所示。岩锚梁保护层竖直光面爆破孔（图1中④位置）按照超挖0～8.0cm进行控

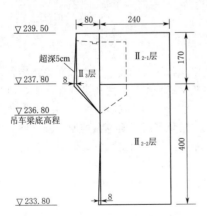

图2 尾闸室岩锚梁岩台开挖造孔控制图
（高程单位：m；尺寸单位：cm）

制，样架底口高程为237.80m，孔底布置在岩壁吊车梁下拐点以下300cm处，对应高程为233.80m，钻杆进尺长度为4m，孔向与竖直方向夹角为1.2°。岩壁吊车梁岩台竖直光爆孔（图1中②位置）按照237.80m高程超挖8cm控制，样架底口高程为239.50m，孔向与竖直方向夹角为2.7°，底孔高程为237.75m，孔深按超深5cm进行控制，钻杆进尺长度为1.75m。岩锚梁岩台斜面光爆孔（图1中⑤位置）开孔位置对应高程为236.82m，孔向与水平方向夹角为48.6°，钻杆进尺为1.30m。

5 开挖施工方法

5.1 爆破试验

为保证岩锚梁开挖质量，在岩锚梁施工前，通过爆破工艺性试验确定合理爆破参数、适宜的开挖分段，用于指导岩锚梁开挖施工。为达到本次工艺性试验的目的，爆破工艺性试验完全模拟岩锚梁开挖结构形式、光爆孔布置方式、样架结构进行，试验区选择典型地质断面和不良地质断面进行。试验段使用不同线装药密度进行爆破试验，现场实施中可根据具体的地质条件动态优化爆破设计参数，提高开挖面爆破半孔率和平整度，有效降低爆破振动对围岩的不利影响。尾闸室岩锚梁爆破工艺性试验布孔如图3所示。

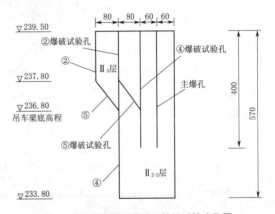

图3 尾闸室岩锚梁爆破工艺性试验布孔图
（高程单位：m；尺寸单位：cm）

首先在保护层Ⅱ$_{2-2}$上进行爆破试验孔（图3中④位置）的爆破试验，爆破试验孔（图3中④位置）的孔距定为35cm，孔深为4m，通过改变线装药密度进行三次爆破试验；爆破试验孔（图3中④位置）的爆破试验完成后，接着进行爆破试验孔（图3中②和⑤位置）的爆破试验，爆破试验孔（图3中②和⑤位置）的孔距定为35cm，并结合图3中④位置的爆破试验参数及爆破效果，通过改变线装药密度进行两次爆破试验；最后通过对爆破试验的爆破效果进行综合对比，确定岩锚梁光面爆破最优参数（表1），光面爆破孔采用YT-28手风钻

钻孔，孔位、孔斜、孔向、孔深采用样架严格控制。

表1　尾闸室岩锚梁光面爆破基本参数表

炮孔类型	钻孔参数			装药参数		
	孔径/mm	孔深/m	孔距/cm	药径	单孔药量/g	线装药密度/(g/m)
竖向光爆孔（图3中②位置）	42	1.7	35	32mm剖半	133.33	83.3
竖直光爆孔（图3中④位置）	42	4.0	35	32mm剖半	267	72.1
斜向光爆孔（图3中⑤位置）	42	1.28	35	32mm剖半	100	83.3

岩壁吊车梁岩台竖向光爆孔（图3中②位置）孔径为42mm、净孔距为35cm、线装药密度为83.3g/m；保护层竖直光爆孔（图3中④位置）孔径为42mm、净孔距为35cm、线装药密度为72.1g/m；岩台斜向光爆孔（图3中⑤位置）孔径为42mm、净孔距为35cm、线装药密度为83.3g/m。装药结构分别如图4～图6所示。

5.2　测量放线

岩锚梁开挖施工放样所采用的测量点均以控制网点为基础。施工放样前，将施工区域的平面、高程控制点、轴线点、测站点等测量成果，以及工程部位的设计图纸中的各种坐标、方位、几何尺寸等数据进行计算、校核并编制成放样数据手册供放样使用。周边光爆孔放样时，采用设站导线控制点测出轮廓点附近任意点的坐标，利用计算器编程计算任意点与设计的差值，调整后再测量，直至调整至设计线为止。开挖后及时测量开挖断面，用于指导修规、验收。岩锚梁光面爆破孔必须逐孔放样，记录孔口高程、孔距，样架搭设完成后测设样架导向管顶口及底孔桩号、高程、孔距，用以控制样架设计角度、钻孔深度。钻孔过程中及时抽查样架是否移动、倾斜，防止样架固定不牢靠导致移位、造成钻孔偏移。

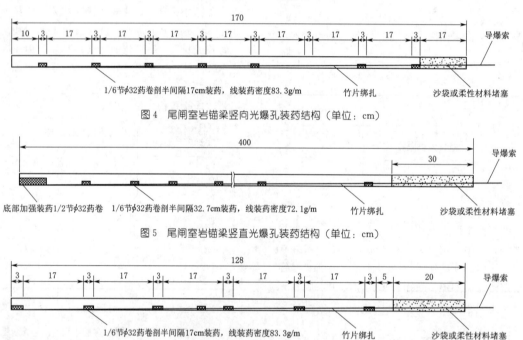

图4　尾闸室岩锚梁竖向光爆孔装药结构（单位：cm）

图5　尾闸室岩锚梁竖直光爆孔装药结构（单位：cm）

图6　尾闸室岩锚梁斜向光爆孔装药结构（单位：cm）

5.3　样架搭设

岩锚梁样架分两期布置，岩锚梁岩台顶部竖直光爆孔样架及保护层竖直光爆孔样架为一期样架，岩壁吊车梁岩台斜孔样架为二期样架。样架均采用 $\phi48$ 钢管制作，主管两端管口内套加限位器，导向管与排架、排架与支腿斜撑之间均由扣件连接，导向管安装完成后需对其顶口及底孔桩号、高程、相邻孔中心距离测量放样，控制钻孔深度、插入角度使其符合试验要求，样架位置测设完毕后利用锚筋连墙件及斜撑进行加固。岩台光爆孔造孔严格执行换钎制度，首次开孔采用短钎，再换为长钎，终孔钻杆长度为光爆孔设计孔深＋导向管长度＋钎尾长度。岩壁吊车梁施工中，采用激光定位技术放样，钻孔方位角采用地质罗盘控制，仰（倾）角用几何法控制，轮廓光爆采用密孔打眼、隔孔装药等方式，确保光面爆破质量以及岩台成型效果。

5.4　钻孔工艺

岩锚梁开挖均采用 YT－28 手风钻钻孔，保护层的主爆孔以孔间排距、孔深及装药量为质量控制要点，目的是为光爆孔提供可靠的临空面，同时不破坏光爆效果。保护层光面爆破孔以孔间排距、孔向、孔深、装药结构、装药量、联网起爆方式为质量控制要点，目的是为岩壁吊车梁斜孔钻设及岩台处半孔成"三点一线"创造有利条件。岩台处竖直光面爆破孔、斜向光面爆破孔以孔间排距、孔向、孔深、装药结构、装药量、联网起爆方式为质量控制要点，目的为保证岩壁吊车梁开挖的半孔率、平整度及超欠挖质量标准。

岩锚梁炮孔钻设必须严格按照测量放样的孔位开孔，分段开挖的光面爆破孔必须搭设样架，利用样架控制光爆孔间排距、孔深及钻孔角度。钻孔前在钻杆上标记钻孔深度，开孔时配备一名钻工按照测量放样的开孔位置扶杆定位，防止钻头滑动、偏移。开孔后操作手扶正钻机并经常查看钻杆与样架导向管之间是否存在卡滞现象，如发生卡滞现象，则说明钻进角度存在问题，需及时进行调整。在整个钻进过程中，配备一名钻工实时检查样架稳定情况，即是否发生滑动、偏移、倾斜，钻杆进尺至孔深标记处立即停止钻孔，利用高压风机吹孔，经检查合格后方可进行下一个光爆孔的钻设。岩壁吊车梁爆破钻孔的孔位偏差为±20mm，钻孔角度偏斜为±3°，炮孔有效深度内无岩粉、块石、泥浆等杂物，暂不进行爆破施工的部位，采用布条封堵并做标记。

5.5 装药联网

光爆孔孔内采用导爆索起爆，末端最后一节药卷设置1发非电毫秒延时雷管，采用薄竹片绑扎，实现间隔装药；主爆孔孔内采用毫秒微差导爆管起爆，每孔设置2发非电毫秒延时雷管，孔外采用导爆管，按照设计分段将光爆孔、主爆孔连接在一起，形成起爆网路。岩壁吊车梁光爆孔采用2号岩石乳化炸药，采用φ32药卷剖半并切割制作成小药卷，按照爆破设计要求的间隔宽度与导爆索一同绑扎在竹片上，统一送入孔内至设计深度，孔口最后一段药卷内设置1发非电毫秒雷管，岩台竖直孔与斜孔导爆管连接一同起爆。

6 开挖质量工艺措施

岩锚梁是尾闸室的主要结构之一，其开挖施工质量的好坏直接影响后期桥机的安全运行。岩锚梁开挖前应借鉴类似工程的施工经验，通过现场爆破试验不断总结经验，调整和优化爆破参数，并采取有效的控制爆破技术，以达到上拐点边墙、斜台和下拐点边墙三面炮孔"三线合一"且相邻两孔间岩面完整、无明显爆破裂隙的良好开挖效果。

6.1 钻孔角度控制

确保钻孔在同一平面内且互相平行是保证光面爆破质量的前提，是确保岩壁梁开挖质量的重点控制措施。

垂直孔钻孔时，垂直度采用垂线球进行控制，钻孔设备采用手风钻，钻孔完毕后，在孔内插入一个2倍于孔深长度的标杆，量测标杆外露部分的垂度即为钻孔垂度。斜孔钻孔角度控制在实施钻孔作业时难度较大，涉及垂直方向上的岩台斜面角度及岩台斜面内的角度控制。垂直方向上的岩台斜面角度控制采用钢架管搭设钻机平台的方法，钻机平台的角度与高度采用测量放线结合木制三角样板的方法，岩台斜面内角度控制采用木制直角样板进行。

6.2 岩锚梁下拐点预加固

为了防止岩锚梁下拐点开挖爆破成型出现掉块或超挖现象，影响开挖整体成型质量，在第二层保护层Ⅱ₂₋₂开挖揭露后，对岩锚梁下拐点进行加强支护，该措施在国内多个电站岩锚梁的开挖施工中已得到应用，常规方法是采用普通砂浆锚杆、槽钢或角钢焊接贴壁围护。鉴于岩锚梁下直面边墙实际开挖平整度不足，采用槽钢或者角钢焊接效果不佳，因此在清原抽水蓄能电站尾闸室岩锚梁下拐点增设砂浆锚杆，采用锁口方式进行预加固。具体是在岩锚梁下拐点以下20cm处增设1排 Φ 22@75cm 锁口砂浆锚杆，间隔布置，长度为3.0m，入岩2.85m。

6.3 岩台临时支护

第二层保护层Ⅱ₂₋₂开挖后，揭露的岩台保护层Ⅱ₃临时边墙岩体裂缝呈现扩张趋势，且岩石长期暴露容易风化，存在岩石碎裂、顺层滑落的风险。同时岩锚梁岩台保护层Ⅱ₃厚度仅为80cm，开挖后应力的释放容易造成岩台的碎裂脱落。因此在保护层Ⅱ₂₋₂开挖形成后，应及时对岩台保护层临时边墙采用喷护厚度为5cm的C30素混凝土进行临时封闭，可有效防止岩台保护层临时边墙岩石表面在爆破后出现松弛卸载，避免周围的爆破振动对岩锚梁岩层造成再次扰动破坏。

7 实施效果

7.1 质量评价

清原抽水蓄能电站尾闸室岩锚梁施工过程中进行了3次爆破仿真试验，并在实际开挖中依据地质条件的变化和爆破效果动态调整优化爆破参数。施工过程中采取密孔打眼、隔孔装药、多循环、小进尺等方法，并严格控制单次起爆装药量，使爆破引起的围岩松动及超欠挖满足设计要求。尾闸室岩壁吊车梁开挖质量检测成果见表2，从表中统计的数据可知，尾闸室岩壁吊车梁超欠挖得到有效控制，无欠挖情况，爆破半孔率及不平整度质量控制指标均满足要求。

表 2 尾闸室岩壁吊车梁开挖质量检测成果表

工程部位		半孔率/%			不平整度/cm			超欠挖/cm		
		最小值	最大值	平均值	最小值	最大值	平均值	最小值	最大值	平均值
竖向孔	上游侧	53.8	97.5	94.8	3.1	15.8	7.5	4.5	40	12.5
	下游侧	62.3	98.1	95.1	2.5	14.1	7.1	4.2	35	11.8
斜向孔	上游侧	45.1	96.5	93.9	3.2	14.9	7.7	5.5	45	13.1
	下游侧	69.5	99.5	96.5	2.8	12.9	6.9	4.9	37	12.2

7.2 实施工期

清原抽水蓄能电站尾水事故闸门室在岩锚梁开挖过程中,通过技术创新、施工方案和关键工序优化、现场管理的精细化和全工序的分析控制,使岩锚梁的开挖施工效率得到显著提升。岩锚梁开挖长度为349.8m,开挖支护总工期为2.3个月,按照开挖规划及施工进度以60m为一段开挖支护区间,平均约为152m/月,施工进度及效率达到国内同类型水电站岩锚梁开挖的平均施工水平,同时保证了工程质量及安全。

8 结语

清原抽水蓄能电站岩锚梁岩台爆破开挖是尾闸室最为关键且难度最大的环节,通过对爆破试验、测量放样、造孔工艺、装药结构及爆破网路等的质量、工艺进行精细化管控,岩锚梁开挖断面超欠挖、不平整度、残留炮孔半孔率等质量控制指标达到了预期要求,实现了岩台设计开挖轮廓成型规整的目标,满足了电站安全稳定运行的要求,充分说明尾闸室岩锚梁的开挖规划、爆破设计、施工方法、工艺参数的选择是科学合理的,其成果为国内同类型工程岩锚梁开挖施工提供了工程实例和技术经验,具有借鉴和参考意义。

参考文献

[1] 宋国炜,张建华,石卫兵,等. 地下厂房岩锚梁开挖试验研究 [J]. 工程建设,2012,44 (2):43-45.

[2] 任少铭,曾志全. 小湾水电站地下厂房开挖技术 [J]. 水力发电,2008,34 (8):43-45,52.

[3] 刘松柏,王梓凌. 水电站地下厂房岩锚梁开挖技术 [J]. 土工基础,2010,24 (4):1-3.

[4] 杨平,王雪红. 自一里水电站地下厂房开挖施工 [J]. 水利水电施工,2010 (5):18-20.

[5] 师锋民,李文华. 溪洛渡左岸地下电站岩锚梁开挖施工 [J]. 人民长江,2008,39 (14):96-98.

浅埋破碎体偏心受压泄洪洞龙落尾施工技术

唐仪兵/中国水利水电第十一工程局有限公司

【摘　要】 针对涔天河水库1号泄洪洞龙落尾浅埋破碎体偏心受压的特点，采用截水、防水、引水、泄水、排水相结合，坡面锚筋桩、网格梁混凝土、锚索和坡脚抗滑桩主动防护和被动防护共同作用，洞内使用固结灌浆、大管棚及超前锚杆进行超前支护、钢拱架支撑的形式，另采用锚筋桩及预应力锚杆二次加固的方法，以预留核心土、分层分区机械开挖、小间距支护跟进的洞挖施工方法，有效控制了变形，确保了边坡稳定和洞室施工安全，该方法可以为后续同类型工程施工提供借鉴和指导。

【关键词】 龙落尾　抗滑桩　预应力锚杆　灌浆　浅埋破碎体　偏心受压

1 引言

近年来，国内先后建成了一大批大型泄洪洞，积累了在坚硬岩石中进行隧洞开挖的技术经验。但大型泄洪洞偏压进洞口遇到破碎岩体时，多采取大明挖处理方案，未见在变形状态下采用综合加固措施进行施工的先例，涔天河水库1号泄洪洞龙落尾施工有效解决了浅埋破碎体偏心受压隧洞施工稳定问题。

2 工程概况

湖南省涔天河水库扩建工程坝址位于潇水上游涔天河峡谷出口处，是以灌溉、防洪、向湘江下游长株潭河段补水为主，兼顾发电、航运等综合利用的Ⅰ等大（1）型水利水电枢纽工程。枢纽工程由混凝土面板堆石坝、1号泄洪洞、2号泄洪洞、放空洞、发电引水洞、电站厂房和灌溉渠首等主要建筑物组成。1号泄洪洞位于放空洞和引水发电洞之间，为城门洞形，全长580m，平洞段设计纵坡为6.25%；洞身K0+518.00～K0+580.00段采用"龙落尾"布置形式，坡比为1:20，最大断面尺寸为12.4m×19m（宽×高）；1号泄洪洞出口明渠开挖边坡顶部开口线高程为290.00m，右岸渠首电站公路从261.00m高程平台穿过，渠底高程为221.50m，最大边坡高度为68.5m。K0+580.00～K0+634.50段出口明渠位于15号冲沟和冲沟之间，地形较陡，岩层走向与洞线夹角为42°。岩体呈强风化状，节

理裂隙发育，岩体破碎，完整性差，通过坡面的断层主要有F_{106}、F_{244}、F_6、F_{245}、F_{243}和F_{231}六条，同时带有一定的浅埋偏压特性，特别是1号泄洪洞出口的最小埋深仅为2.4m。右侧边坡为顺向坡，受节理裂隙、断层切割后，存在较为突出的顺层滑动问题。1号泄洪洞出口平面布置和剖面分别如图1和图2所示。

3 边坡（237.00m高程以上）开挖支护处理方案

1号泄洪洞出口明渠237.00m高程以上为四级开挖边坡，右岸渠首电站公路从261.00m高程平台穿过，边坡分别在237.00m高程、250.00m高程、273.00m高程设马道。边坡采用挂网喷锚支护，钢筋网采用$\phi6.5@200$钢筋，喷射10cm厚C20混凝土，设置$L=4$m、$\phi75$系统排水孔，在263.00m高程加设一排$L=15$m、$\phi150$深排水孔（间距4m），边坡设置$3\phi28$mm、$L=12$m锚筋桩（间排距为3m×3m），以锚筋桩为节点设置混凝土C25混凝土网格梁（断面尺寸0.3m×0.38m）。在开口线外围设置2道坡顶截水沟，第一道坡顶截水沟内边线距开口线距离不小于2m，第二道坡顶截水沟内边线距开口线距离不小于30m，两道截水沟保持连通，各级马道内侧设排水沟，马道排水沟与坡顶截水沟形成连通的排水网，与永久排水构成完整的排水系统，将地表水引出开挖区。

在右岸渠首电站公路上设16根200t级后张法预应力锚索，其中15号冲沟上游布设10根，分两排错开布

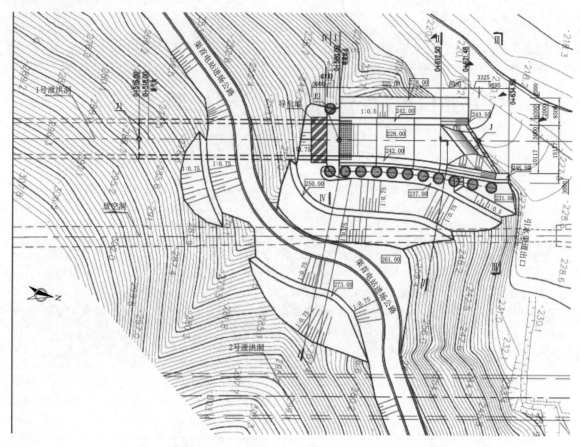

图1 1号泄洪洞出口平面布置图（高程单位：m；尺寸单位：mm）

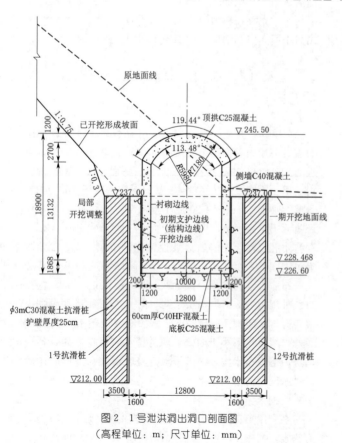

图2 1号泄洪洞出洞口剖面图
（高程单位：m；尺寸单位：mm）

置，孔口高程分别为 264.00m 和 269.00m；15 号冲沟下游布置 6 根，孔口高程为 264.00m。灌浆水泥采用 P·O 42.5 普通硅酸盐水泥，注浆强度等级为 M35（龄期 7 天）的水泥净浆，掺入的外加剂为缓凝性高效减水剂，灌浆压力为 0.3MPa。灌浆结束标准要求，进浆量大于理论进浆量，排浆密度等于进浆密度且不再吸浆时，屏浆 30min 后方可结束灌浆，封闭回浆管。

4 明渠（237.00m 高程以下）开挖支护处理方案

1号泄洪洞出口明渠（K0+577.00~K0+627.00）右侧设置 1 排 11 根（1~11 号）抗滑桩，在泄洪洞出口左侧设置 1 排 4 根（12 号、14~16 号）抗滑桩，在泄洪洞出口洞口左侧抗滑桩左侧增设 1 根（13 号）抗滑桩，桩中心间距为 5m，1~9 号、12~16 号桩长 25m，10 号桩长 19m，11 号桩长 21m，抗滑桩上部为裂隙较发育、透水性强、夹泥严重的块状岩石，下部为板岩层。抗滑桩采用直径为 3m 的圆柱，桩身为 C30 混凝土，滑面上以桩身设 C20 现浇护壁（厚 25cm），孔口护壁高出地面 30cm，孔口周边 3m 范围内进行环形硬化，孔口四周搭设双层钢管防护围栏，遇到地质情况较差的部位时，向下设置超前锚杆（φ25，L＝4.5m）后再进行桩土开挖。抗滑桩为人工挖孔灌注桩，上部松动岩石及底部30cm范围采用风镐凿除，当土石无法用铁锹、风镐人工挖掘时，采用周边眼光面控制爆破法施工开挖。采用浅眼松动爆破法时，严格控制炸药用量，炮眼深度控制在50～80cm，每次爆破时堆放60cm厚袋装土防止石块飞出井口，并保证上层桩护壁不受破坏。分为两序，采用跳桩开挖法，一序桩混凝土浇筑完成7d后开始二次序桩施工。

为减少出口明渠开挖对1号泄洪洞龙落尾洞段左侧山体带来的不利影响，充分利用现状地形及岩体阻滑，将洞口下游K0＋580.00～K0＋596.75段明渠左侧墙由重力式结构改为直立墙形式，在明渠左侧墙外侧设12

根钻孔灌注桩，桩身为C30混凝土，灌注桩直径为1.2m，间距为1.5m，桩长25m，桩顶高程为237.00m，桩底高程为212.00m。

在抗滑桩、灌注桩施工完成后，根据龙落尾开挖分层施工情况逐级下挖。

5　进洞方案

1号泄洪洞出口洞顶覆盖层属于松散的破碎围岩，且覆盖层较薄，为保证安全进洞，提高周围岩体的抗剪强度，达到加固围岩压力的作用，在1号泄洪洞出口洞口设置混凝土导向墙，然后采用大管棚支护形式进洞。1号泄洪洞出口导向墙段支护如图3所示。

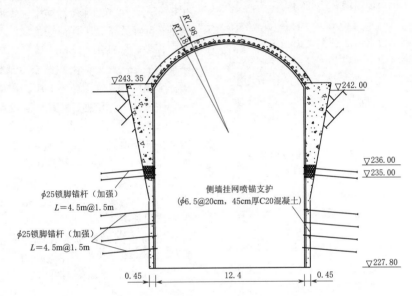

图3　1号泄洪洞出口导向墙段支护图（单位：m）

在1号泄洪洞K0＋571.00～K0＋576.00段设置导向墙，从242.00m高程掏槽开挖至235.00m高程，保留中间核心土，235.00～243.35m高程导向墙（左、右）侧墙内侧垂直、外侧按1：0.2放坡，底部宽度为80cm，顶部宽度为2.47m，导向墙内布置I18工字钢拱架（间距0.5m），钢拱架外侧布置纵向φ25连接钢筋（间距0.5m）、铺设φ20钢筋网片（间距200mm）。导向墙243.35m高程以上顶拱混凝土厚80cm，顶拱预埋φ139导向管，后期施作管棚，管棚采用φ89热轧无缝钢管、总长度为35m。

管棚钻机采用CM351钻机，钻孔施工采用隔孔钻进的方式，由高孔位向低孔位进行，采取由中间到两边的施工顺序。管棚纵向35m一次钻进，环向间距为0.4m，钻孔角度为2.19°仰角，管棚钢管接头采用套管连接，接头部位两头套丝，接头交错布置。在管壁上按间距20cm，以梅花形布置8～10mm小孔。导向墙范围内不设置注浆孔，孔口用厚5mm钢板开孔焊接与注浆

管等直径的小导管。采用注浆泵将浆液压入孔内，通过注浆孔来加固围岩，注浆材料采用P·O 42.5普通硅酸盐水泥纯水泥浆，水灰比（质量比）为1：1～0.6：1；注浆压力为：初压0.1～0.4MPa，终压0.5MPa；注浆结束标准为：注浆压力由小逐渐增大，注浆量由大逐渐变小，直到接近0，闭浆10min，即可结束注浆。

导向墙外侧设置洞口C20混凝土贴坡挡墙，挡墙区域设置φ90、L＝12m长锚筋桩，左侧贴坡挡墙布置6根锚筋桩，右侧贴坡挡墙布置4根锚筋桩，锚筋桩外露基岩面1.5m浇入混凝土贴坡挡墙内。管棚安装完成后采用反铲挖除预留核心土，龙落尾第一层开挖支护完成后，再对导向墙235.00～227.80m高程进行开挖。施工前先凿除236.00～235.00m高程导向墙混凝土，露出钢拱架，对露出部位进行锁脚锚杆施工，锁脚锚杆L＝4.5m@50cm；锁脚锚杆完成后再进行235.00～227.80m高程开挖，并对钢拱架及下接、锁脚，锁脚锚杆L＝4.5m@1.5m，挂φ6.5@20cm钢筋网片，喷

45cm 厚 C20 混凝土。

6 龙落尾洞挖施工方案

6.1 施工顺序及支护措施

1号泄洪洞 K0＋515.00～K0＋576.00 龙落尾段主要为 V 类围岩，岩石强度低，节理发育，破碎，完整性差，多为泥质胶结；开挖断面成城门洞形，开挖断面高 18.9m、宽 12.8m；考虑到开挖断面大，洞室分四层开挖，第一层开挖高度为 7.0m，第二层至第四层开挖高度均为 4.3m。施工顺序为：出口导向墙 235.00m 高程以上浇筑及管棚施工→龙落尾段第一层开挖支护施工（包括洞内管棚施工）→出口导向墙 227.80～235.00m 高程施工→龙落尾段第二层开挖支护施工→龙落尾段第三层开挖支护施工→龙落尾段第四层开挖支护施工。

V 类围岩采用"钢拱架＋挂钢筋网喷混凝土＋系统锚杆"的支护方式，钢拱架为工18工字钢，间距为 0.5m，采用 $\phi25$ 钢筋（环向间距 0.5m）将钢拱架连成整体，钢拱架设立 $\phi25$、$L＝4.5m$ 锁脚锚杆；系统锚杆采用 $L＝4.5m@1.5m$ 砂浆锚杆，外露 1.2m，梅花形布置，系统锚杆均径向布置（垂直于洞周边轮廓线），结构面明显处，现场局部调整锚杆方向；挂 $\phi6.5@20cm$ 钢筋网，喷 20cm 厚 C20 混凝土；洞身上部顶拱范围内设置孔深为 3.0m 的排水孔，内插 $\phi50$ 透水软管，排水孔随机针对性布置，偏于初期排水；系统锚杆、排水孔均采用手风钻进行造孔施工，锚杆采用人工安装。部分围岩自稳能力较差及断层、塌方处，在地质现场查看岩石情况后，采用锚杆或小导管进行超前支护。

由于龙落尾岩体破碎、埋深浅，存在偏压等不利因素，采用分层、分部开挖支护，支护根据开挖进尺随时跟进，开挖采用液压破碎锤进行。第一层开挖时，采用液压锤将周边凿出 1.5～2.0m 空间，钢拱架支护施工完成后，进行核心土开挖，上半洞开挖进尺根据现场揭示的地质条件和钢拱架的间距，控制在 50～100cm 内。在出口灌注桩未完成前，只进行上平洞剩余洞身开挖支护及龙落尾段 237.00m 高程以上洞身开挖支护，灌注桩完成后进行龙落尾段 237.00m 高程以下洞身开挖支护及明渠段 237.00m 高程以下开挖支护，下卧开挖分左右半幅交替进行，每循环进尺控制在 1.0～3.0m。

6.2 变形状态二次加固措施

在按照上述方案完成第一层开挖、开始进行第二层开挖施工，于 2015 年 11 月受暴雨影响，1号泄洪洞出口山体变形，边坡开口线及洞顶产生裂缝，为了增强 1号泄洪洞龙落尾洞段围岩整体性，抑止洞室侧壁及顶拱进一步变形，龙落尾段两侧边墙增加四排锚筋桩，采用工14工字钢及 $\phi32$ 钢筋连接，并采用固结灌浆方式对龙

落尾洞段的顶拱及左右侧山体和洞内左右侧边壁进行加固处理。龙落尾右侧壁 K0＋534.50～K0＋576.50 段布置三排共计 41 根预应力锚杆，预应力锚杆高度方向间距为 3m，顺水流方向间距为 3m，孔位在已实施的锚筋桩中间处并避开固结灌浆孔。

预应力锚杆采用直径为 32mm 的精轧螺纹钢，锚杆入岩有效长度为 21m，俯角为 20°，方位角与锚筋桩方位相同（偏向上游 20°），终孔孔径不小于 90mm，风吹洗孔。预应力锚杆设计吨位为 50t，超张拉吨位为 55t，预应力钢筋强度标准值 $f_{ptk}＝1080N/mm^2$。锚杆注浆采用排气注浆法，分两次注浆，第一次灌浆将锚固段灌满，锚杆放入孔内后，注浆材料采用 0.5∶1 的纯水泥浆，注浆压力为 0.2～0.3MPa，水泥浆液通过注浆管由孔底注入，空气由排气管排出，灌浆结束标准为：同时满足实际灌浆量大于理论吃浆量，进浆密度与回浆密度相同，吸浆量小于 1L/min 后，屏浆 30min，方可结束灌浆。第二次灌浆待张拉锁定后从锚头预留孔口灌入。锚杆第二次灌浆时应循环多次，直到灌满为止。

灌浆分三阶段进行：第一阶段在洞顶平台对拱肩两侧 10m 范围进行固结灌浆，灌浆孔孔底位于洞内两侧顶排锚筋桩布设高程以上 2m；第二阶段在洞顶平台对拱顶上部进行固结灌浆，灌浆孔孔底位于洞顶开挖边线上方 2m；第三阶段在洞内对两侧壁 10m 范围进行固结灌浆。每阶段均采用风动钻孔、花管注浆的方式进行固结灌浆；洞外灌浆孔距为 2m，以 2m×2m 矩形布置，洞内同锚筋桩间距，布置在锚筋桩位间。灌浆压力为 0.1～0.3MPa，其中一序孔压力为 0.2MPa，二序孔压力为 0.3MPa，在确保围岩不发生变形的情况下尽量提高灌浆压力和注入量，若发生变形及位移应立即停止灌浆；选用 2∶1、0.8∶1、0.5∶1 三个浆液比级，灌浆过程中每 30min 测记一次回浆密度，当某一级水泥浆的孔内注入量达到 300L 以上，或灌注时间已达 30min，而压力和注入率无改变或改变不明显时，变浓一级。灌浆布置及施工顺序示意如图 4 所示。

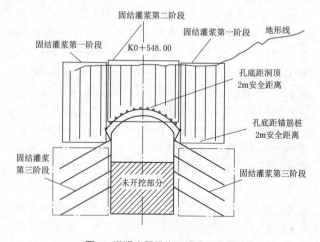

图 4 灌浆布置及施工顺序示意图

6.3 下半洞开挖方法

下半洞开挖从洞内向洞外进行，先开挖洞内段，完成①～③区开挖施工，将洞室降到235.00m高程。由于

该洞段围岩较差，钢拱架没有办法完全落到坚硬的基岩上，在拱架立柱之前先铺设20mm厚钢板条形基础，基础宽50cm，拱架立在钢板面上，分层开挖支护前重复此项施工。龙落尾段下半洞分层开挖示意如图5所示。

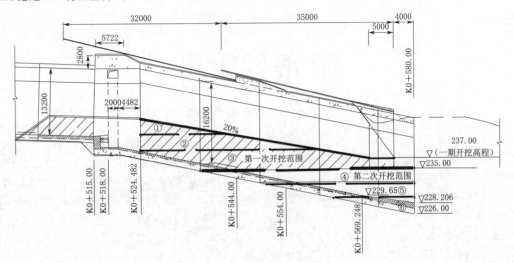

图5 龙落尾段下半洞分层开挖示意图（高程单位：m；尺寸单位：mm）

7 龙落尾施工技术实施效果

7.1 施工工期及施工效率

1号泄洪洞出口237.00m高程以上边坡开挖及喷锚支护，2015年1月开始，2015年6月结束；出口边坡网格梁混凝土施工，2015年7月开始，2015年10月结束；1号泄洪洞出口1～12号人工挖孔桩施工，2015年7月开始，2015年12月结束；龙落尾洞段的顶拱和洞内左右侧边壁新增灌浆施工，2016年2月开始，2016年3月结束；1号泄洪洞出口左侧新增13～16号人工挖孔桩施工，2016年3月开始，2016年5月结束；1号泄洪洞龙落尾右侧壁增加预应力锚杆施工，2016年4月开始，当月结束；1号泄洪洞出口钻孔灌注桩施工，2016年4月开始，2016年8月结束；1号泄洪洞出口边坡锚索施工，2017年5月开始，2018年3月结束。

1号泄洪洞龙落尾及明渠开挖，2015年6月导向墙施工完成开始进洞施工，2015年10月龙落尾段第一层开挖支护完成，2015年11月龙落尾段第二层开挖支护完成，2016年7月龙落尾段第三层开挖支护完成，2016年8月龙落尾及明渠开挖结束。2017年2月27日1号泄洪洞单位工程验收完成。

7.2 变形及处置情况

受暴雨影响，2015年11月12日1号泄洪洞龙落尾段及边坡出现裂缝及变形情况，洞内右侧拱肩与边墙部位裂缝延伸到拱肩以上4m位置，洞室出口两侧边坡发

现2条倒"八"字裂缝，裂缝张开度约为0.5mm，裂缝长度约为20m。出现变形后，对地表裂缝采用砂浆进行了封闭，及时布设了洞内外监测点进行监测，暂停龙落尾段第二层下挖，第二层已开挖部分采用回拉土进洞的方式进行回填，洞顶及边坡临时采用塑料布进行覆盖，防雨水渗入。对洞顶及两侧进行固结灌浆，对洞内边墙设置预应力锚杆、长锚筋桩进行加固，洞口左侧增加抗滑桩，洞顶边坡增设锚索、排水孔等，并调整了下挖施工方案。锚杆应力计、钢筋应力计、活动式测斜仪、多点位移计、表面变形监测等监测显示，暂停下卧开挖期间，变形逐渐增加，累计最大位移达到9.81mm；经采用上述施工技术措施，在下卧开挖期间，尽管软弱岩体仍有蠕动变形，但各种变形量均在设计要求范围内，施工安全稳定，龙落尾段下卧层施工结束累计最大变形为19.34mm；永久支护衬砌施工完成后变形趋于收敛。1号泄洪洞于2017年投入运行7年多来，经历了多次暴雨和洪水考验，目前运行状况良好。

8 结语

涔天河水库浅埋破碎体偏心受压1号泄洪洞龙落尾，采用喷锚支护全封闭，边坡截水、防水、引水、泄水和排水相结合，坡面锚筋桩、网格梁混凝土、锚索和坡脚抗滑桩共同防护，洞内使用固结灌浆、大管棚及超前锚杆进行超前支护、钢拱架支撑、锚筋桩及预应力锚杆二次加固的洞挖支护形式，以预留核心土、分层分区机械开挖、小间距支护跟进的施工方法，有效控制了变形，确保了边坡稳定和洞室施工安全，可以为其他浅埋破碎体偏心受压隧洞开挖和加固施工提供借鉴。

浅谈"一洞双机"TBM设备组装技术研究与应用

赵士辉 郎 月 杨 营/中国水利水电第六工程局有限公司

【摘 要】 新疆 YEGS 二期输水工程 KS 段Ⅷ标工程,深埋长隧洞 2 台敞开式 TBM 设备地下洞室同时组装,支洞大坡度、长距离、单通道单向交通运输 TBM 部件及施工作业人员等,结构件进场顺序、组装时间等环节环环相扣,在组装洞和步进洞等辅助洞室空间有限、交通运输压力大、组装工期紧、任务重的情况下,为了提高组装效率,采取分段组装方式,边组装、边步进、边运输,快速、成功地完成了组装任务。

【关键词】 深埋隧洞 "一洞双机" TBM 自动转向 分段组装

1 引言

隧道掘进机（tunnel boring machine，TBM）洞内组装是一项庞大而复杂的工作,其整体规划需全盘考虑,超前预见可能发生的问题,结构件进场顺序、组装时间等环节环环相扣,既要满足安全、环保、工期的要求,又要降低组装成本,还需具有一定的灵活性。

新疆 YEGS 二期输水工程 KS 段Ⅷ标,主体工程为隧洞工程,采用 2 台敞开式 TBM 进行施工,相向长距离独头掘进,直径为 7m,坡度为 1/2583。隧洞中间仅布置一条施工支洞,运输通道单一。在 TBM 施工期间,支洞须同时满足 2 台 TBM 掘进所需的通风、供电、供排水、出渣及物料运输任务,因此须尽快完成 TBM 主要结构件的运输工作,将之提交支洞工作面,为 TBM 掘进所需的辅助设施安装创造条件。2 台 TBM 设备洞内组装,工期紧、任务重,为了提高组装效率,采取分段组装方式,快速、成功地完成了组装任务,并创造了良好的效果。

2 TBM 设备组装技术

2.1 工艺特点

（1）实现支洞大坡度、长距离、单通道单向 TBM 设备超重、超大结构件交通运输。

（2）TBM 组装洞室设置两个组装洞段,上游设置后配套组装洞,下游设置 TBM 安装洞,为 2 台 TBM 设备同时组装创造了有利条件。

（3）为提高刀盘结构力学性能,采用整体式刀盘。与分块式刀盘相比,整体式刀盘在可靠性、装配、现场施工维保等方面更具有优势,同时节省了现场拼装时间。

（4）受安装洞空间条件限制,2 台 TBM 设备主机等结构件应科学规划、合理布置。

（5）TBM 设备总长为 215m,整机质量为 1300t,主要由主机、连接桥、喷混凝土桥及 11 节后配套拖车组成,最大单件吊装达 140t。

（6）根据 TBM 结构形式,采取分段组装的方式,边组装、边步进、边运输,大大提高了组装效率。

2.2 工艺原理

（1）支洞距离长、坡度大、空间狭窄,最大运输部件为整体式刀盘,通过运输模拟试验,最小运输间隙为 180mm,选用自动转向液压轴线升降专用板进行运输,牵引车辆选用奔驰牌带液力变扭器的 8×8 车型（型号 3354）。

（2）TBM 组装洞室设计长度为 730m,符合 2 台 TBM 设备同时安装、步进、始发的条件,包括上游 TBM 始发洞段 20m、TBM 步进洞段 215m、后配套组装洞段 110m、主支洞交叉段 40m、连接洞段 10m、TBM 安装洞段 100m、下游 TBM 步进洞段 215m 以及 TBM 始发洞段 20m。

（3）安装洞段配置 1 台 80t+80t 桥式起重机,负责 TBM 主机大件吊装;后配套组装洞配置 1 台 30/5t 桥式起重机,负责 TBM 后配套拖车及所有附属部件的安装。

（4）2台TBM设备在安装洞室先后完成主机组装，上游TBM7主机、连接桥、喷混凝土桥安装完成，步进至步进洞段，在后配套组装洞完成后配套拖车组装，边步进边组装。同时腾出安装洞场地进行下游TBM主机、连接桥、喷混凝土桥安装，TBM主机与连接桥、喷混凝土桥安装完成后步进至下游步进洞段，边步进边组装后配套拖车及其附属设备拼装。

2.3 施工工艺流程

TBM设备组装主要为主机、连接桥、喷混凝土桥以及后配套拖车安装。2台TBM设备在安装洞室利用80t+80t桥式起重机先后完成主机组装，上游TBM主机、连接桥、喷混凝土桥安装完成以后，步进至上游步进洞段，在后配套组装洞段利用30/5t桥式起重机完成后配套拖车组装，边步进边组装。同时腾出安装洞场地进行下游TBM主机、连接桥、喷混凝土桥安装，TBM主机与连接桥、喷混凝土桥安装完成后步进至下游步进洞段，边步进边组装后配套拖车及其附属设备拼装。"一洞双机"TBM设备总体组装工艺流程如图1所示。

2.4 操作要点

2.4.1 组装准备

TBM组装洞室平面布置如图2所示。

安装洞布置1台80t+80t桥式起重机，额定起重量为2×80t，跨度为12.5m，作业范围为100m；后配套组装洞布置1台30/5t桥式起重机，额定起重量为30t，

跨度为9.8m，作业范围为84m。80t+80t和30/5t起重机布置断面分别如图3和图4所示。

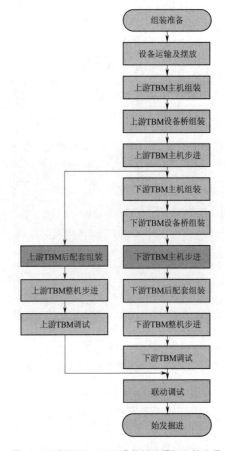

图1 "一洞双机"TBM设备总体组装工艺流程

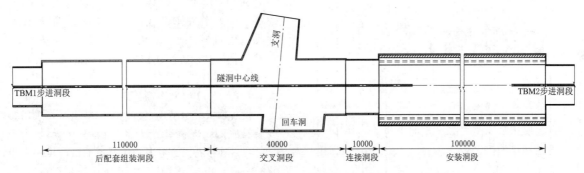

图2 TBM组装洞室平面布置图（单位：mm）

2.4.2 设备运输及摆放

（1）设备运输。支洞长5.3km，最大纵坡为12.77%，路面宽度为5.0m。所有设备进洞前均采用"八字法"捆绑，对其进行加固，使设备均衡、平稳、合理地布置于车板上，并可以承受正常工作中产生的各种力的作用，在运输过程中，不出现移动、滚动、倾覆等状况。运输刀盘、主驱动、主梁二及鞍架等重型构件的运输车辆底部焊接强制刹车装置，避免发生重载车辆溜车现象。整体式刀盘最大运输宽度为6.9m，质量约为125t（不含刀具），最小运输间隙为180mm。根据质量、

尺寸、道路、现场等条件，选用自动转向液压轴线升降专用板进行运输，牵引车辆选用奔驰牌带液力变扭器的8×8车型（型号3354）。整体式刀盘运输示意如图5所示。

（2）大件摆放。2台TBM主机先后在安装洞室内完成组装，组装场地由内向外依次摆放：下游TBM刀盘、步进滑板、主驱动、主梁，上游TBM喷混凝土桥、连接桥、主梁、主驱动、步进滑板、刀盘。

（3）进场顺序。上游TBM和下游TBM运输进洞顺序分别如下：

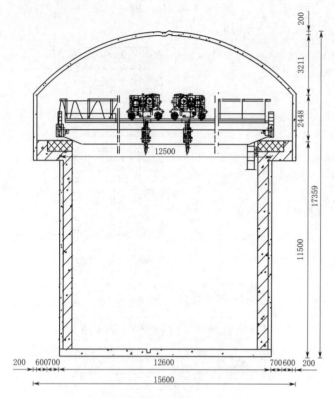

图3 80t+80t起重机布置断面图（单位：mm）

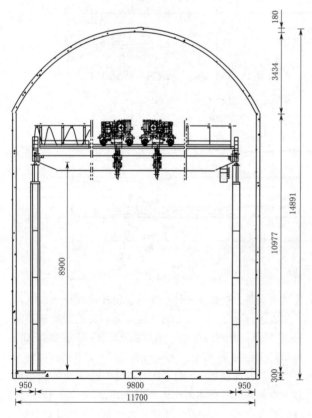

图4 30/5t起重机布置断面图（单位：mm）

1）上游TBM运输进洞顺序。第一批：喷混凝土桥→连接桥→护盾→后支撑→主梁及组件→拱架安装器、

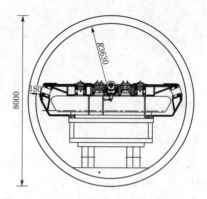

图5 整体式刀盘运输示意图（单位：mm）

锚杆钻机→机头架→步进机构→底护盾→刀盘；第二批：1～5号拖车及附属设备；第三批：6～11号拖车及附属设备。

2）下游TBM运输进洞顺序。第一批：刀盘→步进机构→机头架→主梁及组件→后支撑→护盾→拱架安装器、锚杆钻机；第二批：连接桥→喷混凝土桥；第三批：1～7号拖车及附属设备；第四批：8～11号拖车及附属设备。

2.4.3 上游TBM主机组装

TBM主机按照施工顺序采用布置于安装洞的2×80t桥机吊装，主机组装顺序为：整体刀盘水平置于安装区域前端；步进装置放置在指定位置，底护盾放置在步进滑板上，机头架水平放置在底板上，旋转机头架到竖直位置并放到底护盾上；安装主梁一段，使步进装置支撑架就位，安装主梁二段及鞍架总成；安装后支撑总成，安装撑靴及推进油缸；装驱动电机和侧护盾；安装拱架安装器、锚杆钻机、安装刀盘、搭接护盾和顶护盾。TBM主机组装示意如图6所示。

2.4.4 上游TBM设备桥组装

设备桥安装包括连接桥、喷混凝土桥，采用布置于安装洞的2×80t桥机吊装。

（1）连接桥。连接桥长约26.44m，共计三段，连接桥一段9.0m、连接桥二段10m、连接桥三段7.44m。受长度的限制，其在拆机时均拆分运输。在运至工地后，连接桥一段、二段组对吊装，前端与后支撑搭接，后端安装临时支撑。连接桥三段单独吊装，前端与连接桥二段装配，后端加装临时支撑。采用2根φ40钢丝绳吊装。连接桥整体连接完成以后，装配支腿及支腿轮，并置于轨道上。

（2）喷混凝土桥。喷混凝土桥长约29.5m，共计两段，分段运输、现场逐段安装，采用2根φ40钢丝绳吊装，拼装过程中按需要加工支撑架。

设备桥组对完成后依次安装各层附属设备，最后连接水、气、液压管路和电缆线路。

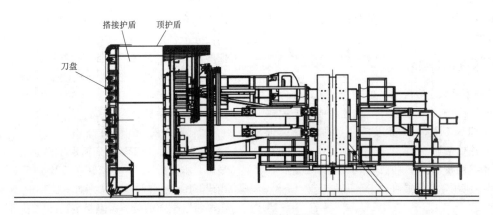

搭接护盾　顶护盾

刀盘

图 6　TBM 主机组装示意图

2.4.5　上游 TBM 主机步进

利用 TBM 上已安装好的步进机构将 TBM 主机部分步进至后配套组装洞。

2.4.6　上游 TBM 后配套组装

上游 TBM 后配套拖车在后配组装洞室进行组装，30/5t 桥式起重机作业范围为 84m。上游 TBM 主机、连接桥、喷混凝土桥在安装洞室组装完成后步进至上游步进洞室，步进长度为 235m，然后组装后配套拖车。后配套拖车分两次组装，先组装 1～5 号拖车，步进 65m，再组装 6～11 号拖车。

2.4.7　上游 TBM 整机步进

TBM 整套设备组装完成后，整机步进 95m 至掌子面。

2.4.8　上游 TBM 调试

上游 TBM 调试在主机和后配套分别组装完成之后进行，调试内容包括辅助设备的单机调试、电气系统和液压系统调试及 TBM 整机调试。调试完成后，使各项参数、性能指标达到设计图纸及设计规范要求。

2.4.9　下游 TBM 主机组装

下游 TBM 调试与上游 TBM 后配组装同步实施，采用布置于安装洞的 2×80t 桥机吊装，组装顺序同上游 TBM 主机。

2.4.10　下游 TBM 设备桥组装

下游 TBM 设备桥采用布置于安装洞的 2×80t 桥机吊装，组装顺序同上游设备桥。

2.4.11　下游 TBM 主机步进

利用 TBM 上已安装好的步进机构将 TBM 主机部分步进至下游步进洞，边步进边组装后配套。

2.4.12　下游 TBM 后配套组装

下游 TBM 后配套拖车在安装洞室进行组装，80t＋80t 桥式起重机作业范围为 100m。下游 TBM 主机、连接桥、喷混凝土桥在安装洞室组装完成后步进至下游步进洞室，步进长度为 75m，然后组装后配套拖车。后配套拖车分两次组装，先组装 1～7 号拖车，步进 95m，再组装 8～11 号拖车。

2.4.13　下游 TBM 整机步进

TBM 整套设备组装完成后，下游 TBM 整机步进 65m 至掌子面。

2.4.14　下游 TBM 调试

下游 TBM 调试在主机和后配套分别组装完成后进行，调试内容包括辅助设备的单机调试、电气系统和液压系统调试及 TBM 整机调试。调试完成后，使各项参数、性能指标达到设计图纸及设计规范要求。

2.4.15　联动调试

2 台 TBM 全部组装完成后，支洞连续皮带、洞外转渣皮带等系统调试主要包括空载调试、负载调试。空载调试证明 TBM 具有工作能力后即可进行负载调试。负载调试的主要目的是检查各种管线及密封的负载能力，使 TBM 的各个工作系统和辅助系统达到满足正常生产要求的工作状态。通常掘进时间即为对设备进行的负载调试时间。

2.4.16　始发掘进

TBM 主机及其后配套系统、连续皮带机等单机、系统、联机调试正常后，安装调整完激光导向系统，轨道铺设完成，轨道运输设备就位，即可开始始发掘进。

3　"一洞双机"TBM 设备组装技术研究成果与应用效果

3.1　研究成果简述

（1）支洞长距离、大坡度 TBM 设备超重、超大结构件运输，取得实用新型专利"一种用于斜坡段超重部件运输的强制制动装置"。

（2）TBM 组装洞室上游设置后配套组装洞，下游设置 TBM 安装洞，为 2 台 TBM 设备同时组装创造了有利条件。

（3）整体式刀盘提高了刀盘结构力学性能，在可靠性、装配、现场施工维保等方面优势突出，同时节省了现场拼装时间。

（4）边组装、边步进、边运输的分段组装方式，大大提高了组装效率。

3.2 组装技术应用效果

在组装过程中采取了分段组装的形式，通过合理安排场地布置和设备运输、组装顺序，快速、成功地完成组装任务。2 台 TBM 设备同时组装历时 40d，相比 2 台 TBM 先后组装提前工期 30d，经济效益显著。"一洞双机" TBM 设备组装技术在新疆 YEGS 二期输水工程 KS 段Ⅷ标等工程中应用，效果显著。

4 结语

2 台 TBM 设备均在洞室内组装，减少了场地占用，降低了施工公害，有利于文明施工，环保性能优越，资源能够充分发挥效率；TBM 设备结构复杂，涉及面广，门类齐全，整机安装按照构件安装规范要求和组件的性能顺序进行，保证了设备的正常运行并充分发挥设备的优良性能；技术先进，"一洞双机" TBM 组装后分别独头掘进 17.888km、18.932km，运行效果显著，环境效益和社会效益显著。

"一洞双机"组装在新疆 YEGS 二期输水工程 KS 段Ⅷ标、新疆 XSDY 二期输水工程Ⅲ标等工程应用效果显著。本文所述"一洞双机" TBM 组装技术可推广应用于 TBM 法隧洞施工"一洞单机""一洞双机"或"一洞多机"模式的地下洞室组装。

参考文献

［1］ 许东. 一洞双机 TBM 设备大件吊装计算分析 ［J］. 智能建筑与工程机械，2021，3（9）：45-47.

审稿人：张志良

拉森钢板桩在北二路基坑支护中的应用

赵国民　李伟伟/中国水电基础局有限公司

【摘　要】 山东省东营市北二路裕华街-西六路全长 4733.711m，雨污水管道沿道路敷设于非机动车道下，沿途开挖深度超过 5m 的深基坑有 10 个。项目位于城区道路两侧，周边可用空间受限。为保证工程顺利实施，减少开挖面积，基坑支护采用拉森钢板桩技术，取得了很好的效果。

【关键词】 拉森钢板桩　深基坑　围护工程

1　项目概况

山东省东营市北二路裕华街-西六路全长 4733.711m，雨污水管道采用钢筋混凝土Ⅱ级管（玻璃夹砂管）。雨水管沿道路两侧布置，敷设于非机动车道下，管径为 600～2200mm。污水管沿道路布置，敷设于非机动车道下，管径为 400～1400mm。雨污水管道中心距约为 2.5m，高差最大约为 3m。沿途穿越已有道路和涵洞，开挖深度超过 5m 的深基坑有 10 个。从开挖深度、周边可用空间、周边环境情况及施工总体的经济性、工期、施工便利性等方面考虑，根据管道埋置深度、周边环境及水文条件，确定分区域采取放坡支护或直立钢板桩支护措施。

根据岩土工程勘察报告，地质情况为场地地貌单一，属黄河三角洲冲积平原；拟建场地地基土在勘探深度内可划分为 7 层，自上而下分层为：①层，素填土（Q_4^{ml}），压缩性较高，土质不均匀，结构松散，厚度为 0.60～4.80m；②层，粉土（Q_4^{al}），干强度低，韧性低，层顶埋深为 0.60～4.80m，厚度为 0.30～2.70m；③层，粉质黏土（Q_4^{al}），厚度为 0.60～6.40m；④层，粉土（Q_4^{al}），干强度低，韧性低，层顶埋深为 1.80～10.20m，厚度为 0.60～6.40m；⑤层，粉质黏土（Q_4^{al}），干强度中等，韧性中等，厚度为 0.40～5.40m；⑥层，粉土（Q_4^{al}），干强度低，韧性低，厚度为 1.20～7.50m；⑦层，粉质黏土（Q_4^{al}），干强度中等，韧性中等，该层在勘察深度范围内未揭穿，厚度不详。

本项目位于城市建成区内，道路两侧不具备修筑施工便道的条件，根据地质条件，其开挖超 3m 的部分采用钢板桩支护，用角桩对其施工范围进行封闭，采取板内抽干降水措施，防止降水对周边构筑物等造成破坏。

2　施工前期准备

2.1　技术准备

（1）组织专业人员熟悉图纸，对图纸进行自审，熟悉和掌握施工图纸的全部内容和设计意图。

（2）结合施工实际情况和周边环境，对超过 5m 的深基坑编制深基坑专项施工方案，并组织专家评审。评审通过后方可进行施工。

（3）计算所需要材料和人工的详细数量，以及大型机械台班数，以便做进度计划和供应计划，更好地控制成本，减少消耗。

（4）做好技术交底。通过技术交底使参加施工的所有人员了解工程技术要求，以便科学地组织施工，按合理的工序、工艺进行施工。

2.2　生产准备

（1）施工中计划投入的大型、小型施工机械根据需要分批进场。

（2）施工管理人员进场后，会同有关单位做好现场的移交工作，包括测量控制点以及有关技术资料，并复核控制点。

（3）临时用电、临时用水的管线搭设、安装、调试。

（4）组织施工管理人员及劳动力调配入场，满足施工要求。

3 测量控制

（1）支护施工前，根据结构内轮廓点及外放要求，采用全站仪从引测点直接投放结构内轮廓点坐标，并利用线路中线进行复核。

（2）支护施工时，根据设计图纸提供的坐标，用全站仪实地放出支护结构轴线，立即做好护桩，并报甲方、监理进行复核。

（3）由于基坑开挖时支护结构在外侧土压力的作用下会向内位移和变形，为确保后期基坑结构的净空符合要求，根据现场实际情况适当外放。

4 钢板桩施工

4.1 钢板桩施工流程

钢板桩施工流程为：管线调查→板桩定位放线→挖沟槽→施打钢板桩→基坑开挖→安装支撑和围檩→机械分层开挖→30cm 人工开挖→基础施工→基坑回填→管道施工→回填至支撑下 0.5m→拆除围檩→回填至路面→拔除钢板桩→回灌砂。

4.2 钢板桩检验、吊装、堆放和验收

（1）钢板桩检验。对钢板桩，一般有材质检验和外观检验，以便对不符合要求的钢板桩进行矫正，以减少打桩过程中的困难。外观检验包括表面缺陷、长度、宽度、厚度、高度、端头矩形比、平直度和锁口形状等内容。钢板桩进场后由现场人员组织工程部、安全质量部、物资部等部门进行检验，不合格产品严禁入场使用。

（2）钢板桩吊装。钢板桩吊装采用 25t 汽车吊进行，装卸钢板桩宜采用两点吊。吊运时，每次起吊的钢板桩根数不宜过多，并应注意保护锁口免受损伤。吊运方式有成捆起吊和单根起吊，成捆起吊通常采用钢索捆扎，而单根吊运常用专用的吊具。

（3）钢板桩堆放。钢板桩堆放在施工现场，应注意堆放的顺序、位置、方向和平面布置等，并有利于方便施工。钢板桩应分层堆放，每层堆放数量一般不超过 5根，各层间要垫枕木，垫木间距一般为 3～4m，且上、下层垫木应在同一垂直线上，堆放的总高度不宜超过 2m。

（4）钢板桩验收。钢板桩验收标准见表 1。

表 1　　　　　钢板桩验收标准表

检查项目	验收标准	检查方法
桩的垂直度	允许偏差或允许值小于 1%	用钢尺量
桩身弯曲度	允许偏差或允许值小于 2%	用 1m 长的桩段做通过试验
齿槽平直度	无电焊或毛刺	用钢尺量
桩长度	不小于设计长度	

4.3 钢板桩施打

（1）现场根据需要选用 9m 和 12m 两种规格的拉森钢板桩。拉森钢板桩用振动沉拔桩机施打。施打前一定要熟悉地下管线、构筑物的情况，认真放出准确的支护桩中线。

（2）打桩前，对板桩逐根检查，剔除连接锁口锈蚀、变形严重的普通板桩，不合格者待修整后才可使用。

（3）打桩前，在钢板桩的锁口内涂油脂，以方便打入和拔出。

（4）在插打过程中随时测量监控每块桩的斜度不超过 2%。当偏斜过大不能用拉齐的方法调正时，拔起重打。

（5）钢板桩施打采用屏风式打入法进行施工。

屏风式打入法不易使板桩发生屈曲、扭转、倾斜和墙面凹凸，打入精度高，易于实现封闭合龙。施工时，将 10～20 根钢板桩成排插入导架内，使它呈屏风状，然后再施打。通常将屏风墙两端的一组钢板桩打至设计标高或一定深度，并严格控制垂直度，用电焊固定在围檩上，然后在中间按顺序分 1/3 或 1/2 板高度打入。

屏风式打入法的施工顺序有正向顺序、逆向顺序、往复顺序、中分顺序、中和顺序和复合顺序。施打顺序对钢板桩垂直度、位移、轴线方向的伸缩、钢板桩墙的凹凸及打桩效率有直接影响。因此，施打顺序是钢板桩施工工艺的关键之一。其选择原则是：当屏风墙两端已打设的钢板桩呈逆向倾斜时，应采用正向顺序施打，反之，用逆向顺序施打；当屏风墙两端钢板桩保持垂直状况时，可采用往复顺序施打；当钢板桩墙长度很长时，可用复合顺序施打。拉森钢板桩插打示意如图 1 所示。

（6）密扣保证板桩顺利合龙。

4.4 注意事项

（1）钢板桩在插打过程中，钢板桩下端有上挤压，钢板桩锁口和锁口之间缝隙较大，上端总会出现偏向远离第一根钢板桩的方向倾斜。因此，每打四五根钢板桩就要用垂球吊线，将钢板桩的倾斜度控制在 1% 以内。超过限定的倾斜度应予纠偏（一次性纠偏不能太多，以免锁口卡住，影响下一片钢板桩的插打）。当钢板桩偏移太多时，采用多次纠偏的方法，逐步减少偏移量。若

图1 拉森钢板桩插打示意图

因土质太硬纠偏困难时，采用四滑轮组纠偏。

（2）距离周边建构筑物较近时，为降低插打施工的振动影响，优先采取钻机引孔施工，以减小振动对周边环境的影响。

（3）钢板桩的堵漏。一般的做法是在钢板桩施打过程中用棉絮、黄油等填充物填塞接缝。

4.5 拔桩及桩孔处理

（1）待排水结构施工完成，基坑回填后，要拔除钢板桩，以便重复使用。

（2）拔桩时先用打拔桩机夹住钢板桩头部振动1～2min，使钢板桩周围土体松动，产生"液化"现象，减少土对桩的摩阻力，然后慢慢地往上振拔。拔桩时注意桩机的负荷情况，发现上拔困难或拔不上来时，应停止拔桩。先振动1～2min后，再往下锤0.5～1.0m，再往上振拔。如此反复即可将桩拔出。

（3）拔桩的起点和顺序。封闭式钢板桩墙，拔桩起点应离开角桩5根以上，可根据沉桩时的情况确定拔桩起点，必要时也可用跳拔的方法；拔的顺序最好与施打时相反。

（4）振打与振拔。拔桩时，先用振动锤将板桩锁口振活，以减小土的黏附，然后边振边拔。较难拔除的板桩可先用柴油锤将桩振下100～300mm，再与振动锤交替振打、振拔。

（5）引拔阻力较大的钢板桩采用间歇振动的方法，每次振动15min，振动锤连续振动不超过1.5h。

（6）拔除钢板桩前，应仔细研究拔桩方法、顺序和时间。否则，拔桩的振动影响，以及拔桩带土过多会引起地面沉降和位移，会给已施工的地下结构带来危害，并影响临近原有建筑物、构筑物或底下管线的安全。分段间隔拔除钢板桩，并控制拔桩速率，对已拔出钢板桩的部分及时进行灌砂、灌水处理。拔出后无法进行灌砂处理的部分，采用高压注射水泥浆进行处理。

5 应用效果

东营市北二路裕华街-西六路段改扩建工程中基坑支护钢板桩总量为14014m，其中桩长6m施打工程量为5540m，桩长9m施打工程量为8474m。钢板桩支护整体效果良好，结合降排水措施做到了干槽施工，有效地利用了空间，保证了管道施工安全，满足了施工技术要求。

6 结语

拉森钢板桩具有施工简单、工期短、耐久性良好等特点，且有显著的环保效果，可大量减少取土量和混凝土使用量，有效地保护了土地资源。本工程位于粉土和黏土地层，拉森钢管桩支护方案取得了很好的效果。

参考文献

[1] 叶武建. 拉森钢板桩基坑支护施工技术要点分析 [J]. 科技创新与应用，2014（20）：219.

[2] 全旭. 拉森钢板桩基坑支护的应用探讨 [J]. 四川建材，2012，38（3）：43-44.

钢平台辅助场地受限临江深大基坑施工工艺

夏远成　陈永刚　李朦然/中国电建市政建设集团有限公司

【摘　要】 本文通过引江济淮工程（安徽段）引江济巢段 X001-1 凤凰颈泵站改造及巢湖闸鱼道工程钢平台栈桥施工工艺实践，总结了因场地狭小，施工中无基坑坡道、无浇筑位置条件下，以钢平台栈桥作为钢筋运输、混凝土浇筑、模板支架运输道路和场地的施工经验，可为类似工程提供借鉴。

【关键词】 引江济淮工程　钢平台栈桥　深基坑

1　工程概况

凤凰颈泵站改造工程为引江济淮工程西兆线引江线路上的提水泵站，位于安徽省无为县刘渡镇无为大堤上，利用老泵站进行改造与扩建，以满足引江、排涝等多种功能的需要。本项目场地狭小，基坑开挖深度大，基坑开挖采用顶部放坡结合下部支护的方式进行，基坑边缘与主体结构施工边缘间距较大。为保证老泵站延长段、新建泵站、安装间、压力水箱、前池等主体结构混凝土浇筑施工，经过项目部与相关设计单位专家研究决定，在基坑东、西两侧各设置一座钢平台栈桥，作为混凝土泵车、罐车至主体结构施工范围的进出场道路，并在基坑东、西两侧钢栈桥端头和基坑北侧处各设置一个钢平台，作为混凝土浇筑的泵车架设平台。项目部按照此方案实施，节约了施工成本和工期，保证了正常的工序施工和基坑的安全。通过本方案的实施，结合现场的施工经验，项目部总结编制了施工方案。

2　与传统施工工艺对比

2.1　传统施工工艺的缺点

（1）传统的施工工艺需要修筑下基坑坡道，且分块施工，工程量大。

（2）传统施工工艺需多次修筑并拆除坡道，材料、土方等倒运次数多，成本高，进度慢。

（3）传统方式的分段分块施工形成的施工缝，影响结构整体性和防水性能。

2.2　施工工艺改进

设置钢平台的好处如下：

（1）钢平台可解决泵站因场地狭小，施工中无基坑坡道、无浇筑位置等难题。

（2）钢平台的搭设使场地狭小的基坑拥有了双层作业面，平台上部具有运输和储存功能，平台下部基坑可按照正常的施工工序进行模板、钢筋、混凝土作业，保证了工序的衔接。

（3）钢平台的搭设使泵站基坑形成完整建基面，减少了底板的施工缝，增强了泵站的整体性和抗渗性。

3　实施过程

3.1　施工工艺流程

施工工艺流程如图1所示。

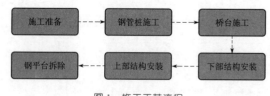

图1　施工工艺流程

3.2　施工准备

（1）技术准备。现场专职技术人员依据设计图纸、地勘报告、水文资料等相关资料编制专项施工方案，对施工人员以及特殊作业人员进行技术安全交底。做好测量控制点的交接和核对工作，采用GPS全桥定位仪对项目控制网点进行复核并加密，施工中使用全站仪与钢尺定位沉桩，做好每根桩的定位工作。

（2）材料、设备准备。将钢管桩运至打设现场，检查钢管桩的顺直度及接头处质量，合格后方可投入使用。检查供电设备、打桩振动锤的线路及机械完好性，需要使用的各种机械设备，进场前进行检修保养，保证机械完好并备足易损件，进场前及时完成进场设备报验。进行设备试运转调试，发现问题及时维修或更换，试运转正常后将振动锤牢固拴扣于吊车的主钩上。

3.3 钢管桩施工

利用基坑顶部作业平台，先打设桥台下钢管桩，之后打设靠近桥台的第一排钢管桩。进行钢管桩插打时，履带吊机靠在边坡上。当桥台施工完毕且混凝土强度满足设计要求，靠近桥台的第一排钢管桩桩间连接及分配梁焊接完毕后，利用吊机吊放焊接桩顶主横梁，架设第一孔栈桥贝雷梁（主纵梁），安装横、纵向分配梁，铺设桥面系。接着履带吊机驶至栈桥前端吊装悬臂导向支架，利用悬臂导向支架精确打入下排钢管桩。测量组确定桩位与桩的垂直度满足要求后，开动振动锤振动沉桩。在沉桩过程中要不断地检测桩位与桩的垂直度，发现偏差及时纠正。每排钢管桩插打到位后，应及时进行桩之间的连接，增加桩的稳定性，避免发生意外事件。然后依次架设安装第二孔栈桥桩顶主横梁、主纵梁、横纵分配梁、桥面系，如此循环直至完成整座钢栈桥、钢平台的施工。

3.4 桥台施工

3.4.1 钢筋绑扎

（1）根据项目钢栈桥、钢平台的桥台钢筋图，由项目钢筋翻样员统一进行翻样，确定钢筋下料长度。钢筋加工在现场钢筋加工棚中统一完成，再运至施工现场。钢筋的制作绑扎要严格按照厂家提供的施工图进行，要求绑扎牢靠，碰撞不变形。绑扎完毕必须经验收合格后方可进行下一道工序的施工。

（2）桥台钢筋绑扎前，应在垫层顶部先弹出钢筋位置线，铺下层钢筋。摆放下层混凝土保护层用砂浆垫块，垫块厚度等于保护层厚度（55mm），按每1m左右距离以梅花形摆放。

（3）钢筋绑扎时，靠近外围两行的相交点每点都绑扎，中间部分的相交点可相隔交错绑扎，双向受力的钢筋必须将钢筋交叉点全部绑扎。如绑扎接头，钢筋搭接长度及搭接位置应符合施工规范要求，钢筋搭接处应用铁丝在中间及两端扎牢。

3.4.2 模板支护与固定

采用木模板进行桥台施工。提前按照施工图纸进行木模板加工。模板安装前，在垫层上先弹好边线，做好标高控制，底部做好找平层施工。模板系统支设完毕后

检查对拉螺杆和斜顶撑等的牢固性，确保固定牢靠。

3.4.3 混凝土浇筑

混凝土强度等级为C30，采用西侧场站生产区的混凝土拌和站进行混凝土生产，用混凝土运输车运输至现场后进行浇筑，用插入式振动棒振捣。振捣采用梅花形ϕ50插入式振动棒，插棒间距为作用半径的1.5倍。振捣过程中遵循快插慢拔的原则。振捣时不在钢筋上平拖，不碰撞模板、钢筋、辅助设施（如定位架、预埋件等）。下料厚度达到30cm后开始振捣前一个下料点的混凝土，振捣时间为10s左右。基础混凝土浇筑完成后，混凝土上表面用抹子压实抹光。混凝土初凝后，开始覆盖土工布并浇水养护28d。

3.5 下部结构安装

钢管桩沉桩结束后，按照设计标高进行测量放点和抄平，割出桩顶凹槽，并在桩口处焊接连接板。每排钢管桩施工完成后，应立即进行相邻钢管桩间的系梁、剪刀撑、桩顶主横梁施工。

3.6 上部结构安装

钢栈桥、钢平台上部结构的安装采用履带吊进行（图2）。

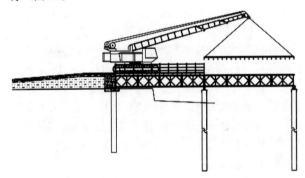

图2 钢栈桥、钢平台上部结构安装示意图

3.6.1 贝雷梁拼装及架设

（1）单个贝雷片长度为3m。根据项目钢栈桥、钢平台的不同跨径，在存放场地进行贝雷梁组装，将贝雷片间用连接片进行连接，拼装成适合跨径安装的贝雷梁。将组装好的贝雷梁运输并临时堆放到履带吊后侧，履带吊将待安装的贝雷梁抬起，放在已装好的贝雷梁后面，并与其成一直线。使用木棍穿过节点板，使贝雷梁前端上下移动，用于调整下弦销孔并对准后插入销栓，然后吊车缓缓放下贝雷梁后端，待上弦销孔对准后插入上弦销栓并设保险插销。

（2）根据项目钢栈桥、钢平台施工图纸，栈桥横向贝雷梁设置3组，钢平台横向贝雷梁设置11组。履带吊车首先安装一组贝雷梁，准确就位后先牢固捆绑在下部主横梁上，然后焊接限位器进行固定，再安装下一组贝雷梁。依此类推完成整跨贝雷梁的安装。

3.6.2 横、纵向分配梁的拼装及架设

（1）整跨贝雷梁安装完成后进行顶部横向分配梁的安装。横向分配梁在后场加工完成，吊装运输至履带吊后部。将横向分配梁吊装至贝雷梁顶部，使用骑马螺栓与扁担钢板将其与贝雷梁连接牢固。横向分配梁的间距应符合设计图纸的规定。

（2）横向分配梁安装完成后，按照设计图纸的间距进行纵向分配梁的安装，纵向分配梁就位后采用连接钢板将其连接成一个整体。

3.6.3 桥面板的制作、安装

桥面板在现场存储区按设计图纸进行加工，运至现场进行拼装。采用焊接方式将花纹板与底部纵向分配梁连接。

3.6.4 铺设桥面系

把桥面板的横、纵向连接系安装牢固后，安装护栏立杆、护栏扶手和护栏钢筋，并涂刷黄白油漆。

3.7 钢栈桥、钢平台的拆除

钢栈桥、钢平台的拆除工作同搭设工作的顺序基本相反，依次拆除桥面附属设施，桥面板、型钢横、纵向分配梁，贝雷梁，桩顶主横梁及钢管桩，拆除方法基本与搭设方法相同。采用钓鱼法，一边后退一边拆除直至拆除到起点位置。拆除过程中利用未拆除的钢栈桥运送材料到边坡顶部指定的存放位置。

拆除步骤为：待护栏拆除后，吊机停靠于要拆除一跨的前一跨桥面上；先将桥面板、型钢横、纵向分配梁，贝雷梁，桩顶主横梁等各构件通过松开螺栓、销子和气焊切割焊缝的方式进行分离；然后吊运至未拆除栈桥上停放的运输车上运出；最后履带吊安装上振动锤，使用振动锤夹具夹住钢管桩，通过振动使钢管桩周边土层液化从而拔离钢管桩基础。

4 施工工艺效果分析

钢平台解决了泵站因场地狭小，施工中无基坑坡道、无浇筑位置等难题，为钢筋运输、混凝土浇筑、模板支架运输提供道路和场地。同时，使场地狭小的基坑拥有了双层作业面，平台上部可提供运输和储存功能，平台下部基坑可按照正常的施工工序进行模板、钢筋、混凝土作业，保证了工序的衔接。保证了项目现场文明施工，使交通运输道路和施工作业面现场分成上下两个区域，保证了施工安全。钢平台的搭设使泵站基坑形成了完整的建基面，减少了底板的施工缝，增强了泵站的整体性和抗渗性。

5 结语

本文基于凤凰颈泵站改造工程项目，因项目场地狭小，基坑开挖深度大，故基坑开挖采用顶部放坡结合下部支护的方式进行。基坑边缘与主体结构施工边缘间距较大，钢平台的搭设可保证老泵站延长段、新建泵站、安装间、压力水箱、前池等主体结构混凝土浇筑施工，保证基坑边坡的整体性和稳定性，从而保证了周边居民的生命财产安全。机械设备在平台上施工，可减少坑底发生突发事件时的撤离时间，保证项目人员、机械、设备等的安全。此施工方案的实施显著提高了施工效能，有效缩短了施工工期，加快了施工进度，降低了施工成本，提高了工程质量，增强了基坑边坡的稳定性，保证了施工安全。该工艺对因场地狭小，施工中无基坑坡道、无浇筑位置条件下的基坑内施工具有显著优势，已成功申报了发明专利并获评为省部级工法。

塞舌尔拉戈西大坝咬合桩防渗墙塑性混凝土配合比优化设计

李庭瑶　刘洪德　范金辉/中国水利水电第九工程局有限公司

【摘　要】 本文以拉戈西大坝为背景，为了达到塑性混凝土的性能要求，进行四因素三水平正交试验，对现有塑性混凝土配合比进行优化设计。以坍落度、抗压强度、弹性模量和渗透系数为考核指标，对试验结果进行极差分析和方差分析，确定了塑性混凝土这四项指标的主要影响因素为水灰比、水泥掺量和膨润土掺量，并获得了符合工程要求的相对最佳配比参数。

【关键词】 塑性混凝土　配合比　正交试验

1 引言

塑性混凝土作为一种流动性大、水泥用量低、抗渗性能好且弹性模量低的柔性材料，在地下防渗工程中应用较为广泛。国外自20世纪60年代开始采用塑性混凝土作为防渗墙材料，我国则是从20世纪80年代末开始应用。塑性混凝土配合比设计缺乏系统的设计理论和固定的设计表，而由于工程特性和设计要求不同，各项目都采用独自适用的塑性混凝土配合比。即使工程设计指标相同，水灰比和各种材料的掺量不同，性能也存在较大差异。由于各种材料对塑性混凝土性能的影响相互联系、相互制约，配合比设计相对困难。本文结合塞舌尔拉戈西大坝塑性混凝土咬合桩防渗墙工程，以正交试验法对现有配比进行优化设计，以此探讨水灰比、水泥掺量和膨润土掺量等对塑性混凝土性能控制指标的影响，综合各控制指标找出满足设计要求的最佳配合比。

2 工程概况

塞舌尔拉戈西大坝位于塞舌尔共和国马埃岛北部，现有大坝是一座建于1979年的黏土心墙坝，最大坝高为35m，坝顶总长152m，总库容为100万m^3，兴利库容为86万m^3。本项目旨在通过加高坝体，从而增大水库库容。大坝加高后，最大坝高将提升至41m，坝顶长度将达到197m，储水量将增加60%达到160万m^3。

根据大坝1991年的可行性研究报告和2013年的地质调查报告，发现大坝右岸存在渗漏现象，需针对渗漏部位采取渗漏控制措施，初步方案是对渗漏部位进行帷幕灌浆处理。但帷幕灌浆施工后钻孔取芯发现，坝基地质分层黏土、砂质黏土、砂壤土和砂土交叉分布，帷幕灌浆效果甚微。因此，防渗处理变更为采用浇筑相互咬合的混凝土灌注桩，形成防渗墙连接大坝现有黏土心墙，以达到大坝右岸区域防渗的目的。

3 设计目标

咬合桩防渗墙塑性混凝土需要满足以下要求：①与黏土心墙和坝体保持较好的联结；②一定时间内能够重复钻进，保证搭接咬合的尺寸，又不在施工中受到破坏；③塞舌尔全年温度较高，且咬合桩施工混凝土浇筑等待时间长，需保持混凝土长时间的工作性能；④作为土坝防渗墙，需要满足一定的防渗效果。

基于项目工程特性和上述工程要求，提出塑性混凝土的主要技术指标为：坍落度为200mm±25mm，28d抗压强度为3～7MPa，28d弹性模量为500～2000MPa，渗透系数不大于$1×10^{-7}$cm/s。

4 设计思路

防渗墙工程属于新增项目，前期没有相关的施工准备，工期紧，任务重。按照施工进度计划安排，防渗墙混凝土配合比设计与试验研究工作显得十分紧迫。按防渗墙混凝土配合比设计要求及多种材料、厂家的选择，如采用常规方法进行配合比设计，需依次进行初步配合比、基础配合比、试验室配合比、施工配合比设计。此过程需要进行大量试验，所需时间长。经过方案比选，选择已有的相近的塑性混凝土配比作为基础配合比，运用正交试验设计法进行优化设计，得到符合工程要求的混凝土配合比是行之有效的。国内外塑性混凝土配合比设计水胶比选择差异较大，国内常用水胶比在0.8～1.3之间，国外多采用1.5～2.0甚至更大的水胶比。选取的基础塑性混凝土配合比及其试验参数分别见表1和表2。

表1　基础塑性混凝土配合比

水胶比(W/C)	水/(kg/m³)	水泥/(kg/m³)	膨润土/(kg/m³)	砂（粒径0～5mm）/(kg/m³)	碎石（粒径5～10mm）/(kg/m³)
1.90：1	380	160	40	810	810

表2　基础塑性混凝土试验参数

试样编号	密度/(kg/m³)	抗压强度/MPa	弹性模量/MPa	渗透系数/(10⁻⁸cm/s)	坍落度/mm
1	2205	2.69	465	2.13	
2	2220	2.86	561	3.26	
3	2211	2.78	524	1.15	210
4	2200	2.77	525	1.82	
5	2222	2.67	519	2.52	
6	2208	2.60	453	3.41	

5　混凝土原材料

5.1　水泥

采用毛里求斯 LAFARGE 公司生产的 P·O 42.5 水泥。经检测，水泥比表面积为3380cm²/g，水化热为257kJ/kg，通过 200 号筛（75μm）的无水泥颗粒留存，其物理化学性能符合 *Methods of Testing Cement*（BS EN 196—2016）和 *Standard Specification for Portland Cement*（ASTM C150/C150M—2016）的规范要求。

5.2　砂和骨料

采用当地 UCPS 公司生产的粒径为 0～5mm 的砂和粒径为 5～20mm 的骨料。砂的含泥量为 1.67%，表观密度为2680kg/m³，含水率为3.8%，细度模数为2.98。骨料的含泥量为 0.49%，表观密度为2800kg/m³。此外，砂和骨料级配符合 *Specification for Aggregates from Natural Sources for Concrete*（BS EN 882—1992）的要求，其他各项性能符合 *Standard Specification for Concrete Aggregates*（ASTM C33—2016）的要求。

5.3　膨润土

采用湖南省临澧县众帮化工有限公司生产的钻井膨

润土。经检测，膨润土黏度计读数为32，通过 75μm 筛的余量为 1.4%，滤失量为 11.8mL，动塑比为 1.3Pa/(mPa·s)，含水率为 5.2%，液限为 68.7，塑限为 28.6，塑性指标为 30.8，各项参数符合美国石油协会的规定。

5.4　外加剂

外加剂符合 *Standard Specification for Chemical Admixtures for Concrete*（ASTM C 494—2015）和 *Admixtures for Concrete，Mortar and Grout*（NF EN 934-2＋A1—2012）的要求，采用西卡公司（SIKA）生产的一种聚羧酸高效减水缓凝剂 SIKA-464，其常用于深井基础和低强度混凝土，可保持混凝土长时间的工作性能（2～5h），减水率可达 5%～30%，推荐取用量为胶结材料用量的 0.1%～5.0%。项目根据实际施工需要，选择胶结材料用量的 0.15%、0.20%、0.25% 三个比例进行拌和试验，并最终选取 0.2% 为拌和掺量。

6　正交试验设计

6.1　塑性混凝土性能影响因素分析

塑性混凝土的配合比设计与普通混凝土不同，区别在于不但要考虑混凝土坍落度和强度，还要着重考虑混凝土的弹性模量以及渗透系数是否能达到设计要求。此外，弹性模量和抗压强度的数值是一对矛盾关系。所以，进行塑性混凝土配合比设计，首先要考虑抗压强度和弹性模量及工作性能的设计目标，并兼顾渗透系数指标的要求。对于塑性混凝土性能的这四个技术指标，基础混凝土坍落度、弹性模量和渗透系数已基本满足要求，增大混凝土强度并保持混凝土长时间的工作性能即可符合要求。

郑州大学关超所做的试验研究表明，塑性混凝土强度主要受水灰比、水泥掺量、膨润土掺量和砂率的影响；弹性模量则与水灰比、水泥掺量、膨润土掺量、砂率等因素有关；影响坍落度的因素有骨料级配、砂率、水灰比、外加剂、膨润土和水泥掺量；抗渗性主要与水灰比、砂率、水泥和膨润土掺量等因素有关。进行试验设计时，掺加减水剂后参照减水率对应减小水灰比，增加水泥掺量以增大抗压强度，调整膨润土掺量以调节弹性模量和渗透系数，选定水灰比、水泥掺量、膨润土掺量为主要因素进行研究。每个因素取三个水平，以坍落度、28d 抗压强度、弹性模量和渗透系数为考核指标。因素-水平表见表3。

6.2　试验方案及结果

采用标准的三因素三水平的 L₉（3⁴）正交表进行方

案设计，正交试验设计方案见表4。按表4所示的组合配制混凝土，分别测定各组的坍落度，考察其流动性，然后将制作的试块置于标准条件下养护，测量其坍落度、28d抗压强度、28d弹性模量和渗透系数，试验结果取平均值。正交试验详细配比及结果见表5。

压强度、弹性模量和渗透系数为考核指标进行极差分析和方差分析，结果分别见表6和表7。

表3 因素-水平表

水平	因素		
	A	B/kg	C/kg
1	1.24∶1	170	40
2	1.20∶1	180	45
3	1.16∶1	190	50

注 A—水灰比；B—水泥掺量；C—膨润土掺量；余同。

6.3 试验结果分析

正交试验设计不仅能减少试验次数，也能够反映各因素和不同水平对试验结果的影响。以坍落度、28d抗

表4 正交试验设计方案

试验组号	因素			
	A	B/kg	C/kg	D
1	1 (1.24∶1)	1 (170)	3 (50)	2
2	1 (1.24∶1)	2 (180)	1 (40)	1
3	1 (1.24∶1)	3 (190)	2 (45)	3
4	2 (1.20∶1)	1 (170)	2 (45)	2
5	2 (1.20∶1)	2 (180)	3 (50)	3
6	2 (1.20∶1)	3 (190)	1 (40)	2
7	3 (1.16∶1)	1 (170)	1 (40)	3
8	3 (1.16∶1)	2 (180)	2 (45)	2
9	3 (1.16∶1)	3 (190)	3 (50)	1

注 D—误差列；余同。

表5 正交试验详细配比及结果

试验组号	水灰比(W/C)	每立方米混凝土材料用料/kg						坍落度/mm	28d抗压强度/MPa	弹性模量/MPa	渗透系数/(10⁻⁸cm/s)
		水泥	膨润土	水	砂	骨料	外加剂				
1	1.24∶1	170	50	273	854	854	0.44	228	2.47	421	0.74
2	1.24∶1	180	40	273	854	854	0.44	224	4.25	735	2.18
3	1.24∶1	190	45	291	837	837	0.47	226	4.83	851	1.62
4	1.20∶1	170	45	258	864	864	0.43	215	3.06	498	2.79
5	1.20∶1	180	50	276	847	847	0.46	220	3.34	634	1.36
6	1.20∶1	190	40	276	847	847	0.46	216	5.36	984	4.27
7	1.16∶1	170	40	244	873	873	0.42	209	3.68	593	3.46
8	1.16∶1	180	45	261	857	857	0.45	212	4.17	666	2.75
9	1.16∶1	190	50	278	841	841	0.48	215	4.54	822	2.15

表6 极差分析结果

项目	坍落度/mm				28d抗压强度/MPa				弹性模量/MPa				渗透系数/(10⁻⁸cm/s)			
	A	B	C	D	A	B	C	D	A	B	C	D	A	B	C	D
K_1	678	652	649	654	11.55	9.21	13.29	11.85	2007.0	1512.0	2312	2055	4.54	6.99	9.91	7.12
K_2	651	656	653	656	11.76	11.76	12.06	12	2116.0	2035.0	2015	2071	8.42	6.29	7.16	7.76
K_3	636	657	663	655	12.39	14.73	10.35	11.85	2081.0	2657.0	1877	2078	8.36	8.04	4.25	6.44
k_1	226.0	217.3	216.3	218.0	3.85	3.07	4.43	3.95	669.0	504.0	770.7	685.0	1.51	2.33	3.30	2.37
k_2	217.0	218.7	217.7	218.7	3.92	3.92	4.02	4.00	705.3	678.3	671.7	690.3	2.81	2.10	2.39	2.59
k_3	212.0	219.0	221.0	218.3	4.13	4.91	3.45	3.95	693.7	885.7	625.7	692.7	2.79	2.68	1.42	2.15
R	14.0	1.7	4.7	0.7	0.28	1.84	0.98	0.05	36.3	381.7	145.0	7.7	1.29	0.58	1.89	0.44

注 K_1、K_2、K_3—各因素每一水平的试验结果之和；k_1、k_2、k_3—各因素每一水平的试验结果的平均值；R—极差，极差越大，表明该因素对指标的影响越大。

表7 方 差 分 析 结 果

考核指标	方差来源	离差平方和	自由度	均方	F值	临界值	显著性
坍落度/mm	A	302.000	2	151.000	453.000	0.0022	＊＊＊
	B	4.667	2	2.333	7.000	0.1250	＊
	C	34.667	2	17.333	52.000	0.0189	＊＊
	试验误差	0.667	2	0.333			
28d抗压强度/MPa	A	0.127	2	0.064	25.480	0.0378	＊＊
	B	5.088	2	2.544	1017.640	0.0010	＊＊＊
	C	1.453	2	0.727	290.680	0.0034	＊＊＊
	试验误差	0.005	2	0.002			
弹性模量/MPa	A	2064.667	2	1032.333	22.281	0.0430	＊＊
	B	219048.667	2	109524.333	2363.835	0.0004	＊＊＊
	C	32942.000	2	16471.000	355.489	0.0028	＊＊＊
	试验误差	92.667	2	46.333			
渗透系数/(10⁻⁸cm/s)	A	3.294	2	1.647	11.341	0.0810	＊
	B	0.517	2	0.259	1.781	0.3596	
	C	5.341	2	2.670	18.385	0.0516	＊
	试验误差	0.290	2	0.145			

注 因素在20%水平以上为较为显著，记为"＊"；在5%水平以上为显著，记为"＊＊"；在1%水平以上为极为显著，记为"＊＊＊"。

由极差分析可知：以坍落度为考核指标，影响因素的主次顺序为水胶比、膨润土掺量、水泥掺量，水灰比选择1.24∶1，膨润土掺量选择50kg，水泥掺量选择190kg；以28d抗压强度为考核指标，影响因素的主次顺序为水泥掺量、膨润土掺量、水胶比，水泥掺量选择190kg，膨润土掺量选择40kg，水灰比选择1.16∶1；以弹性模量为考核指标，影响因素的主次顺序为水泥掺量、膨润土掺量、水胶比，水泥掺量选择190kg，膨润土掺量选择40kg，水灰比选择1.20∶1；以渗透系数为考核指标，影响因素的主次顺序为膨润土掺量、水胶比、水泥掺量，膨润土掺量选择40kg，水灰比选择1.20∶1，水泥掺量选择180kg。综上所述，同时考虑4个考核指标时，水灰比对坍落度而言是主要影响因素，对渗透系数而言是次要影响因素。但从数据中明显能看出水灰比为1.24∶1时，坍落度不符合设计要求(200mm±25mm)，因此水灰比选择1.20∶1；水泥掺量对抗压强度和弹性模量而言都是主要影响因素，无次要因素，选择水泥掺量为190kg；膨润土掺量对渗透系数而言是主要影响因素，对坍落度、抗压强度和弹性模量都是次要影响因素，膨润土掺量选择40kg。

由方差分析可以看出：水灰比对坍落度影响极为显著，对28d抗压强度和弹性模量影响显著，对渗透系数影响较为显著；水泥掺量对28d抗压强度和弹性模量影响极为显著，对坍落度影响较为显著，对渗透系数影响不显著；膨润土掺量对28d抗压强度和弹性模量影响极为显著，对坍落度影响显著，对渗透系数都较为显著。

在试验所取的因素水平范围内，水灰比对考核指标的影响大小顺序为坍落度、28d抗压强度、弹性模量、渗透系数；水泥掺量对考核指标的影响大小顺序为弹性模量、28d抗压强度、坍落度、渗透系数；膨润土掺量对考核指标的影响大小顺序为28d抗压强度、弹性模量、坍落度、渗透系数。

7 结语

(1) 利用正交试验设计法对性能相近的塑性混凝土配合比进行优化设计，改变水灰比或调整混凝土中各组分的掺量或掺比，减少了试验工作量，节约了设计时间。

(2) 水灰比对坍落度影响最大，坍落度随着水灰比的增大而增大；水灰比对混凝土抗压强度、弹性模量和渗透系数均有一定影响，和抗压强度、弹性模量、渗透系数呈负相关，水灰比越大，抗压强度、弹性模量和渗透系数越小，渗透系数越小抗渗性能越好。

(3) 水泥和膨润土掺量是抗压强度和弹性模量的主要影响因素，水泥掺量与抗压强度和弹性模量成正相关，水泥掺量越多，抗压强度和弹性模量越大；膨润土掺量与抗压强度和弹性模量呈负相关，膨润土掺量越大，抗压强度和弹性模量越小；渗透系数受膨润土影响最大，膨润土掺量越大，渗透系数越小。

(4) 通过对试验结果进行极差分析和方差分析，获得了咬合桩塑性混凝土相对最优配合比参数组合为

$A_2B_3C_1$，其水灰比为 1.20：1，每立方米参数为：水泥 190kg，膨润土 40kg，水 276kg，砂 847kg，骨料 847kg，外加剂 0.46kg。

参考文献

[1] 国家能源局. 水工塑性混凝土配合比设计规程：DL/T 5786—2019 [S]. 北京：中国电力出版社，2019.

[2] 胡瀚尹. 基于正交设计方法的塑性混凝土优化配合比试验研究 [J]. 四川水力发电，2024，43（2）：159-162.

[3] 关超. 黄河泥沙塑性混凝土性能试验设计 [D]. 郑州：郑州大学，2014.

含大孤石、漂石的砂卵砾石地层防渗墙造孔技术研究

陈　帅　张　微/中国水利水电第六工程局有限公司

于志进/中电建振冲建设工程股份有限公司

【摘　要】 在含有大量漂石、大孤石的砂卵砾石复杂地层中，防渗墙造孔难度较大，施工工期较长。本文通过对某水电站防渗墙造孔施工技术进行深入分析，详细设计施工方案，确定施工事故预防及处理措施，总结了防渗墙造孔施工经验，可为类型工程提供参考。

【关键词】 砂卵砾石地层　防渗墙　膨润土泥浆

1　引言

在水利水电工程薄墙防渗墙造孔施工中，复杂地质条件往往制约着造孔进度、成孔质量，特别是在含有大量漂石、大孤石的砂卵砾石地层中施工难度更大。如何有针对性地采取措施，在保障成孔质量的前提下加快施工进度，需要专业工程管理及技术人员不断学习并在实践中摸索。本文在前人经验成果的基础上结合工程实例，在含有大孤石、漂石的砂卵砾石地层防渗墙造孔施工中总结出一些经验，希望能为类似地质条件的防渗墙工程造孔施工提供参考。

2　工程地质条件及其评价

某水电站泄洪冲砂闸、土石坝等建筑物，地基覆盖层为第四系冲积层，厚43～79m，河床部位冲积层为单层结构，右岸冲积平台部位为双层结构。单层结构物质成分为卵砾石、漂石夹砂（$Q^{al-①}$），厚71～78.5m。其中卵石含量为44%，漂石含量为33%～57%，砂砾含量为23%。钻孔揭露最长1.2m，表层物质结构松散，局部架空，下部物质结构呈中密～稍密状。双层结构上部物质成分为砾砂夹卵石、漂石、巨型块石（$Q^{al-③}$），厚约5m，结构松散，巨型块石零星分布于地表；下部物质成分与单层结构物质成分相同，厚74～77m。下伏基岩为花岗闪长岩。通过现场注水试验，冲积层渗透系数为0.0224～0.5532cm/s，均为中等～强透水层。

建基面基础持力层位于卵砾石、漂石夹砂层中，该层结构稍实～中密，承载力可满足要求。由于卵砾石、漂石夹砂层中局部漂石含量增多，发生不均匀沉降的可能性大。

建筑物基础坐落在冲积层之上，且距离河道较近，采用常规的帷幕灌浆方法难以达到防渗要求。根据各建筑物的特点及地形、地质条件，为防止坝基发生渗透变形，减小坝基渗透压力，增加坝体稳定性以及防止不均匀沉降的发生，从施工可控性、防渗的可靠性及地基变形适应性等方面考虑，确定采用悬挂式塑性混凝土防渗墙防渗方案。防渗墙墙体厚0.6m，深度为40～55m。此种较薄较深防渗墙造孔施工难度大，造孔耗时长，极易出现漏浆、偏孔、埋钻及塌孔事故。

3　设备材料准备

根据现场地质条件，防渗墙施工最适合的机械设备为冲击钻机。冲击钻机可以适应各种不同的地质情况，特别适用于含砂卵砾石层、岩层的造孔。

在含有大量漂石的砂卵砾石地层中成槽，护壁防漏、携砂进尺是槽孔造孔施工的关键。选用质量好的黏性土、膨润土造浆是必要的保证措施。另外，还需要准备堵漏材料，例如棉絮、水泥、黏土球、粗锯末等。

4　施工平台及导墙

施工平台及导墙的修建是首要步骤。施工平台尺寸要满足施工需要且不占用较大的工作面，合理的导墙既节约修建时间又节省资源，同时还能保证冲击钻机工作稳定。本防渗墙工程导墙及施工平台断面如图1所示。

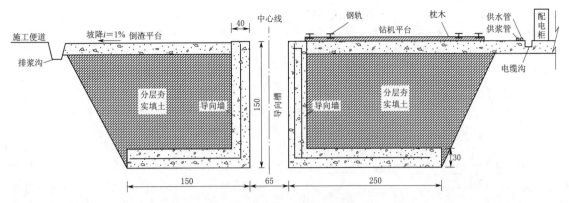

图1 导墙及施工平台断面图（单位：cm）

5 槽段造孔成槽

5.1 槽孔长度及主、副孔划分

槽孔长度及主、副孔划分主要考虑地质条件、成槽历时，合龙段选择短槽孔。本工程防渗墙槽孔长度划分为6.0m，适合两台冲击钻机互相配合进行造孔。主、副槽孔及小墙划分示意如图2所示。

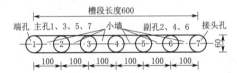

图2 主、副槽孔及小墙划分示意图（单位：cm）
1、3、5、7—主孔；2、4、6—副孔

5.2 膨润土、黏土泥浆制备

膨润土浆液和黏土浆液混合使用，可以起到很好地护壁、冷却钻头、悬浮及挟带钻渣的作用。

采用高速搅拌机制备膨润土泥浆。根据地层特性、成槽方法及用途，经过数次试制后，采用膨润土含量为6%～8%的浆液进行造孔护壁。浆液密度小则护壁效果差，密度大的浆液既浪费材料又在成槽换浆时耗费较长时间，同时易形成较厚的泥皮，不利于水下混凝土浇筑。新制浆液密度控制在1.1g/cm³以内。膨润土浆液制备完成后静置至少24h，使其充分膨化后使用。

黏土使用装载机和人工在槽孔口添加，冲击钻机在钻进过程中自制浆液。

5.3 槽孔建造

5.3.1 施工方法

受地层地质条件所限，成槽方法主要采用钻劈法。浅表层大石块、大孤石在建造导墙及施工平台时尽量往深开挖，然后再进行一定的回填。

造孔前，在防渗墙轴线上间隔一定距离进行补充勘

探，验证地质条件准确性的同时，也能较准确地掌握漂石、大孤石的对应地层位置，以便提前做好相关预防准备。

进行槽孔建造时，先进行主孔、副孔的钻进。主副孔钻进一定深度后，进行小墙的钻劈。主副孔深度与小墙高度保持一定的差距，有利于提高钻进速度。槽孔内钻渣及岩屑及时打捞，做到少捞、勤捞。及时补充泥浆，使槽内液面保持在导墙顶面以下30～50cm，保持泥浆的静压力，以维持孔壁稳定。施工中及时补充槽内黏土浆液，可以起到高效悬浮钻渣、岩屑的作用，配合少捞、勤捞钻渣，能明显提高钻进速度。

5.3.2 水下爆破

进行槽孔造孔时遇大孤石或硬岩，换用十字钻头重凿冲砸，效果不佳时采用水下爆破的方法处理。本工程采用的爆破方式有以下两种：

（1）槽孔深度较浅时，使用槽内钻孔爆破。即采用地质钻机跟管钻进，在槽内下置定位器进行钻孔，钻到规定深度后，提出钻具，在大孤石和硬岩部位下置爆破筒，提起套管引爆，破碎大孤石或硬岩体，从而制服"拦路虎"，加快钻进速度。槽内钻孔爆破示意如图3所示。

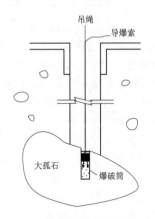

图3 槽内钻孔爆破示意图

（2）聚能爆破。即在大孤石或硬岩表面下置聚能爆破筒进行爆破，爆破筒聚能穴锥角为55°～60°，装药量控制在2～5kg。二期槽孔内则采用减震爆破筒，即在爆

破筒外面加设一个屏蔽筒，以减轻冲击波对已浇筑墙体的影响。槽内聚能爆破方法简便易行，对防渗墙施工干扰小，有时还可用于修正孔斜、处理故障等。聚能爆破炮筒示意如图 4 所示。

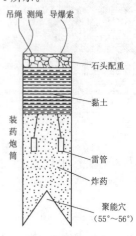

装药炮筒

吊绳 测绳 导爆索

石头配重

黏土

雷管

炸药

聚能穴
（55°~56°）

图 4　聚能爆破炮筒示意图

5.3.3　槽段连接

防渗墙施工应尽量减少槽段的连接缝。槽段连接可采用接头管（板）法、钻凿法、双反弧桩柱法、切（铣）削法等。本工程使用钻凿法进行槽段连接。钻凿法即采用冲击钻机在已浇筑的一期槽两端主孔中套打一钻，重新钻凿成孔，在墙段间形成半圆形接缝连接的一种方法，适用于本工程低强度塑性混凝土墙体材料。

使用钻凿法进行槽段连接施工必须注意几点：①在已经浇筑混凝土终凝后方可开始钻凿接头孔，防止对已浇墙体混凝土造成损害；②尽量减小接头套接孔的两次孔位中心的偏差值，避免墙体开叉或者达不到设计要求的最小墙厚；③接头套接孔浇筑前必须刷洗干净，以利于墙体连接。

5.3.4　事故预防及处理

在含有大量漂石、大孤石的砂卵砾石复杂地层中进行较薄较深防渗墙造孔施工，冲击振动影响下，极易出现漏浆、偏孔、埋钻及塌孔事故。具体预防及处理措施如下：

（1）槽孔漏浆预防及处理措施。①复杂地层施工前，做好预灌浆加固，防止漏浆；②增加造孔泥浆或膨润土浆液黏度稠度及密度；③出现漏浆时，可加大泥浆黏度，抛投棉絮、水泥、黏土球以及锯末等。

（2）槽孔偏斜预防及处理措施。①冲击钻机固定好位置，避免桅杆摇摆，固定好地锚绳；②定期测量孔斜，在初期进行纠正；③在漂石、大孤石及软硬地层交界处，应选择适合的冲程，掌握钻头的冲击力度；④进行偏斜处理时，可采取变换钻头精准凿打、吊打、扩孔处理，爆破处理等措施，必要时回填并重新开孔。

（3）埋钻预防及处理措施。①保证泥浆的性能和质量，保持孔壁的稳定；②保证钻头的补焊质量和技术参数；③避免孔斜造成孔壁破坏或冲击不稳，致使坍塌掉

块卡住钻具；④进行埋钻处理时，一般采用半圆弧钻具或扩孔器扩孔，将埋钻周围扩孔以后，打活钻头，再将钻头提出孔口。上卡的钻头，可及时用反冲的方法进行处理，或者用抽筒、加重杆等下去将钻头轧活，提出孔口；下卡和卡得比较紧的钻头，可先将两边的副孔或小墙劈到超过卡钻深度，然后利用加重杆将卡钻挤活或挤到其他深孔部位，提出孔口。

（4）塌孔的预防及处理措施。①施工中根据地层情况，配置稠度和黏度合适的泥浆，并根据地层变化进行调整，可以有效地预防塌孔；②施工中漏浆与塌孔会同时发生，此时可及时添加棉絮、木屑锯末、黏土等遇水膨胀堵漏材料，及时堵住浆液渗漏点；③长时间停钻需要随时保持浆液黏稠度以起到护壁作用，移走钻机减轻地面荷载，必要时将已成槽孔用黏土回填。

6　工程实施效果

通过采取有效措施，防渗墙施工这一最难啃的"骨头"按计划顺利完成，水电站枢纽工程基础处理防渗墙按计划顺利推进。

防渗墙 37 个槽段成孔成槽验收合格，37 个防渗墙单元工程质量评定合格，4 个分部分项工程验收合格，质量评定合格。

7　结语

（1）使用足够浓度的黏土泥浆悬浮携带钻渣、岩屑，采取少捞、勤捞钻渣的方法，可有效控制塌孔、埋钻等事故，加快钻孔进度。

（2）利用地质钻机钻孔和定向聚能爆破，对大孤石和漂石进行解爆，可加快钻进速度。

（3）造孔前的补勘工作能较准确地掌握含漂石、大孤石地层的位置，以便提前做好相关预案。补勘工作很重要性，是施工方案编制和事故预防的基础。

参考文献

[1] 赵吉学. 张峰水库大坝左岸塑性混凝土防渗墙施工 [J]. 山西建筑，2007，33（17）：362-363.

[2] 国家市场监督管理总局，国家标准化委员会. 膨润土：GB/T 20973—2020 [S]. 北京：中国标准出版社，2020.

[3] 中华人民共和国水利部. 水利水电工程混凝土防渗墙施工技术规范：SL 174—2014 [S]. 北京：中国水利水电出版社，2014.

[4] 杨学祥，李焰. 围堰防渗墙槽内水下爆破 [J]. 爆破，2004，21（1）：69-72.

[5] 国家能源局. 水电水利工程混凝土防渗墙施工规范：DL/T 5199—2019 [S]. 北京：中国电力出版社，2020.

大直径人工挖孔桩施工技术

张思肖/中国水利水电第十一工程局有限公司

【摘 要】 本文结合云南省红河哈尼族彝族自治州建（个）元高速公路个元段 TJ9 标桩基工程，主要介绍大直径桩基施工中的重点和难点，以及大直径桩基的人工成孔、桩孔护壁、混凝土浇筑等施工工艺和施工方法，总结了施工经验，可为类似工程提供借鉴。

【关键词】 桩基工程 人工挖孔桩 建（个）元高速公路

1 引言

建（个）元高速公路个元段 TJ9 标项目位于云贵高原南缘，哀牢山和红河东侧，总体上属构造溶蚀侵蚀中山区。自古生代以来，曾经历了多次构造变动，地质构造复杂。该项目在桩基施工中出现较多溶洞，施工难度大，对工期制约较多。项目中的包家庄特大桥 0～2 号桩基位于山坡上，1 号桩基距离下方道路高度超 80m，所在位置坡面达到 65°以上，无法使用大型机械修筑施工便道，冲击钻机无法到位，也无法设置泥浆池，泥浆无处排放。且桩基下方为当地通行道路，无法进行封闭施工。故桩基采用人工挖孔成孔，混凝土护壁支护，降低了施工难度，节约了工程造价。

2 工程概况

建（个）元高速公路为云南省"五纵五横一边两环二十联"规划中的重要组成部分，TJ9 标段位于个旧市鸡街镇，主线总长 10km，设计为双向四车道，时速为 80km/h。

TJ9 标工程主要施工内容包括 9 座桥梁（长度 3.56km，枢纽互通立交 2.012km）、3.35km 路基（涵洞 41 道）、2 座人行天桥（桥梁长 202m）、2 条隧道（线路长度 2.41km）。桥梁总长占路线长度的 49.3%，全线桥隧比为 70.4%。桥梁下部桥墩采用薄壁墩和柱式墩两种形式，桥墩基础全部采用桩基础。全线桩基础桩的直径有 1.2m、1.5m、1.6m、1.8m、2.0m、2.2m、2.5m 七种，共计 676 根，其中桩径在 2.5m 及以上的桩共计 60 根，总长度为 2074.8m。

桩基底部全部深入白云岩层中，属于嵌岩桩。在现

场无法采用旋挖钻、冲击钻等机械设备成孔，且无地下水或有少量地下水的条件下，桩基采用人工挖孔施工是最好的选择。

3 工程地质条件、地形条件

3.1 工程地质条件

根据现场地质测绘资料，线路部分桩号段出露地层为三叠系中统个旧组（T_2g）灰岩、白云岩、泥灰岩，厚度大，分布较广，为岩溶发育提供了较为有利的岩性条件。受宏观构造影响，线路区发育 F_1～F_2 逆断层及数条小断层，同时发育多组优势裂隙。受构造切割影响，表层岩体破碎，为地表、地下水活动提供了必要的运移、贮存空间。

地表、地下水条件为：TJ9 标位于红河及南盘江分水岭位置，根据区域地质调绘及钻孔水位观测，场区线路周边地表水分布较少，地下水埋深较大，说明场区内地下水不丰富，不利于岩溶发育。

现场地质测绘及勘探基本查明区内岩溶发育特征。地表岩溶形态以溶槽、溶沟、岩溶残丘及岩溶洼地为主。该段线路区可溶岩段发育岩溶洼地 9 处，地下岩溶形态为岩溶洞隙，并发育有少量溶洞，场区基岩面溶槽发育。本阶段该段场地共有详勘钻孔 160 个，其中揭露溶蚀洞隙钻孔 17 个，见洞隙率为 10.6%，场区岩溶呈弱～中等发育。

3.2 工程地形条件

建（个）元高速公路 TJ9 部分桥梁桥址区地处斜坡地带，中间低两端高，呈"凹"状，桥梁主要沿斜坡展布。桥位轴线地表高程在 1350.00～1503.00m 之间，相

对高差为 153m。桥址区隧道出口段基岩大部分出露，植被少量发育，槽谷到隧道进口段基岩少量出露，植被发育。个旧岸桥台位于斜坡中上部，斜坡较陡，坡度为 30°～35°；元阳岸桥台分布于整个斜坡，地形坡度较个旧岸桥台斜坡要缓，坡度为 8°～12°。桩基位置地势陡峻无法使用大型机械修筑施工便道，冲击钻机无法到位；同时因地形问题，无法设置泥浆池，泥浆无处排放；且桩基下方为当地通行道路，无法进行封闭施工。

4 施工工艺

4.1 工艺流程

大直径人工挖孔桩工艺流程为：测量放线→锁口施工→桩孔开挖→护壁支护→爆破及出渣→桩底清理→成孔、验孔→钢筋笼安装→浇筑混凝土→桩基检测。

4.2 施工工艺

4.2.1 桩位放样

确定好桩位中心，以中点为圆心，以桩身半径加护壁厚度为半径画出上部的圆周。撒石灰线作为桩孔开挖尺寸线。桩位标记示意如图 1 所示。

图 1 桩位标记示意图

4.2.2 锁口施工

井圈锁口采用 C25 混凝土浇筑，并预埋插筋与第一圈护壁混凝土连接。井圈锁口壁厚 45cm，顶面高出施工基面 30cm。在井圈的上口作桩位"十"字控制点，该井圈的中心点与桩位中心的偏差不得大于 20mm。

井口四周以围栏防护，锁口四周 1m 范围内地面采用厚度不小于 10cm 的 C20 混凝土硬化。挖孔暂停或人不在井下作业时，孔口要加安全防护盖。孔口四周挖好排水沟，及时排除地表水，搭好孔口遮挡雨棚，安装提升设备，修好出渣道路。

4.2.3 桩孔开挖

开挖桩孔用人工手风镐或者手风钻，从上到下逐层进行。先挖桩孔中间部分的土方，然后扩及周边。有效地控制开挖桩孔的截面尺寸，使其不小于设计桩径加 2 倍护壁混凝土厚度，允许误差控制在 30mm。第一节高

度根据地质情况及操作条件而定，不超过 1m。

4.2.4 护壁支护

护壁构造：桩孔每下挖一节（1m）立即浇筑一节护壁混凝土；护壁上口厚度为 15cm，下口厚度为 10cm，上下护壁搭接 10cm 以保证护壁的支撑强度。

每节挖土完毕后立即立模浇筑。护壁混凝土采用小型 350 混凝土搅拌机现场搅拌，浇筑采用吊桶运输，人工撮料入仓，钢钎捣实，混凝土坍落度控制在 10cm 内。

护壁模板采用圆台形工具式内钢模拼装而成，拼装紧密，支撑牢固不变形，便于装拆和倒运。模板由 4 块组成，模板底与每节段开挖底土层顶靠紧密。护壁模板采用拆上节、支下节的方式重复周转使用。模板之间用螺扣固定，在每节模板的上下端各设一道用角钢做成的内钢圈作为内侧支撑，同时用方木做水平横向支撑加固牢固。模板要预先进行对中检查。护壁模板示意如图 2 所示。

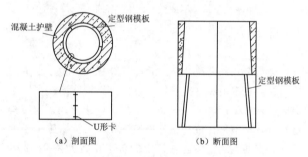

（a）剖面图   （b）断面图

图 2 护壁模板示意图

混凝土浇筑完毕不小于 24h 或强度达到 2.5MPa 时可拆模，每节护壁均在当日连续施工完毕。拆模后发现护壁有蜂窝、孔洞现象时，及时使用高标号水泥砂浆修补。结构不稳定、表面渗水，连接不够密实的护壁，未经修复严禁进行下节施工。

每节护壁做好后，必须在孔口用"十"字线对中，然后用孔中心吊线检查该节护壁的内径和垂直度，如不满足要求随即进行修整，确保偏差不大于 50mm。

4.2.5 爆破及出渣

人工挖孔桩爆破作业地点处于山区，周围环境相对较简单，施工中以控制爆破对已浇筑护壁造成破坏及爆破飞石为重点。结合类似工程的实际经验，采取"多打孔、少装药、短进尺、弱震动"的浅眼掏槽微差控制爆破方法，孔桩井口覆盖防护，能够达到爆破效果并满足安全的要求。

孔桩开挖直径为 2.5m，根据井巷掘进原理及以往工程施工经验，炮眼设计采用中心掏槽眼、辅助眼、周边眼相结合的布孔方式，利用多个段位的毫秒雷管实现微差控制爆破。布孔及装药示意如图 3 所示。

炸药爆破之后产生的炮烟为有毒有害气体，必须进行机械性强制通风排烟。施工现场可利用鼓风机在井口进行压入式通风排烟，或采用空压机风管在井底通风排

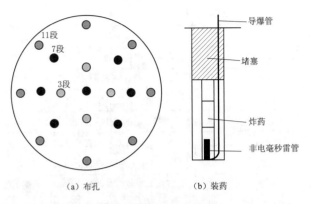

图 3 布孔及装药示意图

烟。通风排烟的时间以清除工作面炮烟为准。孔内爆破后用电动鼓风机或高压风管向孔内通风20min以上，并用气体探测仪检查孔内无有害气体后方可下井作业。

挖孔所用的起重机械和设施有卷扬机、钢支架、钢丝绳、吊桶等。为了避免在施工过程中发生高处坠落、倾覆等事故，卷扬机安装必须进行验算，且卷扬缆绳抗拉能力应大于拟提重量的5倍以上，以确保安全。卷扬机布置示意如图4所示。

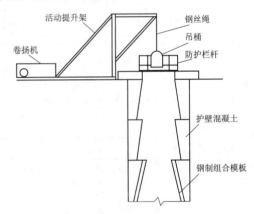

图 4 卷扬机布置示意图

根据作业队施工工作实际及吊桶承载力，吊桶出渣的允许最大重量为80kg（含水重量），采用规格为6×37（股数×根数）、直径为10mm的软钢丝绳作业。

碴土装入吊桶，用卷扬机提升装置垂直提升至孔外，再倒运至孔桩周边指定位置。在吊桶提升过程中，桩内施工人员暂停挖土，在护板下方躲避。当吊桶提升至高出洞内面1.0m时，推动安设在井口的水平移动式安全盖板，关闭孔口。卸土后再掀开盖板，下吊桶继续挖土。

4.2.6 终孔、验孔

桩基成孔后开度验收工作。对孔径、孔深、桩位中线、垂直度、孔底沉渣厚度、地质渣样等进行检查。填写终孔记录表，完善隐蔽工程验收签字确认手续。

若实际地质情况与设计地质资料不符，则根据监理单位及设计单位意见，调整桩长。挖孔桩终孔验收包括

两部分：验岩样和验终孔。具体包括以下内容：

（1）当挖孔桩进入强风化或者弱风化岩层，设计有嵌岩深度的要求时，需在挖进过程中取好岩样。一般50cm取一次岩样。待入岩时，通知监理单位及设计单位，现场进行桩基地质确认。

（2）孔深挖至设计标高时，需要终孔。施工单位先自检，确认达到设计规定的桩端持力岩层，桩型、桩径、桩位等符合要求，桩底清理干净，做到平整，无松渣、污泥、沉淀等软层。

（3）孔深采用标准测绳检测，测绳采用钢尺进行校核。在测绳的底部坠以测锤，测锤一般采用圆锥形，圆锥平面直径不小于10cm，质量不小于5kg。

（4）孔的竖直度采用测锤法检测，将质量较大的测锤缓缓吊入孔底。然后缓慢移动测锤感觉测锤碰到孔壁，量取该位置时测绳到护筒的距离及测绳长度，根据测绳长度及测锤到护筒的距离算出垂直度。沿孔壁反复量测4~6个位置，然后将几个数值综合比较，得出最终的孔身垂直度。

4.2.7 成桩

钢筋骨架统一在钢筋加工场制作。钢筋笼根据桩长分2~3节制作，每节长度不大于9m。根据主筋直径选择连接方式，加强筋与主筋焊接，箍筋绑扎按照设计图纸布置间距保证其符合设计及规范要求。用板车将其运送至施工点，以25t汽车吊采用两点吊装的方式吊放入孔内。

桩基混凝土拌和采用集中拌和，由混凝土罐车运至施工现场。混凝土由孔口设置的串筒下料至孔底，串筒底端出料口距浇筑面不超过2m，防止产生混凝土离析现象。

混凝土在拌和站出场前由试验室进行坍落度检测，运送至现场后对坍落度再次进行抽检，并取样留存。

混凝土浇筑串筒使用壁厚为3mm的精钢卷制而成，上口直径为40cm，下口直径为30cm。灌注前对串筒内壁进行清洁。在开始灌注混凝土时，串筒底部至孔底保持1.0m的距离。为了防止混凝土离析，浇筑过程中悬空高度控制在2.0m内。串筒布置在桩孔中心位置，混凝土在串筒中自由坠落。为了切实保证混凝土浇筑密实，每层厚度控制在30cm左右。以直径为1.5m的桩为例，即每灌注0.53m³混凝土振捣一次，采用ZN50插入式高频振动棒振捣。振捣器移位间距初步定为30cm，每个断面保证不少于5个振点，根据现场实际情况予以调整。孔内混凝土振捣选派有经验的工人进行，混凝土连续下料，连续振捣，振点均匀，振动棒快插慢拔，严防漏振和超振。每一振点的振捣延续时间为25~30s，以混凝土停止下沉、不出现气泡、表面出现浮浆为准。

浇筑过程中，保持混凝土连续供应，运输线路通畅，一边浇筑一边提升并摘除串筒。在灌注混凝土时，

每根桩至少留取两组试件。试件采用标准养护，强度测试后填写相应的记录表及质检资料。

待桩身混凝土龄期大于14d后，由专业单位采用超声波对桩基整桩进行检测。

5 主要资源投入

人工挖孔桩施工主要设备投入见表1，人工挖孔桩施工主要人员投入见表2。

表1   人工挖孔桩施工主要设备投入表

设备名称	规格型号	数量
平板运输车/台	30t	6
手推车/台		18
空压机/台	3.5m³/min	12
风镐＋风铲/套	B87	12
潜水泵/台	4kW	6
单筒卷扬机/台	0.5t	12
高压风管/m	φ30	1800
电动鼓风机/台	HB-1500	12
发电机/台	200kW	8
定制钢模/套		18
手风钻/台	50L/s	10

表2   人工挖孔桩施工主要人员投入表

工 种	人数/人	岗位职责及备注
土石方挖运工	60	负责人工挖孔桩开挖阶段的土石方挖运
混凝土工	24	负责混凝土浇筑、振捣，清理模板
电焊工	27	负责钢筋制安、爬梯加固
电工/维修	9	负责电路维护
起重工	18	负责物料的提升吊运
空压机工	12	负责空压机运行
测量	6	负责人工挖孔桩的放样定位、检测
爆破工	15	负责人工挖孔桩爆破作业
安全员	12	负责现场安全管理

6 工程实施情况

采用该工艺顺利完成了乍甸1号大桥、包家庄特大桥等桥梁山腰处临路、临边的大直径桩基施工。共完成44根桩，总长度为1128m，累计施工时长为10个月。施工的同时，确保了既有X116县道、S212省道的通行安全，减小了施工风险，降低了施工难度，节约了成本。

桩基施工完成后，经专业检测单位采用超声波进行检测，确定以该工艺施工的44根桩均为Ⅰ类桩，满足设计及规范要求。部分桩基测试结果见表3。

表3   部 分 桩 基 测 试 结 果

序号	桩号	桩身混凝土强度等级	设计桩径/mm	设计桩长/m	成桩日期	桩身完整性	类别
1	Z1-1	C30	2000	38.2	2020-07-24	桩身完整	Ⅰ类桩
2	Z1-2	C30	2000	38.2	2020-07-24	桩身完整	Ⅰ类桩
3	Z4-1	C30	2000	17.0	2019-04-12	桩身完整	Ⅰ类桩
4	Z4-2	C30	2000	17.0	2019-04-12	桩身完整	Ⅰ类桩
5	Z5a-0	C30	2000	32.0	2019-09-15	桩身完整	Ⅰ类桩
6	Z5a-1	C30	2000	32.0	2019-09-15	桩身完整	Ⅰ类桩
7	Z6-1	C30	2000	23.2	2019-06-25	桩身完整	Ⅰ类桩
8	Z6-2	C30	2000	28.3	2019-06-26	桩身完整	Ⅰ类桩
9	Z7-1	C30	2000	26.3	2019-04-22	桩身完整	Ⅰ类桩
10	Z7-2	C30	2000	26.3	2019-04-23	桩身完整	Ⅰ类桩
11	Z8-1	C30	1500	30	2019-07-10	桩身完整	Ⅰ类桩
12	Z8-2	C30	1500	30	2019-07-11	桩身完整	Ⅰ类桩
13	Z8-4	C30	1500	30	2019-07-11	桩身完整	Ⅰ类桩
14	Y1-1	C30	2000	40	2020-08-04	桩身完整	Ⅰ类桩
15	Y1-2	C30	2000	40	2020-08-04	桩身完整	Ⅰ类桩
16	Y4-1	C30	2000	17	2019-04-10	桩身完整	Ⅰ类桩
17	Y4-2	C30	2000	17	2019-04-10	桩身完整	Ⅰ类桩
18	Y4-3	C30	2000	15	2019-04-09	桩身完整	Ⅰ类桩

序号	桩号	桩身混凝土强度等级	设计桩径/mm	设计桩长/m	成桩日期	桩身完整性	类别
19	Y4 – 4	C30	2000	15	2019 – 04 – 10	桩身完整	Ⅰ类桩
20	Y5a – 0	C30	2000	25	2019 – 06 – 09	桩身完整	Ⅰ类桩
21	Y5a – 1	C30	2000	25	2019 – 06 – 03	桩身完整	Ⅰ类桩
22	Y5b – 0	C30	2000	27	2019 – 09 – 25	桩身完整	Ⅰ类桩
23	Y5b – 1	C30	2000	25	2019 – 06 – 02	桩身完整	Ⅰ类桩
24	Y6 – 1	C30	2000	28.3	2019 – 06 – 26	桩身完整	Ⅰ类桩
25	Y6 – 2	C30	2000	28.3	2019 – 06 – 26	桩身完整	Ⅰ类桩
26	Y7 – 0	C30	2000	34	2019 – 04 – 12	桩身完整	Ⅰ类桩
27	Y7 – 1	C30	2000	33	2019 – 04 – 22	桩身完整	Ⅰ类桩
28	Y8 – 1	C30	1500	30	2019 – 07 – 12	桩身完整	Ⅰ类桩
29	Y8 – 2	C30	1500	30	2019 – 07 – 12	桩身完整	Ⅰ类桩

7 结语

大直径桩基采用人工成孔施工工艺，弱爆破开挖，不设泥浆池，最大限度地减少了对外界的干扰，也减少了便道的修筑工程量。同时，减少了对环境的破坏，解决了深山区高速公路高陡边坡大直径桩基施工技术难题，使建（个）元高速公路 TJ9 标段复杂地形的桩基施工得以快速、安全地完成。

简易沉降板在卢旺达水电站围堰施工中的应用

肖风成/中国电建市政建设集团有限公司

【摘　要】 卢旺达那巴龙格河二号水电站坝址处河床覆盖层深30～45m，上部10～15m范围内以软土夹粉砂、黏土质砂为主。软土夹粉砂呈流塑～软塑状，黏土质砂呈松散～稍密状，存在地震液化和渗透稳定问题。为保证大坝稳定安全，采用振冲碎石桩方案加固地基。在围堰施工中使用简易沉降板，从而获得沉降量的数据，为大坝设计提供依据，从而验证设计参数是否满足大坝稳定安全要求。在卢旺达无先进观测设备的情况下，应用简易沉降板满足了工程的需要，可为类似工程提供借鉴。

【关键词】 那巴龙格河二号水电站　沉降量计算　沉降板结构

1　工程概况

那巴龙格河二号水电站位于卢旺达北部省与南部省交界的那巴龙格河干流上，坝址距首都基加利直线距离约为20.5km。开发任务为防洪、发电，兼顾下游生态流量泄放和下游灌溉用水泄放。

电站枢纽建筑物由黏土心墙堆石坝、左岸开敞式溢洪道、左岸引水发电系统、左岸放空洞、发电厂房、开关站和输变电线路组成。水库总库容为8.03亿 m^3 ，正常蓄水位为1410.00m。枢纽拦河坝为黏土心墙堆石坝，最大坝高为59m，坝顶长度为363m。发电厂房位于坝下左岸靠岸坡布置，为地面厂房，共设3台14.5MW的混流式水轮发电机组，电站总装机容量为43.5MW。

坝址处河床覆盖层深30～45m，上部10～15m深度范围内以软土夹粉砂、黏土质砂为主，软土夹粉砂一般呈流塑～软塑状，黏土质砂主要为松散～稍密状，存在地震液化和渗透稳定问题。15m深度以下主要为泥炭质土层，局部含少量粉、细砂，为软塑～可塑状，渗透系数较小。

2　围堰的作用

那巴龙格河二号水电站坝址为峡谷地形，两岸较陡峻，导流明渠布置条件较差，明渠开挖边坡较高，布置困难。拦河大坝为黏土心墙坝，坝身不能过水，采用明渠分期导流还需设置高混凝土导墙，并将部分坝身改为混凝土重力式结构，将增加较大的投资。因此，本工程采用围堰一次拦断河床，进行干地施工。

坝址区全年径流呈枯—丰—枯—丰交替变化，枯水期历时较短且分散。黏土心墙坝最大坝高为59.0m，难以在一个枯水期内填筑至度汛高程，因此，采用全年围堰挡水。

3　安装简易观测板的目的

电站的软弱地基层深达45m，如果采用传统的大开挖方案，考虑到卢旺达两个雨季及项目的施工工期，基本是无法完工的。因此，项目在开工后，经过与业主、咨询单位多次会商，最终确定软弱地基采用碎石桩复合地基。碎石桩在填坝期间的沉降对大坝的稳定极为重要。

考虑到大坝高度为59m，且坐落在碎石桩复合地基上面，为确保大坝的稳定和安全，大坝在施工期间及蓄水期间的沉降量显得尤其重要。为此，设计人员进行了三维模拟试验，但最终的分析结果需要根据现场实际情况来检测。项目部考虑围堰填筑高度为25m，填筑材料基本和大坝一样，且施工设备、碾压期间的施工参数也与大坝一样，因此，决定在施工期间安装简易的沉降板来初步判断大坝的沉降量，同时验证模型试验的准确性。

另外，项目在完成围堰施工后，需要经历两个大雨季的考验，能否安全度汛非常关键。那么就需要了解围堰在填完之后的沉降量，根据沉降量结果，在汛期来临之前对其加高，以便安全度汛。

4 围堰地基沉降观测方案与方法

针对填筑过程中地基的沉降观测，目前尚无通用的监测仪器和方法。结合本工程的需要，同时鉴于现场实际条件，项目部提出采用沉降板的监测方案。

4.1 沉降板的结构

沉降板由钢底板、金属测杆和保护套管组成。钢底板尺寸为长 50cm、宽 50cm、厚 3cm。测杆为钢管，直径为 4cm。保护套管为具有一定强度的硬塑料管，套管直径不小于 7.5cm，能套住测杆并使标尺进入套管。测杆与钢底板采用焊接的方法或者用螺栓连接，测杆之间和套管之间采用螺纹接口对接。随着填土的增高，测杆和套管亦相应接高，每节长不超过 50cm，每节之间采用丝扣连接紧密。接高后测杆顶面应略高于套管上口，测杆顶用顶帽封住管口，顶帽高出碾压面高度不大于 50cm。沉降板装置示意如图 1 所示。

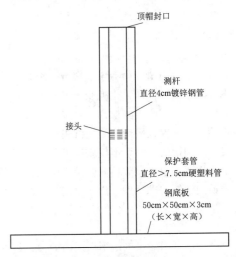

顶帽封口

测杆
直径4cm镀锌钢管

接头

保护套管
直径>7.5cm硬塑料管

钢底板
50cm×50cm×3cm
（长×宽×高）

图 1 沉降板装置示意图

4.2 沉降板的布置

根据项目设计需要，围堰分区分部位布置。在围堰主体区域每隔 30m 布置一个，在其他区域内每隔 40m 布置一个，施工中严格按照设计图纸进行。

4.3 沉降板的安装埋设

沉降板安装之前，由测量人员放线定位，然后放置在正确的位置。人工在沉降板周围 0.5m 范围内填筑细料且人工碾压。随着填土的增高，测杆和套管亦相应接高。接高后的测杆顶面应略高于套管上口，方便观测时水准尺直接置于测杆顶。

套管上口应加盖封住管口，避免填料落入管内而影响测杆下沉自由度。套管盖高度应满足封住管口且套管盖不接触测杆的要求。套管盖与套管采用螺纹接口对接，对接完成后采用平衡尺确保一条直线，避免管子偏斜。盖顶高出碾压面高度不宜大于 50cm。

沉降板测杆在观测期间派专人看管，沉降板观测标杆易遭施工车辆、压路机等碰撞或人为损坏，在标杆上竖立三角红旗和警示标盘作醒目标志。同时，交待碾压配套机械操作司机，操作机械时注意保护沉降板测杆。运输汽车上土时派专人指挥车辆，避免车辆碰到测杆。测量标志一旦遭到碰损，应立即复位并复测。

4.4 沉降板的观测

沉降板顶部高程采用几何水准进行观测，观测精度需满足规范要求。同时需记录或测量测杆长度。在使用前进行全性能检查和校验，以保证测量仪器的正常使用和观测数据的可靠。

施工期间，应每填筑一层填料进行一次观测。如果两次填筑间隔时间较长，应每 3d 观测一次。填筑完毕后，每 3d 进行一次定期观测，每次观测后及时合理汇总测量结果。

4.5 基础沉降的计算

基础沉降计算示意如图 2 所示。由图 2 可知，基础初始高程 H_1 可通过填筑前几何水准观测得到，为已知量；不同填筑高程 H_n 可通过填筑过程中的几何水准观测得到，为已知量；总长度 S_1 可通过记录或测量测杆长度得到，为已知量。而基础沉降 $S_2 = S_1 - (H_n - H_1)$，填筑高程 H_n 为 1376.2m，基础初始高程 H_1 为 1351m，围堰填筑完成后测量总长度 S_1 为 26.2m，则可计算的碾压完成后的基础沉降 S_2 为 1m。

围堰地基沉降主要通过几何水准沉降观测得到，填筑前需对整个基础的初始高程进行观测。填筑碾压到顶后，及时对填筑的顶部高程进行几何水准测量。不同沉降时间（如 3d 后、7d 后）分别再次进行几何水准测量，通过基础沉降计算公式即可得到层内沉降。层内沉降计算示意如图 3 所示。由基础沉降计算公式可知，碾压完成后及沉降一段时间后基础沉降 L_1 和 L_2 均可通过基础沉降计算公式计算得到，为已知量；碾压后顶高程 H_m 以及沉降一段时间后顶部沉降 H'_m 均可通过几何水准测量得到，为已知量。而地基沉降 $S = 总沉降 - 基础沉降 = (H_m - H'_m) - (L_2 - L_1)$。

大坝碾压后堰顶高程 H_m 为 1376.2m，沉降后围堰顶高程 H'_m 为 1375.031m，填筑前水准仪测量的基础初始高程为 1351m，碾压后基础沉降 L_1 为 1m。沉降 6 个月后对承压板进行测量，经过基础沉降计算公式计算，L_2 为 1.3m。因此，根据层内沉降计算公式可知，6 个月后地基沉降为 869mm。

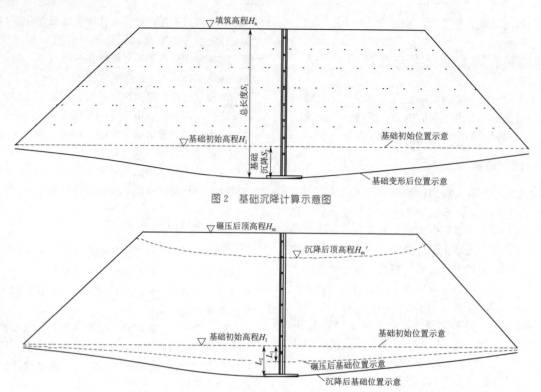

图 2　基础沉降计算示意图

图 3　层内沉降计算示意图

5　观测结果分析及在大坝中的应用

围堰观测点地基沉降对比曲线如图 4 所示。

根据图 4 可知，实际观测沉降为 869mm，而根据模型模拟计算的结果为 1245mm。产生差别的原因为：①地基较软弱，仍旧在固结期间，须将继续观测沉降结果；②模型模拟的基础和实际地基有差别，设计人员是按模拟的沉降值进行围堰安全和稳定计算，而实际沉降值较小，说明围堰更加安全稳定。

同理，大坝的设计采用同样的模型模拟地基的沉降，根据围堰观测的结果已经证明模型的准确性，则表明大坝采用此模型计算可保证大坝更加安全可靠。

6　结语

卢旺达那巴龙格河二号水电站项目采用在碎石桩复合地基上面建黏土心墙大坝的方案，类似工程施工甚少。此项目是中卢两国友好合作的特重大项目，是卢旺达的"小三峡水电站"项目，因此大坝的安全稳定是项目的核心要求之一。为了确保这一目标的实现，同时考虑到现场的实际情况，采用简易的沉降板预埋在围堰内监测沉降。采用此法监测，不仅获得了黏土心墙大坝施工填筑期间需要的设计参数，同时验证了设计人员前期设计三维模型计算的准确性，为在汛期来临之前增高围堰提供了数据，最终为确保大坝安全稳定提供了基础数据。

在那巴龙格河二号水电站围堰采用的简易沉降板监测方案，不仅安装方便，且节省成本，不占用工期，可获得有用的设计数据，为设计提供了更可靠的依据。简易沉降板在此项目的应用，可为今后类似工程项目提供参考。

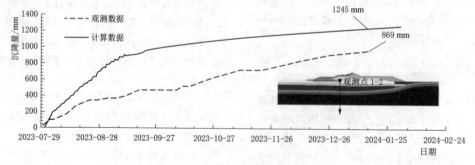

图 4　围堰观测点地基沉降对比曲线图

审稿人：胡建伟

智能温控在混凝土高拱坝施工中的应用

张俊宏　后国国/中国水利水电第四工程局有限公司

【摘　要】 小湾、锦屏一级、溪洛渡、拉西瓦等国内水电站混凝土高拱坝建设过程中出现的温控问题在施工过程中难以解决，给设计、施工带来了巨大挑战，本文以白鹤滩水电站为背景，充分结合上述混凝土高拱坝的施工经验，提出智能温控、大坝混凝土施工过程中全年冷却的理念，通过白鹤滩水电站混凝土拱坝施工，论证该理念在高拱坝施工中具有可行性、指导性，可为后续高拱坝施工提供理论支持。

【关键词】 智能温控　混凝土高拱坝施工　应用

1 引言

国内目前已建成的混凝土高拱坝均采用常规的一期、二期、中期冷却技术，未能结合大坝内部不同区域混凝土温度实时、准确、自动通水冷却，致使大坝混凝土不同程度出现温度裂缝，对大坝的安全性、稳定性产生影响。白鹤滩水电站混凝土双曲拱坝从筑坝原材料、温控技术及工艺、成熟的智能技术等方面打破无坝不裂的魔咒，可为后续混凝土高拱坝温控提供参考。

2 概述

2.1 工程概述

白鹤滩水电站混凝土双曲拱坝混凝土总量约为810万 m^3，坝顶高程为834.00m，最大坝高为289.0m，坝身布置有6个泄洪表孔、7个泄洪深孔、6个泄洪底孔；坝顶轴线弧长709m，共设30条横缝，分31个坝段，沿上游坝面弧长横缝的间距为20.0～24.2m，最大为24.2m。坝体和扩大基础均不设纵缝，最大仓面位于坝基扩大基础，最大底宽为100m，最大仓面面积为2440m^2。

白鹤滩气象站多年平均气温为21.9℃，极端最高气温为42.7℃，极端最低气温为0.8℃；多年平均相对湿度为66%；多年平均降水量为733.9mm；多年平均蒸发量（ϕ20cm 口径蒸发皿）为2231.4mm。

针对白鹤滩水电站温差大、极端最高气温高的特点，结合近年来国内混凝土高拱坝施工经验，为防止白鹤滩水电站混凝土拱坝施工过程中出现温度裂缝，对于特高拱坝而言，施工期防裂的关键是混凝土温度控制，而温度控制的重点是3个温差：基础温差、内外温差和上下层温差。基础温差通过最高温度控制，内外温差通过表面保温和内部通水冷却温度控制，上下层温差则通过混凝土最高温度及合理的通水冷却过程控制。大体积混凝土温控措施是指为降低混凝土水化热引起的温度应力，避免开裂，达到设计要求的封拱灌浆温度等所采取的工程技术措施。

2.2 国内研究水平综述

大体积混凝土数字测温系统由武汉英思工程科技股份有限公司研发，并已取得了相关技术专利和知识产权；大坝智能通水系统由清华大学研发，并已取得了相关技术专利和知识产权。高拱坝智能温控系统由以上两部分系统联合组成，并在溪洛渡水电工程中得到初步应用，其余项目未采用智能温控技术。本工程拟采用的智能温控系统是由这两家单位在溪洛渡大坝智能温控应用效果的基础上，联合开发出的全新智能温控系统，之前国内尚无工程应用实例。

3 实践依据

数字测温系统通过埋设数字温度计、安装数据采集及无线传输装置等,自动采集和实时传输混凝土内部温度。无线数据自动采集、接收、上传和曲线展现,大大降低人力成本,降低现场工作人员的操作风险,保证了现场数据采集的及时性、真实性与完整性。现场采集的混凝土内部温度数据与智能大坝信息管理系统对接后,形成资源共享,将温度测量数据传输到大坝通水冷却智能温控系统,辅助实施混凝土智能通水冷却。

智能通水系统是采用大体积混凝土实时在线个性化换热智能控制技术,通过流量精确控制,为不同浇筑仓提供个性化的温度控制策略,实现基于时间和空间的温度梯度分布和变化的全过程智能化控制。本系统能接收智能大坝系统的温度数据,能及时准确上传通水数据,突破了传统的通水冷却人工控制方式和简单型通水控制方式的制约,实现了"小温差、早冷却、慢冷却"的精确、个性化控温,可节省温控防裂费用,大幅降低混凝土温控开裂风险。

4 智能温控

4.1 温控标准

对于特高拱坝而言,施工期防裂的关键是混凝土温度控制,而施工中温度控制的重点是基础温差、内外温差和上下层温差。智能温控系统是一种能够实时在线控制的智能温度控制方法及系统,主要包括数字测温系统和智能通水系统。混凝土温度控制见表1。

表1　　　　混凝土温度控制表

部位	温度/℃	
	高温季节 (3—10月)	低温季节 (11月至次年2月)
混凝土出机口	≤7	≤9
混凝土入仓	≤9	≤11

1. 温差控制标准

(1)基础容许温差。白鹤滩拱坝坝体混凝土基础温差控制标准见表2。孔口约束区、老混凝土以上0.2L(L为坝段的长边长)高度范围内按基础约束区的温差标准15℃控制,约束区与自由区划分见表3。

表2　　　　混凝土基础容许温差

部　位	温差/℃
河床坝段、缓坡坝段(岸坡角<40°)	15
陡坡坝段(岸坡角≥40°)	14

(2)上下层容许温差。坝体混凝土上下层容许温差为16℃。

(3)容许内外温差。坝体混凝土内外温差按15℃控制。

2. 最高温度控制标准

白鹤滩大坝混凝土最高温度,约束区应不超过27℃,非约束区应不超过29℃,且都不应低于24℃。

混凝土浇筑温度应满足以下要求:

(1)大坝坝体混凝土浇筑温度要求不应超过12℃,且不应低于5℃。

(2)要求控制混凝土从出机口至上坯层覆盖前的温度回升值,高温季节不超过5℃,低温季节不超过3℃。通过现场施工试验,调整措施方案,严格控制混凝土温度回升,保证混凝土施工满足浇筑温度设计值。

(3)高温季节应避开高温时段浇筑混凝土,充分利用低温季节和早晚及夜间气温低的时段浇筑,白天开仓时需提前2h喷雾降温。混凝土入仓后应及时平仓、振捣,及时覆盖上坯层混凝土,要求覆盖时间不超过4h。

(4)混凝土浇筑过程中宜持续喷雾,当仓内气温高于22℃时,喷雾以降低仓内环境温度。喷雾应能覆盖整个仓面,雾滴直径应达到40~80μm,喷雾时应防止混凝土表面积水。当出现大风天气时,应采取防护板或防护网等防风设施,以保证仓内喷雾效果。混凝土振捣后应立即覆盖保温被[内胆为厚度2cm、导热系数不大于0.158kJ/(m·h·℃)的聚乙烯卷材]保温隔热,直至上坯混凝土开始铺料时才逐步揭开。

混凝土浇筑应连续均匀上升,正常浇筑间歇期为5~7d,最大不超过20d。

4.2 通水冷却

1. 各期目标温度

(1)一期冷却目标温度(T_a)为一期冷却结束的标志温度,在一期冷却期间对混凝土温度进行实时测量并统计平均值,当该值达到目标温度后,转入中期冷却一次控温。

(2)混凝土中期冷却目标温度(T_b)为中期冷却阶段结束的标志温度,在中期冷却期间对混凝土温度进行实时测量并统计平均值,当该值达到目标温度后,转入中期冷却二次控温。

(3)封拱温度(T_c)为混凝土二期冷却目标温度,在拱坝横缝灌浆区灌浆施工前,通过二期冷却使同冷区和拟灌区的相应拱圈达到目标温度(温度平均值)后,转入接缝灌浆控温区,直至接缝灌浆后2个月结束。

各期冷却目标温度见表4。

2. 温度控制过程

根据拱坝混凝土温控防裂要求,大坝混凝土全过程实行严格的温度控制,从混凝土出拌和系统至接缝灌浆完成控温为止,整个施工过程应按设计要求进行温度控制,全过程中需要控制的有节点温度、降温速率、降温及控温时间要求、混凝土龄期要求、温度变化幅度要求等。

表3 大坝混凝土约束区与自由区划分表

坝段高程/m

坝段编号	基础约束区	孔口约束区	自由区
1	≤834.00	—	—
2	≤818.00	—	818.00~834.00
3	≤793.00	—	793.00~834.00
4	≤761.00	—	761.00~834.00
5	≤731.00	—	731.00~834.00
6	≤711.00	—	711.00~834.00
7	≤694.00	—	694.00~834.00
8	≤678.00	—	678.00~834.00
9	≤664.00	—	664.00~834.00
10	≤651.00	—	651.00~834.00
11	≤638.00	—	638.00~834.00
12	≤619.00	—	619.00~834.00
13	≤613.00	—	613.00~834.00
14	≤607.00	—	607.00~834.00
15	≤603.00	702.00~749.00, 795.00~834.00	603.00~702.00, 749.00~795.00
16	≤588.00	615.00~655.00, 702.00~749.00, 795.00~834.00	598.00~615.00, 655.00~702.00, 749.00~795.00
17	≤593.00	615.00~655.00, 702.00~749.00, 795.00~834.00	593.00~615.00, 655.00~702.00, 749.00~795.00
18	≤588.00	615.00~655.00, 702.00~749.00, 795.00~834.00	590.00~615.00, 655.00~702.00, 749.00~795.00
19	≤588.00	615.00~655.00, 702.00~749.00, 795.00~834.00	587.00~615.00, 655.00~702.00, 749.00~795.00
20	≤584.00	615.00~655.00, 702.00~749.00, 795.00~834.00	584.00~615.00, 655.00~702.00, 749.00~795.00
21	≤592.00	615.00, 702.00~749.00, 795.00~834.00	592.00~702.00, 749.00~795.00
22	≤600.00	615.00~652.00	652.00~834.00
23	≤609.00	—	609.00~834.00
24	≤625.00	—	625.00~834.00
25	≤641.00	—	641.00~834.00
26	≤662.00	—	662.00~834.00
27	≤698.00	—	698.00~834.00
28	≤740.00	—	740.00~834.00
29	≤772.00	—	772.00~834.00
30	≤807.00	—	807.00~834.00
31	≤834.00	—	—

注: "—" 表示不涉及。

表4　　　　各期冷却目标温度表

项　目	高程/m		
	<660.00	660.00~<780.00	780.00~834.00
一期冷却目标温度 T_a/℃	21	21	23
中期冷却目标温度 T_b/℃	17	17	20
封拱温度 T_c/℃	13	14	16

3. 温度梯度

（1）在拱坝混凝土冷却过程中，为控制上下层混凝土之间的温度梯度，将灌区定义如下：

1）盖重区：过渡区以上灌区或浇筑块。

2）过渡区：同冷区以上1个灌区。

3）同冷区：本次接缝灌浆灌区上部的1~2个灌区，同冷区需与拟灌浆区同步进行二期冷却，当同冷区温度达到封拱温度且龄期达到120d时，拟灌浆区才允许进行接缝灌浆。

4）拟灌区：计划本次施灌的接缝灌浆灌区。

5）已灌区：上次已完成接缝灌浆的灌区。

拱坝混凝土全过程温度控制如图1所示，拱坝混凝土冷却温度梯度控制如图2所示。

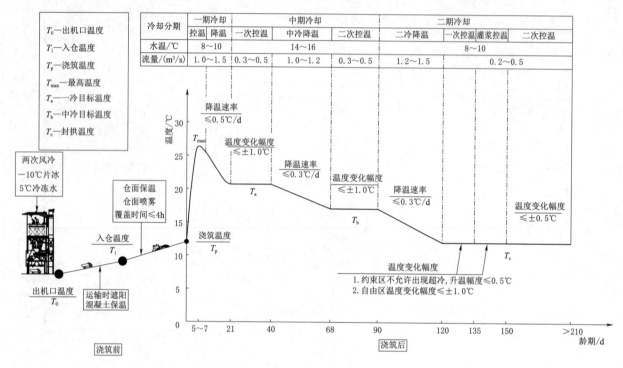

图1　拱坝混凝土全过程温度控制图

大坝混凝土采用全过程温度控制，混凝土通水冷却采用三期九阶段控制。

温控总体策略为：小温差、早冷却、慢冷却、长养护。小温差，即一期控温以流量调整为主，一般不调低水温。早冷却、慢冷却，即按三期九阶段控制，体现不同降温阶段降温速率。长养护，即对混凝土全过程进行养护。

最高温度控制为：按低于设计标准2℃预控。

三期九阶段控制为：一期冷却分控温、降温两个阶段；中期冷却分一次控温、中冷降温、二次控温三个阶段；二期冷却分二冷降温、一次控温、灌浆控温、二次控温四个阶段。三期九阶段通水冷却结合混凝土智能温控，可全面、全过程精确控制大坝混凝土温度。

（2）坝体混凝土降温过程中，应严格控制混凝土冷却过程，使坝体温度满足同冷区的要求，同冷区按不同高程分别设置1个、2个；通水冷却过程中，应在满足坝体接缝灌浆要求的同时，对混凝土的上下层灌区的温度梯度进行严格控制，使混凝土二期冷却满足同冷区设置的要求，并能保证各区的温度分布。冷却水管布置见表5。

表5　　　冷却水管布置表

部位	水管间距（垂直×水平）/(m×m)	备　注
基础约束区	1.5×1.0	固结灌浆盖重采用钢管，其余采用HDPE塑料管
15~21号孔口坝段	1.5×1.0	孔口区结构混凝土、低级配混凝土加密至1.0m×1.0m
非孔口坝段自由区	1.5×1.5	

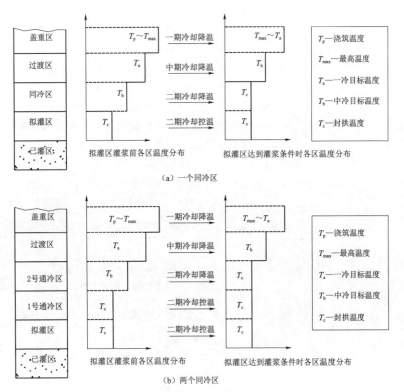

图 2 拱坝混凝土冷却温度梯度控制图

4.3 冷水站布置

左岸大坝根据冷水机组的扬程、大坝的高度，分三

期布置冷水机组，高度方向上不足部分采用增压泵加压供水，左岸大坝冷水机组布置特性见表 6。

为大坝布置 8～10℃和 14～16℃两套供水系统，冷

表 6   左岸大坝冷水机组布置特性表

布置的位置	供应范围	冷 水 机 组		
		型号	容量/(m³/h)	数量/台
左岸 603.00m 高程马道	545.00～656.00m 高程	LS－170	170	4
		W－LSLGF2000	279	2
左岸 692.00m 高程马道	656.00～772.00m 高程	LS－170	170	4
		W－LSLGF2000	279	3
左岸坝顶 834.00m 高程	772.00～834.00m 高程	W－LSLGF2000	279	3

水机组出口温度为最低温度，在冷水机组与主供水管之间布置两个水箱，将冷水温度调整为上述两种工况，以满足大坝冷却的要求。

4.4 数字测温系统

数字测温系统采用先进的物联网技术，数据采集分为传感层、采集层和应用层，实现大体积混凝土温控数据自动化采集、传输和分析展示。数字测温系统整体物联架构如图 3 所示。

混凝土大坝数字测温系统主要包括施工现场实时监测与控制、无线数据实时传输、实时预警与反馈控制、监控数据在线分析与挖掘应用四个模块，实现大坝混凝土全过程、全时段控制。

采用智能温控系统，通过实现在线远程控制通水冷却过程，控制高拱坝混凝土最高温度、内外温差及上下层温差，突破传统人工测温及通水冷却人工控制的制约，实现"小温差、早冷却、慢冷却"的精确、个性化控温，可大大降低大坝开裂的风险，大幅节省温控防裂费用。同时依靠国产芯片和国产核心元器件，具有 100％完整可控的成套集成模块化控温装备，创建实时温度采集、智能通水温控、通水管网布置、智能通水施工的成套技术规范体系等。

4.5 智能通水系统

智能通水系统是采用大体积混凝土实时在线个性化换热智能控制技术，通过流量精确控制，为不同浇筑仓

提供个性化的温度控制策略,实现基于时间和空间的温度梯度分布和变化的全过程智能化控制。基于 WEB 的查询和发布系统,满足实时在仓数增多、海量数据累积客观条件下数据快速查询功能。本系统在现场实现专网全覆盖后,能确保设备适应工地和系统运行的环境,能接收智能大坝系统的温度数据,能及时准确上传通水数据,是智能大坝系统重要和关键组成部分。其优点是:现场安装简单;控制预先设置好后即开即通;接口灵活,采用标准工业接口和工控机,与其他控制单元(如

数字温度计、换向控制单元、制冷水站)联控,易于以后设备更新换代;设备调运安装方便;多源温度数据集成度高,在线集成控制,可追溯性强。本系统主要对浇筑后大坝的通水温度、流量实现智能控制,可有效实现对大坝温控开裂的控制。

智能通水系统现场结构主要包括热交换装置、热交换辅助装置、控制装置和大坝数据采集装置。智能通水系统现场结构如图 4 所示,智能温控系统控制程序如图 5 所示。

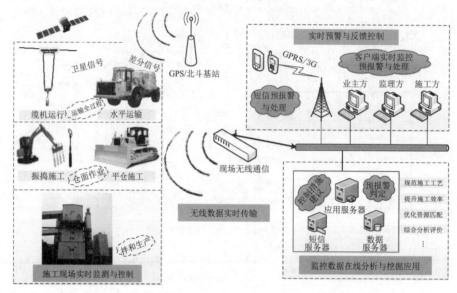

图 3　数字测温系统整体物联架构图

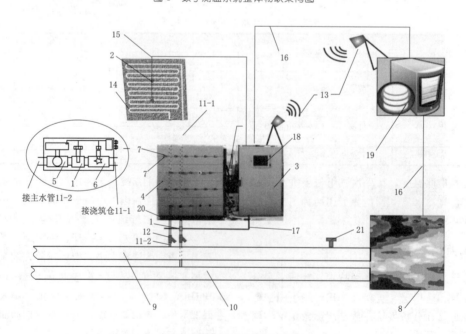

图 4　智能通水系统现场结构图

1—内插数字测温装置;2—浇筑时预埋入混凝土块中的数字温度传感器;3—数据采集反馈集成控制柜;4——体流温控制集成控制柜;
5—双向智能控制阀;6—双向涡轮流量计;7—一体流温控制装置;8—制冷供水站;9—进水主管;10—出水主管;11-1—进水支管;
11-2—出水支管;12—Y 形过滤阀;13—无线网桥(或 WiFi 连接);14—混凝土浇筑仓;15—埋设于浇筑仓内的专用测温电缆;
16—光纤连接线;17—进(出)水支管温度采集连接电缆;18—控制柜前端工控机;19—后方服务器;
20—控制柜底部加强固定框架;21—智能压力传感器

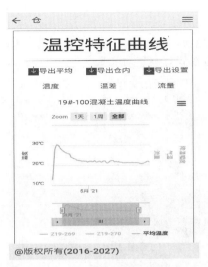

（a）温控特征曲线

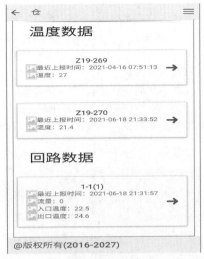

（b）冷却水管当前温度

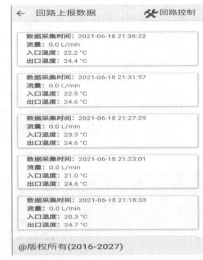

（c）不同时间点进出口温度

（d）初始流量

（e）需达到的流量

图5　智能温控系统控制程序图

智能温控软件以移动终端为载体，控制模式可选择手动模式和智能温控模式。智能温控模式下，无须人为调整通水回路控制参数，若遇到混凝土温度出现异常等特殊情况，可选用手动模式对通水流量及阀门开度进行人为调控，从而实现特殊部位个性化温控要求。

5　温控效果

（1）实现"小温差、早冷却、慢冷却"精确、个性化控温，大大降低大坝开裂的风险，大幅节省温控防裂费用。

（2）坝体最高温度、封拱温度总体满足施工期设计温控要求，坝体温控效果总体较好。

（3）通过应用相关研究成果，在白鹤滩大坝、水垫塘、二道坝、导流洞封堵混凝土施工中累计智能温控混

凝土约830万 m^3，未出现温度裂缝，监测结果表明温控与设计符合率大于98%，保证了白鹤滩水电站按期发电与长期安全运行。

6　结语

根据白鹤滩水电站大坝混凝土智能温控的研究，通过制定严格的温控标准，采用科学合理的措施，结合数字测温系统及智能通水系统，实现了大坝混凝土各个阶段的温度指标完全控制在标准之内，打破了无坝不裂的魔咒，为混凝土拱坝温控提供了可靠的依据，并加以推广应用。

参考文献

[1] 杨静，潘旭乐.白鹤滩水电站高拱坝施工关键技术

[J]. 湖南水利水电, 2022 (6): 8-14.

[2] 佚名. 白鹤滩大坝全坝使用低热水泥混凝土造出水电人理想中的"无缝"大坝 [J]. 江西建材, 2021 (6): 291.

[3] 吕桂军, 闫国新, 袁巧丽. 白鹤滩水电站大坝混凝土智能温控系统的设计与应用 [J]. 黄河水利职业技术学院学报, 2021, 33 (1): 1-6.

[4] 宁泽宇, 林鹏, 彭浩洋, 等. 混凝土实时温度数据移动平均分析方法及应用 [J]. 清华大学学报（自然科学版）, 2021, 61 (7): 681-687.

[5] 樊启祥, 陆佑楣, 李果, 等. 金沙江下游大型水电工程智能建造管理创新与实践 [J]. 管理世界, 2021, 37 (11): 206-226, 13.

[6] 黄孝刚, 王飞, 熊云川, 等. 简易型钢便桥跨廊道施工 [J]. 施工技术, 2020, 49 (S1): 1199-1202.

西音水库胶凝砂砾石坝施工关键技术研究

陈振华　吴金灶　魏建忠/中国水利水电第十六工程局有限公司

【摘　要】　胶凝砂砾石坝是近些年推广应用的坝型之一，福建莆田西音水库工程采用河床天然砂砾料修筑胶凝砂砾石坝，需采用连续式搅拌机拌和最大粒径为150mm的粒料。西音水库河床天然砂砾料具有高含泥量、高吸水率、大离散级配分布、超高含水率、粒径超150mm粒料占比多、超径料粒径大等特点，本文阐述了西音水库筑坝施工关键技术，可供类似工程参考。

【关键词】　胶凝砂砾石　天然砂砾料　含泥量　筑坝　配合比

1　引言

胶凝砂砾石坝是最近30多年来发展起来的一项新型筑坝技术，其基本构想是"设计一种介于重力坝与土石坝之间的坝型，使用一种特性介于混凝土和土石料之间的筑坝材料"。这种新坝型的基本剖面是上、下游坝坡对称或呈基本对称的梯形，体型介于重力坝和面板堆石坝之间，筑坝材料是坝址附近易于得到的河床砂砾石或在开挖弃渣料中加入水和少量水泥而获得的一种低强度筑坝材料——胶凝砂砾石。这种坝型兼备传统土石坝和重力坝两种坝型的特点而可取长补短，具有安全性高、环境友好、对地基条件要求低的突出优点，而且施工简便、快速，造价相对低廉，特别适合温暖多雨地区的中小型水利水电工程，适于在强震区建设。

目前国内也有称胶凝砂砾石为胶结砂砾石、贫胶渣砾料碾压混凝土、硬填料等，已建胶凝砂砾石堰坝工程包括福建宁德洪口水电站上游围堰、贵州沿河沙沱水电站左岸下游围堰、贵州关岭马马崖水电站下游围堰、云南大华桥水电站上游围堰、福建永泰抽水蓄能电站上库工程弃碴场挡碴坝和上游挡水坝等，已建和在建的胶凝砂砾石拦河坝工程主要有山西阳高守口堡水库大坝、四川新津顺江堰水利枢纽、四川南充金鸡沟水库、贵州雷山西江水库、福建莆田西音水库等。

2　概述

莆田西音水库总库容为2755万 m³，坝高约为52m，坝顶长度为395m，坝体内部采用设计强度为180d龄期的C6胶凝砂砾石，上游面设富浆胶凝砂砾石防渗层，上下游面采用富浆胶凝砂砾石保护，分成左右岸两期浇筑，截至2024年9月下旬，大坝左岸浇筑施工约达41m高，大坝右岸浇筑施工约达24m高。

莆田西音水库胶凝砂砾石坝主体工程施工主要执行《胶结颗粒料筑坝技术导则》（SL 678—2014）等规范，根据本工程施工条件，胶凝砂砾石坝需采用高含泥量、高吸水率砂料、大离散级配分布、超高含水率、粒径超150mm粒料占比为20%的河床天然砂砾料，利用连续式搅拌机拌和最大粒径为150mm的粒料，并利用22t单钢轮振动碾斜层碾压修筑的施工工艺，结合《贫胶渣砾料碾压混凝土施工导则》（DL/T 5264—2011）的修订，开展了相关胶凝砂砾石大坝施工关键技术研究。

3　西音水库胶凝砂砾石原材料特点及其施工难点对策

3.1　河床砂砾石料料场含泥量大、砂率不均的特点

（1）设计勘察单位的前期地质勘测资料表明，砂砾石料主要分布在左岸河岸滩地上，河滩地上游区砂砾石料剔除蛮石后的含泥量较小，除个别地点约达5%外，一般在2%～3%，剔除蛮石后的砂率偏低，大部分在15%～22%，小部分在25%～28%；河滩地下游区砂砾石料剔除蛮石后的含泥量较大，一般在3%～5%，剔除蛮石后的砂率稍高，一般在25%左右。

（2）复勘挖坑取样 16 点，复勘结果表明，除个别部位砂率高达 50%～60%，另有个别部位砂率低至约 8% 外，上游区和下游区大多数部位的砂率与勘察设计相符，但含泥量相对较大。剥除 0.5～1m 无用覆盖层后往下干地继续开采，剔除部分超径料后的含泥量大致为上游区 3%、下游区 5%，目测剩下的部分需带水开挖，剔除超径料后的含泥量可能更大，一般为 5%～6%。复勘砾石（粒径 5～150mm）中，5～20mm 粒径、20～40mm 粒径、40～80mm 粒径、80～150mm 粒径的占比分别为 16.8%、19.7%、32.1%、31.4%。

（3）河滩开采的砂砾石料中，有约 50% 区域的超径料占 10%～15%，利用棒条筛初筛剔除超径料，约 70% 的超径料可剔除。筛余并经混堆掺和的砂砾石成品料中，大部分含泥量为 4%～6%，大部分砂率为 18%～25%。

（4）抽查粒径 5mm 以下细粒料的细度模数，干筛时约为 2.7，水洗时约为 2.6。

（5）粒径 5mm 以下的细粒料含泥量较大，且坚固性较大。粗粒料中，5～20mm 粒径挡料的含泥量较大，5～20mm 和 20～40mm 粒径两种挡料的吸水率较大。

3.2 原材料生产与应用中的主要难点及对策

（1）粉煤灰的活性指数不高甚至偏低，多数在 66%～71%，浇筑前 4 仓混凝土时，采用每立方米胶凝砂砾石中多加 10kg 水泥的方案克服其影响。

（2）细长条的砂砾石超径大、超径多，易卡堵连续式搅拌站的配料机。为此，对砂砾石初筛进料口进行改造，条筛净间距 16～18cm（上 16cm，下 18cm）缩窄为 14～16cm（上 14cm，下 16cm），条筛倾角由小于 5° 改陡为 10°～15°，减少了细长条蛮石的含量。初筛出料口的砂砾石混合料采用装载机或新增的皮带机转运至拌和系统的混堆掺配堆料场。

（3）开挖阶段及堆存阶段的砂砾石料脱水工作不太理想。砂砾石含水量偏大，前期料堆静置脱水，工作面在冬季连续晴天条件下的脱水间歇时间约需 7d。浇筑 1 个月后尽可能采用枯水期开挖时就近在河滩地堆存形成"土牛"的方式先脱水，尽量使砂砾石料的含水量在可控范围内，再倒运至胶凝砂砾石拌和系统附近的砂砾石初筛出料口进行初筛。

（4）开挖阶段及堆存阶段的砂砾石料含泥量偏高。因河滩料场中开挖的砂砾石料的含水量偏高，加之砂砾石料含泥量偏大，用于拌制富浆胶凝砂砾石的粒径小于 80mm 的混合砂砾料易起拱卡堵初筛的条筛，难以从砂砾石料中分筛出来，且粒径小于 80mm 的混合料含泥量超过 5%，难以配制 C20W6F50 富浆胶凝砂砾石。浇筑 3 个多月后改为砂砾石料，采挖后初筛出粒径大于 150mm 的超径料，再经洗筛机筛洗后生产含泥量小于 3%、粒径小于 80mm 的混合砂砾料。拌制胶凝砂砾石

的是最大粒径为 150mm 的砂砾石，在含泥量超过 5% 时，按照最高砂率确定配合比，确保配制强度和表观密度符合设计允许值。

（5）西音水库工程胶凝砂砾石的砂率除极个别外，总体上小于 35%，大都小于 28%，这对进行配合比设计时选择一个较窄的砂率范围有利，但在料场分布上仍存在砂率较大、含泥量波动的问题。通过前期施工实践改进管控措施，在开挖阶段组织相关试验人员早介入，大致根据砂砾石料的开挖分区情况和砂率粗略检测判断，协调、指挥不良级配砂砾石料的混掺工作，尽可能确保砾石料的含泥量在可直接投入拌和的控制范围内。

4 胶凝砂砾石配合比设计及设计方法优化

4.1 胶凝砂砾石配合比设计总体思路

（1）主要按《胶结颗粒料筑坝技术导则》（SL 678—2014）相关原则，并参照《水工碾压混凝土试验规程》（DL/T 5433—2024）的相关规定进行胶凝砂砾石的配合比设计。

（2）胶凝砂砾石的胶凝材料用量参考相关工程。生产性配合比试验采用 90kg/m³、100kg/m³ 胶凝材料，水泥与粉煤灰用量为 1:1；另行的科研试验采用 80kg/m³、90kg/m³、100kg/m³ 胶凝材料，水泥与粉煤灰用量为 1:1。

（3）《胶结颗粒料筑坝技术导则》（SL 678—2014）推荐按最小砂率级配、最大砂率级配、平均砂率级配进行配合比设计。根据多个工程经验，平均砂率与最佳砂率有一定的差别。本工程配合比设计采用与最佳砂率时（砾石采用平均级配）的胶凝砂砾石压实度和泛浆相比，对适宜的砂率进行了量化，以便于进行配合比质量控制。

（4）考虑到胶凝砂砾石的胶凝材料用量较少，VC 值变化与砂砾石含泥量、砂率级配、用水量关系较密切，而受胶凝材料用量变化影响小。因此在胶凝砂砾石的 VC 值可控制在较窄的适宜范围内（如 4～6s）或微幅调整时，用水量基本相同，故本工程配合比设计建立了砂砾石含泥量和砂率级配固定条件下胶凝砂砾石的胶凝材料用量（或水胶比）与强度的关系，以确定满足 VC 值和强度的胶凝砂砾石采用合适的水胶比或胶凝材料用量。

4.2 优化采用的胶凝砂砾石配合比设计方法步骤

（1）明确料场级配分布范围。按有关规范进行料场勘探和取样试验，试验项目包括颗粒分析、含泥量及泥块含量检测等。胶凝砂砾石大坝配合比试验用的砂砾石，应剔除粒径大于 150mm 的颗粒后，将混合砂砾石

筛分为 5～20mm 粒径、20～40mm 粒径、40～80mm 粒径、80～150mm 粒径四个级配的粗骨料和粒径为 5mm 以下的砂，试验中分别称量、配制。

（2）分析得到砂砾石最粗级配、最细级配和粒径大于 5mm 砾石的平均级配，并分析各种砂率所占的比例和分布情况。

（3）确定配合比控制范围。通过试验检测确定配合比所用的平均含泥量、最大含泥量，并确定配合比所用的最粗级配、最佳级配、最细级配。在根据类似工程初选的胶凝材料用量、用水量条件下，最粗级配和最细级配的胶凝砂砾石与最佳级配的胶凝砂砾石相比，压实度应大于 98%，且表面基本泛浆。

（4）采用初选的胶凝材料用量，建立上述两种砂砾石含泥量值、三种级配条件下的胶凝砂砾石的 VC 值与用水量的关系，确定胶凝砂砾石的用水量。

（5）根据胶凝砂砾石配制强度，针对上述两种砂砾石含泥量、三种级配，选取不少于 3 个胶凝材料用量，并根据强度等级和水泥品种、砂砾料特性确定掺和料比例，建立胶凝材料用量或水胶比与抗压强度的关系。

（6）选择确定满足 VC 值和强度要求的胶凝砂砾石水胶比或胶凝材料用量。最佳级配的胶凝砂砾石设计龄期强度的最小值应满足配制强度要求，同时最细级配的胶凝砂砾石设计龄期强度的最小值不应低于设计强度，且满足胶凝砂砾石其他设计要求。

4.3 胶凝砂砾石配合比设计及推荐配合比

（1）西音水库坝体采用设计强度为 180d 龄期的 C6 胶凝砂砾石，配制强度约取 8.1MPa。

（2）试拌 VC 值选 4～6s。

（3）针对 50kg/m³ 水泥、50kg/m³ 粉煤灰、1.0% 外加剂和 5～20mm 粒径、20～40mm 粒径、40～80mm 粒径、80～150mm 粒径分别占 16.8%、19.7%、32.1%、31.4% 的粗骨料的配合比，选择 70kg/m³ 用水量，经试验，VC 值为 4～8.6s，胶凝砂砾石拌和物砂率为 16%～36%，胶凝砂砾石拌和物表观密度为 2310～2370kg/m³，最优砂率为 22% 时表观密度较大。

（4）本次配合比设计考虑因素有砂率、胶材用量、

含泥量。其中砂率有 4 种，分别为规范要求不宜低于的砂率 18%、试拌确定的最优砂率 22%、复勘结果次高的砂率 27.8%、规范要求不宜超过的砂率 35%。胶材用量分为 90kg/m³、100kg/m³ 两种。含泥量分为复勘结果平均值 2.88% 及规范要求上限 5% 两种。试验配合比共 16 组，并经试验取得胶凝砂砾石配合比试件的物理力学性能。

（5）经试验，满足 180d 龄期抗压强度不小于 8.1MPa 的为砂砾石混合料是 100kg/m³ 胶材用量而砂率分别为 18%、22%、27.8% 的 6 个配合比。针对料源剔除蛮石后含砂量为 14.5%～27.8% 的情况，当砂率不足 18% 时，首选方案为补细料。可细分不同砂率时的首选配合比 6 个，在料堆砂率于 18%～28% 范围内波动而难于细分时推荐施工配合比 1 个。

4.4 胶凝砂砾石现场试拌检查

（1）对连续式拌和机机口的拌和物外观进行检查。胶凝砂砾石拌和物的色泽、骨料裹浆、均匀性、脚踢泛浆与手握成团性能总体上较好。

（2）工地试验室室内检测的胶凝砂砾石及富浆胶凝砂砾石拌和物初凝时间为 8.5～9.5h，终凝时间为 11.0～13.3h。混凝土工艺试验期间现场环境温度为 25～33℃，工地试验室室内温度为 20℃±2℃，且室内无阳光、风等因素影响，实际现场胶凝砂砾石和富浆胶凝砂砾石的凝结时间可能缩短为 5～8h。

（3）检查 VC 值经时损失。胶凝砂砾石在气温为 25℃左右时，经过 2.0h，砂砾石含泥量为 2.88% 时的 VC 值在 18s 左右，砂砾石含泥量为 5% 时的 VC 值在 24s 左右。

4.5 极端情况下的胶凝砂砾石配合比试验考察

为考察混堆掺和不均匀极端情况下的胶凝砂砾石强度，另行制作砂率为 15%、35% 情况下，含泥量分别为 2.88%、5% 以及 8% 情况下的试件进行试验。截至 2023 年 8 月初，已达龄期的室内配合比抗压强度分别见表 1～表 3。

表 1　　　　　　　　　　　　　　　　含泥量 2.88% 情况下的抗压强度

砂率/%	抗压强度/MPa											
	50kg 水泥＋50kg 粉煤灰				45kg 水泥＋45kg 粉煤灰				40kg 水泥＋40kg 粉煤灰			
	7d	28d	90d	180d	7d	28d	90d	180d	7d	28d	90d	180d
14.5	4.0	4.9	8.6	9.1	3.8	4.4	7.6	7.8	3.4	4.8	5.8	6.9
18	4.0	5.0	9.5	10.4	3.1	4.1	7.2	7.7	3.6	4.9	6.0	6.7
22	3.9	4.9	9.3	10.0	3.1	4.0	7.1	7.6	3.6	4.6	6.1	6.8
27.8	3.3	4.7	8.8	9.5	2.9	3.8	6.8	7.2	2.9	4.2	5.6	6.3
35	2.8	3.7	4.6	5.4	2.6	3.6	4.5	5.2	2.2	3.0	4.0	4.7

表2　　　　　　　　　　　　　　　　含泥量5%情况下的抗压强度

| 砂率/% | 抗压强度/MPa | | | | | | | | | | | |
| | 50kg 水泥＋50kg 粉煤灰 | | | | 45kg 水泥＋45kg 粉煤灰 | | | | 40kg 水泥＋40kg 粉煤灰 | | | |
	7d	28d	90d	180d	7d	28d	90d	180d	7d	28d	90d	180d
14.5	3.2	4.6	8.0	7.9	3.5	4.4	7.4	7.2	3.1	3.9	5.2	6.2
18	3.0	4.2	8.0	8.6	2.3	3.5	6.2	7.3	3.3	4.6	5.5	6.4
22	2.8	4.1	7.8	8.4	2.2	3.4	6.1	7.0	3.3	4.5	5.3	5.9
27.8	2.5	3.9	7.4	8.1	2.0	2.8	5.3	6.2	2.9	3.9	5.0	5.5
35	2.1	3.4	3.7	4.9	1.9	2.7	3.4	4.5	2.1	2.8	3.3	3.8

表3　　　　　　　　　　　　　　　　含泥量8%情况下的抗压强度

| 砂率/% | 抗压强度/MPa | | | | | | | | | | | |
| | 50kg 水泥＋50kg 粉煤灰 | | | | 45kg 水泥＋45kg 粉煤灰 | | | | 40kg 水泥＋40kg 粉煤灰 | | | |
	7d	28d	90d	180d	7d	28d	90d	180d	7d	28d	90d	180d
14.5	3.7	6.0	7.5	7.6	4.0	5.2	5.5	6.0	3.2	3.9	4.7	5.1
18	4.2	6.2	7.3	7.8	3.4	4.8	5.8	6.3	2.9	4.0	4.7	5.2
22	3.6	6.0	7.0	7.4	3.3	4.6	5.6	6.2	3.0	3.9	4.5	4.9
27.8	3.4	5.8	6.6	7.2	2.8	3.9	5.0	6.1	2.6	3.3	3.8	4.0
35	2.7	3.9	4.4	4.6	1.9	2.6	3.9	4.4	1.7	2.5	3.3	3.4

4.6　适用于连续式搅拌机连续生产的配合比现场应用控制方法

（1）在运输车卸料混掺的同时，对料场检测出的砂率、含泥量波动范围较窄的定点堆料混掺，只取一个胶凝材料用量偏保守的配合比。

（2）不同区域场砂率存在明显差异，或含泥量存在明显差异的，分区采挖堆放，分别混掺，采取 2～3 个配合比，按班切换使用各分区堆料与对应配合比，连续生产而当班中途不换配合比。

（3）砂率超大、砂率超小、含泥量超高的，隔离堆放，另行处理或废弃。

5　胶凝砂砾石坝碾压工艺试验和施工仓面工艺验证

（1）进行拌和系统性能的试拌验证。

（2）验证试选碾压参数的适宜性。主要包括以下验证内容：

1）工艺配套设施设备布置验证。

2）碾压遍数的优选与"2＋6"碾压遍数验证。

3）表观密度基准确定。

4）摊铺碾压层50cm厚与60cm厚两种工况优选。

5）拟用 22t 振动碾设备参数优选。

（3）验证试选"挖坑＋采用核子密度仪检测坑内下半层"压实表观密度检测方法的适宜性。

（4）验证试选仓面雾化环境设备的适宜性。

（5）验证试选胶凝砂砾石斜层碾压坡脚切脚工艺的适宜性。

（6）验证试选胶凝砂砾石仓面切缝工艺的适宜性。

（7）验证试选胶凝砂砾石与富浆胶凝砂砾石结合部振动碾、骑缝碾压工艺的适宜性。

（8）验证试选仓面冲毛和终凝后挖掘机拉纹工艺的适宜性。

（9）验证试选开仓面和冷缝面砂浆铺筑工艺的适宜性。

（10）验证试选胶凝砂砾石仓面养护工艺的适宜性。

6　施工关键技术研究与应用体会

（1）胶凝砂砾石采用连续式滚筒搅拌机拌制生产时，拌和时间不长且基本固定，但和易性尚可。在拌制高含泥、高含水的砂砾石料时，智能化连续式滚筒拌和机的实际产能约为120m³/h。

（2）通过室内试验，明确了常规配合比在含泥量、砂率波动时的适用情况。主要情况如下：

1）当含泥量约为3%时，胶凝材料100kg且水泥与粉煤灰用量为1:1的配合比的180d 龄期的抗压强度，砂率在15%～32%时就均能达到8MPa以上；胶凝材料80kg且水泥与粉煤灰用量为1:1的配合比的180d 龄期的抗压强度，砂率需在15%～28%时才能均达到6MPa以上。

2）当含泥量约为5％时，胶凝材料100kg且水泥与粉煤灰用量为1：1的配合比的180d龄期的抗压强度，砂率在15％～28％时基本能均达到8MPa左右；胶凝材料90kg且水泥与粉煤灰用量为1：1的配合比的180d龄期的抗压强度，砂率需在15％～28％时才能均达到6MPa以上；胶凝材料80kg且水泥与粉煤灰用量为1：1的配合比的180d龄期的抗压强度，砂率在15％～22％时仅可能勉强均达到或接近6MPa。

3）当含泥量约为8％时，胶凝材料100kg且水泥与粉煤灰用量为1：1的配合比的180d龄期的抗压强度，砂率在15％～28％时才能均达到6MPa以上；胶凝材料90kg且水泥与粉煤灰用量为1：1的配合比的180d龄期的抗压强度，砂率在15％～25％时仅可能勉强均达到或接近6MPa。

（3）通过碾压工艺试验，明确了含泥量约为5％、砂率约为22％、胶凝材料100kg且水泥与粉煤灰用量为60：40的配合比，VC值为4～8s，碾压层约55cm厚，采用22t单钢轮振动压路机无振2遍并振碾4遍，压实度可达约95％。

（4）经碾压工艺试验和前4仓验证，平层碾压工艺和斜层碾压工艺均可行，其压实表观密度均达到压实度不小于95％的设计要求。

（5）室内试验和已完成仓块验证，仓面气温在15～25℃时，VC值宜控制在5～8s，从拌和到碾压完毕的允许时间宜控制在1.5～2h，胶凝砂砾石拌和物的初凝时间为7～9h，层面覆盖时间宜在4～5h。晴热天气宜调整缓凝剂组分或掺加阻泥剂以保证缓凝时间。

（6）胶凝砂砾石与富浆胶凝砂砾石防渗体结合部可采用注浆变态振捣处理，也可采用22t单钢轮振动压路机直接以骑缝碾压工艺压实并辅以夯板夯实。

（7）采用夯板改制的切缝设备人工切缝，成缝效率较低，宜采用小型挖掘机改制的切缝机械切缝。

（8）富浆胶凝砂砾石钻孔取芯效果较好，且取芯孔内基本上都具备较好的持水能力。胶凝砂砾石钻孔取芯效果较差，仅部分取芯孔内具备一定的持水能力。

7　几点思考

（1）因碾压现场质量控制直观判断需要，胶凝砂砾

石施工仍走碾压混凝土技术路线，施工工艺相对于碾压混凝土施工会有所简化，但关键工序和质量管理上不应简化。

（2）在拌和工艺信息化和仓面平仓碾压数字化实时监控工艺得到普遍推广应用的情况下，可考虑减少胶凝材料，只要求形成半散粒材料，并降低压实度要求，实现"胶结的面板堆石坝"的目标，以适用于强度更低的强风化上限或全风化岩基。

（3）坝基优化到强风化后可不用爆破开挖，只采用机械开挖找平或以破碎锤破除形成台阶。

（4）针对"胶结的面板堆石坝"，其上下游坡度可考虑放缓到1：1～1：0.8，并可考虑用挤压边墙机施作胶凝砂砾石坝体的上下游模板，上游防渗面板可采用滑模施工，或采用土工布防渗。

（5）随着拌和设备制造技术的进步，同时为适应"胶结的面板堆石坝"的要求，胶凝砂砾石机械拌和的最大粒径可望提高，考虑到人力处理的最大粒径宜在25cm左右，机械拌和的最大粒径控制在30cm左右应该比较合适。

（6）考虑到面板堆石坝过渡料的最大粒径为30～40cm，利用过渡料的爆破采挖工艺应该可以比较经济地生产胶凝砂砾石的人工开采砂砾石料。

（7）针对"胶结的面板堆石坝"，最大粒径放大后，可以部分利用大粒石的骨架作用，降低对充分胶结和均匀性的需求，碾压层面的局部骨料集中、泛浆不充分应该可简化处理。

（8）胶凝砂砾石机械拌和的最大粒径超过15cm，浇筑仓面如仍需分缝，切缝难度提高，需机械切缝或造缝，或可考虑采用缩小通仓浇筑仓面立模成缝。

8　结语

莆田西音水库胶凝砂砾石坝是在福建省水利厅立项的一个科研试验坝。胶凝砂砾石筑坝施工由于砂砾料超径大、超径料含量多、含泥量大、高含泥高含水导致脱水难筛分难等原因，具有较多难点。而西音水库工程建设条件相对于胶凝砂砾石筑坝而言具有典型性，上述施工技术成果与工作体会，可供胶凝砂砾石筑坝技术的后续攻关研究与推广应用参考。

高海拔地区溢流坝混凝土施工技术与质量控制

任　明/中国水利水电第五工程局有限公司

【摘　要】 高海拔地区特殊的自然环境和气候条件，给溢流坝混凝土施工带来了诸多挑战。本文针对高海拔地区的环境特点，对溢流坝混凝土施工技术与质量控制进行了深入研究，重点探讨了混凝土浇筑过程中的技术要点和质量问题的预防与解决措施，旨在为高海拔地区溢流坝混凝土施工提供有益的参考和借鉴。

【关键词】 高海拔　溢流坝　施工技术　质量控制

1　引言

1.1　背景介绍

高海拔地区通常具有气压低、氧气含量少、气温低、昼夜温差大、气候干燥、太阳辐射强等特点，这些因素给水利工程建设，特别是溢流坝混凝土施工带来了巨大挑战。溢流坝作为拦河坝的重要组成部分，其混凝土施工质量直接关系到工程的安全运行和使用寿命。因此，研究高海拔地区溢流坝混凝土施工技术与质量控制具有重要的现实意义。

1.2　工程概况

加查水电站位于西藏自治区山南市加查县境内，为大（2）型工程，主要开发任务为水力发电，没有灌溉、航运、防洪、漂木等综合利用的其他要求。加查水电站拦河坝主要由厂房坝段、安装间坝段、挡水坝段、溢流坝段、冲沙底孔坝段组成。

溢流坝段布置在右河床基岩上，有15～19号共5个坝段，坝顶高程为3249.00m，间墩长度为51.0m。每个坝段布置1孔15.0m×21.0m的泄洪表孔。表孔堰顶高程为3225.00m，堰面采用开敞式堰面曲线，堰面曲线与下游反弧段采用坡度为1：0.70的坝坡相接，反弧段半径为22.0m，反弧段末端与消力池相接。表孔闸墩边墩厚度为4.0m，中墩厚度为5.0m。表孔溢流坝同时作为排污通道，参与水库排污。

2　高海拔地区施工环境特性

2.1　高海拔地区的气候特点

高海拔地区的气候条件复杂多变，气温随着海拔的升高而降低，一般每升高1000m，气温下降6℃左右。同时，昼夜温差大，白天太阳辐射强，夜晚气温骤降。此外，高海拔地区的风速较大，空气干燥，降水稀少。

2.2　地理条件对施工的影响

高海拔地区地形复杂，地势起伏大，交通不便，给施工材料的运输和机械设备的调配带来了困难。此外，地质条件复杂，岩石风化严重，地基处理难度大。

2.3　高海拔对人员与设备的影响

在高海拔地区，由于氧气含量低，施工人员容易出现高原反应，如头痛、头晕、呼吸困难、心跳加快等，严重影响施工人员的工作效率和身体健康。针对人员的高原反应，提前进行健康检查和适应性训练，合理安排工作时间和强度，保障施工效率。同时，低气压和低温环境对施工机械设备的性能也产生了不利影响，如发动机功率下降、机械磨损加剧、设备启动困难等。

3　高海拔地区溢流坝混凝土原材料选择与准备

3.1　水泥的选择与性能要求

在高海拔地区，由于气温低、昼夜温差大，应优先选择早强型、水化热较低、抗冻性能好的水泥品种，为了保证混凝土的早期强度和后期强度发展，本项目选用华新P·O 42.5水泥。

3.2　骨料的质量要求与供应

骨料应选用质地坚硬、级配良好、清洁无杂质的材料。粗骨料的最大粒径应根据混凝土的浇筑方式和结构尺寸确定，一般不宜超过结构最小尺寸的 1/4 和钢筋最小净距的 3/4。细骨料宜选用中砂，其细度模数应在2.3～3.0 之间。鉴于高海拔地区交通不便的情况，骨料供应需提前规划，以确保施工期间的连续供应。为此，本项目决定自建砂石骨料生产系统来生产和供应骨料。该砂石骨料系统通过对河道基础及明渠开挖所获取的天然砂砾料进行破碎、筛分加工来获取成品骨料，并且将骨料的最大粒径控制在 40mm，从而满足本项目混凝土生产的需求。

3.3 外加剂的选用原则

为了提高混凝土的性能，满足高海拔地区施工要求，需要添加适量的外加剂。常用的外加剂有减水剂、引气剂、早强剂、抗冻剂等。减水剂可以减少混凝土的用水量，提高混凝土的强度和耐久性；引气剂可以在混凝土中引入微小气泡，提高混凝土的抗冻性和抗渗性；早强剂可以加快混凝土的早期强度发展，缩短施工周期；抗冻剂可以降低混凝土的冰点，防止混凝土在低温下冻结。外加剂的品种和掺量应根据混凝土的性能要求和施工条件，通过试验确定。溢流坝段混凝土外加剂选用石家庄市长安育才建材有限公司生产的聚羧酸高性能减水剂和引气剂。

4 高海拔地区溢流坝混凝土浇筑过程

4.1 浇筑前准备工作

4.1.1 地基基础处理与基础面处理

地基基础根据地质条件按照设计进行有效处理。加查水电站溢流坝河段基础较为破碎，在此基础上采用固结灌浆。在灌浆过程中，使用普通硅酸盐水泥，水灰比采用 1∶1，掺入浓度为 5% 的水玻璃作速凝剂，注浆使用普通挤压式灰浆泵，注浆压力最大不超过 1MPa，最大灌浆深度达到 55m。灌浆结束后，抽取一定数量的检查孔进行压水试验，通过对比灌浆前后地层渗透系数和渗透流量的变化，结合其他试验观测资料进行综合评定，该坝段基础处理质量评价为合格。

在钢筋布置前，应对基础面进行清理，去除表面的松动岩石、杂物和泥土，并用水冲洗干净。岩石基础应进行凿毛处理，以增加混凝土与基础的黏结力。软土地基应进行加固处理，确保基础的承载力满足要求。

4.1.2 钢筋布置与验收

钢筋的品种、规格、数量、位置、间距、搭接长度等应符合设计要求。钢筋的接头应采用焊接的方式或以机械连接，接头的质量应符合相关标准和规范的要求。钢筋布置过程中应按照要求设置保护层垫块，确保溢流坝混凝土浇筑完成后钢筋保护层厚度满足设计要求。在

钢筋布置完成后，应进行隐蔽工程验收，验收合格后方可进行混凝土浇筑。

4.1.3 模板安装与检查

模板应具有足够的强度、刚度和稳定性，能够承受混凝土的侧压力和施工荷载。针对溢流坝异形曲面，项目部采用拉模施工工艺，模板的安装应牢固、平整、严密，不得漏浆，不出现任何旋转、位移等不良现象。在安装前，应清理模板表面的杂物和油污，并涂刷脱模剂。安装完成后，应对模板的位置、尺寸、垂直度、平整度等进行检查，确保符合设计要求。

4.2 混凝土入仓方式与设备选择

在高海拔地区，溢流坝混凝土对抗冻要求较高，本项目在施工过程中采取 60～90mm 的小坍落度混凝土入仓，这样浇筑完成的混凝土均匀性好，有利于混凝土质量控制。在拦河坝上搭设塔吊用于各种材料运输，经过多方案比选使用吊罐入仓方式，浇筑的混凝土质量能够得到有效保障。如现场不具备相应的条件，可选择溜槽、泵送等方式入仓，但必须严控混凝土拌和物的质量，尽量选择小坍落度混凝土入仓浇筑。

4.3 浇筑分层与振捣方法

4.3.1 分层厚度确定原则

混凝土浇筑分层厚度应根据振捣设备的性能、混凝土的和易性与浇筑部位的结构特点确定。混凝土浇筑应由低处往高处分层进行。一般情况下，混凝土铺料采用台阶法，顺河流方向分层铺筑，铺料厚度为 30～40cm。

4.3.2 振捣设备选择与操作要点

振捣设备应根据混凝土的浇筑量、浇筑部位和结构特点选择，常用的振捣设备有插入式振捣器、平板振捣器和附着式振捣器。该溢流坝在模板接触位置属于异形曲面，插入式振捣器为最佳选择。在振捣过程中，应快插慢拔，插点均匀，逐点移动，不得遗漏，振捣时间以混凝土表面不再明显下沉、不再出现气泡、表面泛出灰浆为准。

4.3.3 振捣时间与效果控制

振捣时间过短，混凝土不能充分密实；振捣时间过长，混凝土容易产生离析和泌水问题。一般情况下，插入式振捣器的振捣时间为 20～30s，本项目采用小坍落度混凝土浇筑，振捣时间可以根据现场实际情况进行调整。振捣效果应通过观察混凝土表面的状态来判断，在充分振捣的同时，要注意严禁过振，防止混凝土离析。

4.4 浇筑过程中的温度控制

4.4.1 原材料温度控制措施

在高海拔地区，由于气温低，为了保证混凝土的出机温度，应对原材料进行加热。水泥一般不宜直接加热，可在暖棚内储存；骨料可采用蒸汽加热、电加热或

火炉加热等方式；拌和用水可采用电加热的方式。加热温度应根据气温、施工条件和混凝土配合比等因素确定，一般情况下，水温不宜超过 60℃，骨料温度不宜超过 40℃。

4.4.2 混凝土拌和物温度控制

在混凝土搅拌过程中，应严格控制原材料的计量和投料顺序，确保混凝土的配合比准确。同时，应适当延长搅拌时间 30s，使混凝土拌和物充分均匀，提高混凝土的和易性与温度。首先要严格控制混凝土的出机口温度，宜控制在 10～25℃。通过对原材料进行预冷处理，如对砂石进行洒水降温、使用冷水搅拌等方式，降低混凝土出机时的温度。出机口温度一般应根据气候环境温度和工程具体要求严格把控，通常不宜过高，以防后续温度升高过快影响混凝土质量。

混凝土入仓温度也是关键控制点之一，入仓温度宜控制在 10～30℃。在运输过程中要持续做好保温措施，避免温度过度升高或降低。入仓时，可采取快速浇筑、减少等待时间等方法，防止混凝土在仓外停留过久导致温度变化，以确保混凝土入仓温度满足工程设计要求，为后续混凝土的质量稳定和结构安全奠定基础。

4.4.3 浇筑过程中的保温与防高温措施

在混凝土浇筑过程中，应根据气温和混凝土的温度情况，采取相应的保温或防高温措施。当气温较低时，采用原材料加热的方式提升混凝土入仓温度，选择一天温度较高时段进行浇筑，对已浇筑的混凝土进行快速覆盖保温；当气温较高时，原材料加热的方式停止使用，同时采取防止太阳直晒的方式，防止新浇筑混凝土表面水分蒸发速度过快。温控防裂仍然是施工的关键措施。

4.5 特殊天气条件下的浇筑应对

4.5.1 低温环境下的浇筑保护

在低温环境下浇筑混凝土时，应采取加热保温措施，提高混凝土的入模温度。同时，应加快浇筑速度，缩短浇筑时间，减少混凝土的热量损失。在混凝土浇筑完成后，应立即进行覆盖保温，养护时间应适当延长。

4.5.2 强风天气下的浇筑调整

在强风天气下浇筑混凝土时，应采取挡风措施，如设置挡风墙、挂挡风布等，减少风对混凝土的影响。同时，应适当调整混凝土的配合比，降低混凝土坍落度，增加混凝土的黏聚性和保水性，防止混凝土在浇筑过程中发生离析。

4.5.3 雨雪天气的施工应对

在雨雪天气下，应停止混凝土浇筑。如果在浇筑过程中遇到雨雪天气，应及时对已浇筑的混凝土进行覆盖保护，防止雨水冲刷和冰雪冻害。

4.6 溢流面浇筑控制要点

本项目溢流面混凝土采用有轨自适应拉模施工技术

进行浇筑，在混凝土浇筑过程中，优化配合比，添加抗冻剂、引气剂等外加剂，提高混凝土抗冻和抗裂性能。施工中严格控制浇筑温度，采用保温模板和覆盖材料。设备方面，选用适应高海拔的专用设备，提前做好设备维护和调试，确保其在恶劣条件下稳定运行。加强施工监测，密切关注气温、风速等变化，及时调整施工工艺和养护措施。

5 高海拔地区溢流坝混凝土浇筑的质量问题与预防

5.1 常见的质量问题类型

5.1.1 裂缝问题

裂缝是混凝土施工中常见的质量问题，在高海拔地区，由于气温低、昼夜温差大、干燥等因素的影响，混凝土裂缝问题更为突出。裂缝可分为表面裂缝、深层裂缝和贯穿裂缝，裂缝的产生不仅影响混凝土的外观质量，还会降低混凝土的强度、抗渗性和耐久性。对于溢流坝体而言，其常年与水接触，在浇筑过程中应加强质量管控，防止裂缝出现，出现裂缝后必须采取必要措施进行处置，否则容易出现冻胀破坏，影响工程使用年限。

5.1.2 蜂窝麻面

蜂窝麻面是指混凝土表面局部出现砂浆少、石子多，石子之间形成空隙类似蜂窝状的窟窿，以及混凝土表面局部缺浆、粗糙，或有许多小凹坑的现象。蜂窝麻面主要是由混凝土配合比不当、搅拌不均匀、振捣不密实、模板漏浆等原因造成的。在混凝土浇筑过程中，振捣工作须严格按照施工方案和要求执行，严禁在溢流坝段出现较大面积的蜂窝麻面。

5.1.3 空洞与漏筋

空洞是指混凝土结构内部存在较大的空隙，局部没有混凝土；漏筋是指钢筋没有被混凝土包裹而外露的现象。空洞和漏筋主要是由钢筋布置过密、混凝土下料不当、振捣不到位等原因造成的。控制好混凝土入仓位置和加强振捣，该问题一般不会出现工程实体中。

5.2 质量问题的原因分析

5.2.1 施工工艺不当

施工过程中，如果浇筑顺序不合理、振捣不密实、养护不到位等，都会导致混凝土质量问题。例如，浇筑顺序不当会导致混凝土在浇筑过程中出现分层、离析等现象；振捣不密实会导致混凝土内部存在空隙、蜂窝麻面等问题；养护不到位会导致混凝土强度增长缓慢、裂缝产生等问题。

5.2.2 环境因素干扰

高海拔地区的特殊环境，如低温、强风、干燥、大温差等，会对混凝土的性能产生不利影响。例如，低温会导致混凝土的水化反应速度减慢，强度增长缓慢；强风会导致混凝土表面水分蒸发过快，产生干缩裂缝；干燥会导致混凝土内部水分流失过快，影响混凝土的强度和耐久性；大温差会导致混凝土产生温度裂缝。

5.2.3 材料质量问题

原材料的质量直接影响混凝土的性能，原材料质量不合格，例如，水泥强度不足、骨料级配不良、外加剂性能不稳定等，都会导致混凝土质量问题。

5.3 质量问题的预防措施

5.3.1 优化施工工艺

合理安排浇筑顺序，采用分层分段浇筑的方式，确保混凝土浇筑的连续性和均匀性。加强振捣，采用合适的振捣设备和振捣方法，确保混凝土振捣密实。加强养护，根据高海拔地区的环境特点，选择合适的养护方式和养护时间，确保混凝土强度正常增长。

5.3.2 加强过程监控

在混凝土施工过程中，应加强对原材料、配合比、混凝土拌和物性能、浇筑过程、养护过程等的监控，及时发现问题并采取措施进行处理。例如，源头把控原材料质量，入场检测严格，储存管理到位；定期检测混凝土拌和物的坍落度、含气量、温度等性能指标，确保混凝土拌和物性能符合要求；在浇筑过程中，实时监测混凝土的浇筑厚度、振捣效果等，确保浇筑质量；在养护过程中，定期检测混凝土的强度、温度、湿度等，确保养护效果。

5.3.3 调整施工时间与条件

根据高海拔地区的气候特点，合理调整施工时间，尽量避免在极端天气条件下进行混凝土施工。例如，在低温季节施工时，应选择在气温较高的时段进行混凝土浇筑，并采取加热保温措施；在强风季节施工时，应采取挡风措施；在雨雪季节施工时，应采取防雨、防雪措施。

6 高海拔地区溢流坝混凝土浇筑质量检验

6.1 质量检验标准与方法

6.1.1 外观检查

外观检查主要检查混凝土表面是否平整、光滑，有无裂缝、蜂窝麻面、空洞、漏筋等缺陷。外观检查应采用目测、尺量等方法进行。

6.1.2 实体强度检测

实体强度检测是检验混凝土质量的重要指标。常用的检测方法有回弹法、超声回弹综合法、钻芯法等。回弹法操作简单、方便快捷，但检测结果受混凝土表面硬度的影响较大；超声回弹综合法能够综合考虑混凝土的

弹性和塑性性能，检测结果较为准确；钻芯法是一种直接检测混凝土强度的方法，但检测过程对混凝土结构有一定的损伤，非必要不建议采用钻芯法进行实体强度检测。

6.1.3 耐久性能检测

高海拔地区溢流坝混凝土耐久性检测主要检测抗冻和抗渗性能。抗冻性能检测主要检验混凝土的抗冻能力，常用检测方法有快冻法。快冻法通过快速冻融，测量混凝土质量和动弹性模量变化，以评判混凝土抗冻性能。抗渗性能检测主要检验混凝土的抗渗能力，常用的检测方法是逐级加压法。逐级加压法通过逐渐增加水压，观察混凝土试件表面是否出现渗水现象，以评价混凝土的抗渗性能。

6.2 质量检验实施计划

6.2.1 检验时间节点

质量检验应贯穿于混凝土施工的全过程，包括原材料检验、混凝土拌和物性能检验、浇筑过程检验、养护过程检验和成品检验。原材料检验应在原材料进场时进行；混凝土拌和物性能检验应在混凝土搅拌站和浇筑现场进行；浇筑过程检验应在混凝土浇筑过程中进行；成品检验应在混凝土养护期满后进行。

6.2.2 检验部位与频率

检验部位应包括溢流坝基础、坝身等重要部位。检验频率应根据工程规模、施工工艺、质量控制水平等因素确定，一般情况下，每100m³混凝土应至少抽取一组试件进行强度检验，每个坝段的混凝土应就耐久性指标至少抽取一组试件进行试验。

7 工程实施效果

加查水电站溢流坝施工质量情况良好。在施工过程中，针对高海拔环境特点，采取了一系列有效措施。在原材料选择上，严格把控水泥、骨料和外加剂的质量，确保满足性能要求。施工中，注重地基基础和基础面处理，钢筋布置规范并验收合格，模板安装牢固且严密。

混凝土浇筑方面，精心确定分层厚度和振捣方法，严格控制浇筑过程中的温度，有效应对特殊天气，避免了低温导致的开裂问题；合理安排施工人员的作息，保障了工程进度不受人员身体状况的过多影响。这些措施的综合运用，有力保障了高海拔溢流坝的施工质量。

在质量检验上，依照标准和方法，对外观、实体强度及耐久性能进行检测。通过贯穿全程的检验，各部位质量达标，原材料和混凝土拌和物性能合格，成品强度和耐久性符合要求，最终该溢流坝分部分项工程一次验

收合格率达 100%。

8 结语

高海拔地区溢流坝混凝土施工面临着诸多挑战，犹如横亘在工程建设道路上的崇山峻岭。然而，通过对原材料进行合理选择与准备、对浇筑过程进行科学组织与控制、对质量问题进行有效预防与处理以及对质量检验进行严格把关，能够确保溢流坝混凝土施工质量，为高海拔地区水利水电工程的安全稳定运行奠定坚实基础。在实际施工中，应结合工程具体情况，不断总结经验，优化施工技术和质量控制措施，以适应高海拔地区特殊的施工环境和要求。

参考文献

[1] 陈浩. 江西省葛藤坳水库溢流坝段溢流面施工技术探析 [J]. 内蒙古水利，2023，43（8）：45 - 47.

[2] 杨恩众. 浅谈龙头山水电站右岸溢流坝堰面圆弧段浇筑质量控制 [J]. 四川水利，2017（z2）：26 - 28.

[3] 童志刚. 重力坝抗冲耐磨混凝土施工方案浅谈 [J]. 四川水利，2020（z1）：15 - 16.

[4] 张文军，刘万江. 高寒地区坝顶结构镜面混凝土施工技术 [J]. 水电与新能源，2015（4）：16 - 17，25.

[5] 吴小峰，史倬宇，王振红，等. 藏木水电站溢流坝段温度应力分析 [J]. 北京水务，2022（1）：45 - 49.

高流速隧洞薄壁衬砌混凝土温控防裂技术研究

李桂英　彭培龙　曹炳申/中国水利水电第五工程局有限公司

【摘　要】　本文依托地处高山峡谷的白鹤滩水电站泄洪洞工程，采用理论分析、数值模拟、室内试验、现场生产性试验与监测反馈等综合手段，从混凝土温控防裂方面进行研究，实现泄洪洞薄壁衬砌混凝土"无缺陷、免修补、抗冲磨"的目标，确保安全运行，可为类似工程提供参考。

【关键词】　高流速　隧洞薄壁　衬砌混凝土　温控防裂　技术研究

1　工程概况

白鹤滩水电站无压泄洪洞群为世界之最，隧洞断面尺寸为 15m×18m（宽×高），进出口水头差达到120m，下泄流量为 12250m³/s，全洞采用无压直洞设计及龙落尾消能结构。洞身运行期水流速度高，龙落尾反弧段、下平段及出口鼻坎流速可达 40～50m/s。为此，泄洪洞洞身上平段衬砌边墙和底板采用 $C_{90}40$ 抗磨蚀（抗冲磨防空蚀）混凝土，龙落尾段及出口高速水流部位衬砌边墙和底板采用 $C_{90}60$ 抗磨蚀混凝土。泄洪洞穿过的围岩以次块状和块状玄武岩为主，岩体弹性模量较大，约束较强。根据以往工程经验，处于大断面洞室围岩强约束条件下的抗磨蚀高性能混凝土薄壁衬砌，在其施工过程中若不采取合理有效的混凝土温控防裂措施，极易出现贯穿性温度裂缝。修补温度裂缝，将使泄洪洞衬砌的维护加固费用大大增加。

2　薄壁衬砌混凝土开裂原理简介

对于薄壁混凝土结构，目前行业内并未有明确定义。根据弹性力学对于板壳的定义，将 t/l 小于 0.2（t 为板的厚度，l 为板长或宽的最小尺寸）的称为薄板。因此，可将 t/l 小于 0.2 的混凝土结构称为薄壁混凝土结构。泄洪洞衬砌厚度一般不超过 1.5m，一次浇筑成型的底板、边墙和顶拱长或宽的最小尺寸一般大于8.0m。由此可见，泄洪洞衬砌为典型的薄壁混凝土结构。泄洪洞薄壁混凝土衬砌由于其材料和结构特点，相比一般大体积混凝土结构更易开裂。

从材料上说，泄洪洞衬砌混凝土在高速水流部位通常采用高强抗磨蚀混凝土。一方面，高强抗磨蚀混凝土具有较高强度，可以很好地满足高速水流作用下衬砌抗冲刷防空蚀的要求；另一方面，采用高强混凝土，必然要增加混凝土中的水泥用量，对于泄洪洞衬砌而言，为了运输方便，工程中多采用泵送二级配混凝土，水泥用量更大，这就导致衬砌混凝土水化发热量巨大，给衬砌混凝土温控防裂造成压力。

从结构上说，泄洪洞衬砌施工需要选择合理的结构形式，以避免因过大结构应力和温度应力而产生裂缝。泄洪洞衬砌选择合理的浇筑顺序，可以在一定程度上降低围岩压力对衬砌结构的不利影响。不合理的分缝长度，也可能导致衬砌温度致裂风险。

白鹤滩水电站泄洪洞隧洞开挖断面尺寸为宽17.4m、高20.4m，顶部为弧形。在该体形条件下，泄洪洞围岩周向应力分布如图1所示。由图1可见，泄洪洞底部转角处围岩应力最大，该部位处于衬砌边墙和底板结合处。在垂直于洞轴线方向上，泄洪洞衬砌结构分为底板、边墙、顶拱三部分。可选取的浇筑顺序为底板—边墙—顶拱、边墙—底板—顶拱和边墙—顶拱—底板。若采用底板—边墙或边墙—底板的顺序连续浇筑，对泄洪洞底部转角处围岩应力释放不利。采用边墙—顶拱—底板的顺序浇筑，即边墙和底板浇筑时间间隔最长，可最大限度地释放围岩应力，避免围岩应力过大产生结构裂缝。

对于泄洪洞薄壁衬砌混凝土，如果采用传统手动测温、人工通水冷却等方法进行温控，可能会由于温控措施调控不及时导致施工质量差而开裂。因此，泄洪洞薄壁衬砌混凝土应采用智能通水系统进行温度控制。

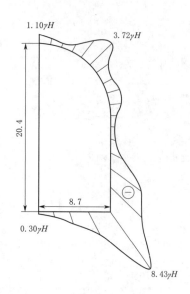

图 1 泄洪洞围岩周向应力分布（单位：m）
γH—某点的围岩垂直应力

3 高流速隧洞薄壁衬砌混凝土温控防裂技术介绍

3.1 非均匀环境薄壁衬砌混凝土智能梯度控温理论

泄洪洞薄壁衬砌传热边界面积大，衬砌混凝土温度极易受到洞内气温及基岩温度的影响。散热边界环境温度持续变化时，衬砌混凝土内表温度梯度不易控制。若薄壁衬砌内部温度随环境温度急剧变化，衬砌本身处于围岩强约束条件下，极易由于温度应力过大而开裂，影响衬砌结构的整体安全。

不同部位衬砌混凝土的边界环境条件常常具有显著的不均匀性。一方面，泄洪洞内空气的温度、湿度和风速等在距洞口不同距离处差异较大，如洞室进出口附近温度、湿度和风速受洞外气候条件影响最大，而多条洞室交汇处附近温度、湿度和风速往往变化剧烈；另一方面，泄洪洞内不同部位围岩的温度也因山体内部水文地质条件的不均匀而存在一定差异，如渗水出露处往往湿度大，围岩温度低。环境的不均匀性和动态变化是洞室衬砌混凝土温控防裂面临的一项重大挑战。

为了解决泄洪洞衬砌混凝土温控过程中面临的以上挑战，有必要针对这种非均匀性环境下的抗磨蚀混凝土薄壁结构，形成一套精细化的智能梯度控温理论，用来指导衬砌的温控防裂。

3.1.1 薄壁衬砌混凝土"三场"原理

泄洪洞薄壁衬砌边界包括洞内空气和围岩。从垂直于衬砌过流面方向看，依次是围岩、衬砌、空气，这就形成了围岩、衬砌、空气三种温度场。薄壁衬砌位于洞内空气和围岩之间，其内部温度既受围岩温度影响，又

受洞内气温影响。围岩对薄壁衬砌混凝土温度的影响是通过固体之间的热传导形成的；洞内空气对薄壁衬砌混凝土温度的影响是通过固体和流体之间的热对流形成的。当考虑表面流水养护时，洞内气温影响了流水温度，因此也间接影响了衬砌混凝土温度。泄洪洞内气温受洞外气温影响，日变幅和年变幅都较大，表现出不均匀和不稳定的特性。

围岩和衬砌混凝土温度场相互影响。在衬砌混凝土浇筑前，围岩表面附近温度随洞内气温变化，围岩深层温度基本保持不变，围岩温度场表现为均匀层状。衬砌混凝土浇筑后，围岩与混凝土接触面附近温度受衬砌混凝土温度上升的影响急剧变化，深层温度基本保持不变。随着混凝土温度场逐渐降低至稳定状态，围岩温度场也逐渐到达稳定状态，围岩和混凝土温度场整体再次表现为均匀层状。衬砌混凝土浇筑后一段时间内，温度急剧上升和下降，中心温度始终显著高于表层温度，在表层附近温度梯度较大。在通水冷却和边界温度持续影响下，衬砌混凝土内外温度梯度逐渐降低，最终衬砌混凝土内温度场基本均匀，只有表面附近受洞内气温影响。

3.1.2 智能梯度控温理论

结合泄洪洞等洞室衬砌混凝土的结构与施工特点，提出一整套梯度控温理论模型，主要包括环境边界梯度模型、材料功能梯度模型、混凝土时空温度梯度模型和应力梯度模型。通过综合试验、监测、仿真和数据分析，定量化环境边界与材料功能、混凝土时空温度场、混凝土时空温度梯度、混凝土应力梯度之间的对应关系，为评估混凝土温控开裂风险提供判据，并为进一步开展温控防裂工作选择合适的温控策略与措施奠定基础。

（1）环境边界梯度模型。薄壁衬砌边界空气和围岩作为混凝土温控过程中的基本换热边界及受力边界，直接影响衬砌混凝土的温度及应力水平，需要建立模型评估不均匀环境动态变化对衬砌混凝土温控的影响。主要影响的物理量包括温度、湿度、风速及光照。

（2）材料功能梯度模型。泄洪洞衬砌涉及多种材料，不同材料具有不同的功能和特性，如衬砌混凝土向内为空气或表面保温介质，向外为围岩，衬砌混凝土内部还预埋有冷却水管与钢筋。因此，泄洪洞衬砌是一种具有不同特性和功能材料综合作用的结构。多种材料综合作用，形成了泄洪洞衬砌周围动态平衡的温度场分布。实际温控时需要通过现场监测及试验等方法确定各材料的温控特性，通过采取通水或保温等人工调节温控措施协调多种材料的温度变化，降低多种材料间的温度梯度，降低由多种材料热力学参数不协调导致的开裂风险。

（3）混凝土时空温度梯度模型。浇筑混凝土结构时，往往由于生产力水平的限制或温控及接缝灌浆的要

求，需要分期分块浇筑，这就使混凝土温控与施工进度相互影响，混凝土的时间温度梯度与空间温度梯度也相互影响，协调先浇块与后浇块之间的温度梯度需要对各浇筑块的温度进行时空联控。同时，由于以上所述环境边界及材料功能的影响，施工期混凝土的温度场往往不均匀性明显且处在动态变化中。为了降低由此带来的混凝土开裂风险，需要从时间和空间维度对混凝土的温度梯度进行精细化的调控。

（4）应力梯度模型。环境边界及材料功能直接影响混凝土时空温度梯度，从而影响混凝土的温度应力。因此，混凝土的开裂风险可通过计算温度应力及应力梯度加以研判。混凝土结构温度应力受到结构、材料、约束等多种因素的影响，可通过仿真计算、现场监测或模型试验获取。

3.1.3　温控开裂风险判据

混凝土的开裂风险判据，即用于评价混凝土是否开裂的指标。目前已有的混凝土开裂风险判据几乎都是基于不同混凝土的实际工程应用和与之相应的侧重要素提出的。混凝土开裂的影响要素通常有极限拉伸值、徐变特性、抗拉强度、温差、干缩和自收缩变形等。总体而言，目前已有的混凝土开裂风险判据主要分为三类：一类以混凝土物理力学特性为依据，一类以混凝土温度控制为依据，还有一类综合考虑混凝土物理力学特性和温度控制等相关因素并以之为依据。以混凝土物理力学特性为依据的开裂风险判据主要包括极限拉伸值、抗裂韧性和弹强比。以混凝土温度控制为依据的开裂风险判据主要包括抗裂度、热强比、抗裂性系数和防裂温降。综合考虑混凝土物理力学特性和温度控制的混凝土开裂风险判据主要包括抗裂变形指数、抗裂度因子、抗裂能力指数、抗裂性指数、抗裂参数、抗裂安全系数和开裂风险系数等。以上混凝土开裂风险判据，大都没有充分考虑混凝土温度和力学特性随混凝土龄期的变化。在国内外大体积混凝土开裂风险评价中，通常采用考虑混凝土应力和抗裂能力随龄期变化的抗裂安全系数来判断混凝土结构是否开裂。

3.1.4　温控策略与曲线

针对泄洪洞的结构特点与浇筑工序，基于智能通水系统，提出了"小梯度、慢冷却、精准控制"的温控策略。小梯度指的是从空间维度将温差细化为梯度，进一步降低应力；慢冷却指的是控制混凝土升温与降温全过程的温度变化速率，实现平缓连续的冷却过程；精准控制指的是建立精确的目标温控曲线模型，并通过智能通水系统与智能养护系统等实现混凝土温度的精准追踪。

（1）小梯度——空间温度梯度的控制。针对泄洪洞这种薄壁混凝土结构，通过建立柱坐标参考系，可形成混凝土空间温度梯度的控制理论模型（图2），即联控径向、环向和轴向三个方向的温度梯度：①径向考虑洞内空气及基岩温度的不均匀性，确立对洞内空气、流水养护、衬砌混凝土和基岩温度梯度的控制指标；②环向考虑施工顺序的先后性，确立对顶拱、边墙和底板温度梯度的控制指标；③轴向考虑浇筑间歇期及单仓的最大断面尺寸，确立对仓内顺河向相邻浇筑仓之间温度梯度的控制指标。

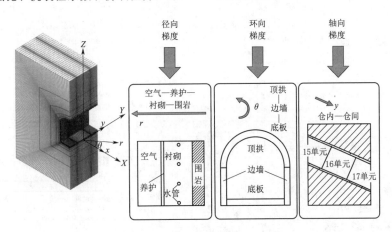

图2　薄壁衬砌混凝土梯度控温理论模型

r（径向）—从结构中心向外延伸的径向方向；θ（环向）—围绕结构中心轴的环向方向；
y（轴向）—沿结构纵向的轴向方向

此外，为降低混凝土内冷却水管周围的局部温度梯度，在流量控制的基础上，研究通水水温的个性化调控方法，确立水温随混凝土温度动态控制的方法与指标体系，降低由衬砌内冷却水与混凝土温差过大造成的开裂风险，同时将智能通水由一维的流量控制升级为二维的流量与水温耦合控制。

（2）慢冷却——时间温度梯度的控制。在设计标准的基础上，为实现衬砌混凝土施工全周期的温度监测与控制，提出了包含升温期、降温期、控温期和长期监测的全周期温控曲线模型。针对不同衬砌厚度、不同结构部位、不同混凝土强度等级及施工季节，对衬砌混凝土浇筑温度和最高温度进行了精细划分，组合设计了8种目标温控曲线。

1）升温期：通过联合控制浇筑温度和浇筑后的通水措施，控制升温速率，使混凝土在3～7d内达到最高温度。

2）降温期：从最高温度平稳降至稳定温度（25～26℃），日降幅按照设计标准小于1℃/d，降温结束时龄期大于20d。

3）控温期：降温结束后继续控温15～20d，40d时结束通水冷却。

4）长期监测：通水结束后继续监测混凝土内部温度变化至设计龄期。

升温阶段，改变传统混凝土温控只注重降温速率的控制，而忽视升温速率的控制，为适应低热水泥混凝土的实际热力学特性，对混凝土升温阶段进行进一步细分，分为初凝前、初凝至终凝、终凝至最高温度三个阶段，精准控制最高温度值及出现的龄期，并分阶段控制混凝土升温速率（图3）。

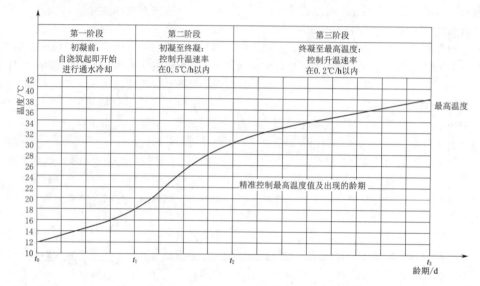

图3 白鹤滩水电站泄洪洞混凝土升温阶段精细化温控策略

t_0—浇筑开始时间；t_1—初凝时间；t_2—终凝时间；t_3—最高温度出现时间

（3）精准控制——光纤测温与智能通水系统的应用。泄洪洞衬砌处于围岩强约束范围内，其温度变化过大过快都有可能导致混凝土开裂，因此需要对泄洪洞衬砌混凝土温度进行严格控制。为了强化泄洪洞衬砌混凝土的温度控制，采用光纤测温、智能通水和保湿养护相结合的方式，对衬砌混凝土施工期全过程温度进行精准控制。

3.2 "低热水泥＋低坍落度"混凝土配合比

混凝土配合比是决定泄洪洞衬砌混凝土绝热温升和抗冲磨能力的重要因素，为了降低衬砌混凝土温控难度，白鹤滩水电站泄洪洞工程首次在衬砌全过流面采用了"低热水泥＋常态混凝土（坍落度5～7cm）"的配合比。

该配合比主要采用玄武岩骨料、嘉华（嘉华特种水泥股份有限公司）低热水泥、宣威（宣威发电粉煤灰开发有限责任公司）Ⅰ级粉煤灰，通过单掺粉煤灰和单掺硅粉进行配合比试验分析，再对比抗压强度与劈拉强度报告，发现采用低热水泥代替以往水利工程中常用的中热水泥，采用低坍落度常态混凝土代替以往衬砌施工中采用的泵送混凝土，可从材料上降低衬砌混凝土温度致裂风险。试验结果表明，低热水泥$C_{90}60$采用低坍落度常态混凝土浇筑与同强度等级泵送混凝土减少胶凝材料用量45kg/m³，可降低混凝土最高绝热温升约6℃，降低了混凝土开裂风险，同时，同强度等级低坍落度常态混凝土比泵送混凝土抗冲磨性能提高约5％。

3.3 光纤测温系统

3.3.1 光纤测温系统的设计与应用

目前，水工混凝土结构温度监测主要有传统热电偶或热电阻温度计监测和基于分布式光纤温度传感技术的光纤监测两种。传统热电偶或热电阻温度计为点式温度计，只能测量混凝土内特定某一点覆盖局部的温度变化值。若要详细了解混凝土内时空温度场的变化特征，需要在混凝土内埋设大量温度计，这大大增加了监测工作的成本和工作量。

近几年来，随着光纤传感技术的迅速发展，分布式光纤测温技术开始用于水工大体积混凝土的温度监测。传感光纤既是温度传感器又是信号传输介质，其体积小、重量轻，不仅在埋设安装过程中简单方便，对混凝土施工影响小，而且在使用过程中，具有抗电磁干扰、抗高温、抗高压、耐腐蚀、使用寿命长、灵敏度和精度高，能实现空间上的立体监视及连续性监视，以及可对测点温度准确迅速定位和判断等优点。目前国内外能用于温度监测的分布式光纤测温仪测量距离最远能达50km左右，空间分辨率可在1m之内，温度分辨率可达±0.1℃，完全满足混凝土温度监测的需求。

分布式光纤温度传感系统的硬件系统主要包括激光器、分光滤波、光电信号转换和放大、信号采集与处理等部分构成，具体由脉冲激光器、光纤波分复用器、光电探测器、光纤放大器、高速数据采集卡、同步脉冲发生器、光电信号放大器等组成，外加一台计算机就能够对温度监测数据进行整理、分析。分布式光纤测温系统示意如图4所示。

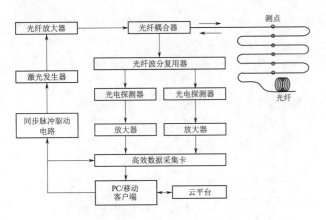

图4　分布式光纤测温系统示意图

泄洪洞衬砌光纤测温系统布置示意如图5所示。

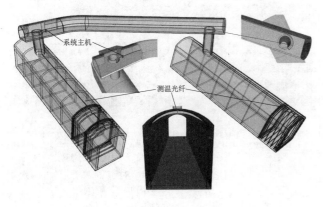

图5　泄洪洞衬砌光纤测温系统布置示意图

光纤所在截面距单元施工缝的距离分别为0.2m、0.6m、1.2m、2.0m、3.0m、4.5m，为了测量衬砌中心温度变化，以便更好地利用衬砌中间截面温度测量结果模拟衬砌温度场变化，在衬砌边墙中间截面内外两层光纤之间增加测点，以测量两层光纤之间每隔0.3m的温度梯度变化。通过光纤测温系统，可获取衬砌混凝土实时温度变化。衬砌光纤现场布设如图6所示。

图6　衬砌光纤现场布设

3.3.2　温度场重构原理及应用

分布式光纤得到实测的温度数据后，首先利用二维不稳定温度场的三角形单元进行差分计算，得到光纤所在平面的温度分布，然后利用三维有限元单元计算每个衬砌单元中相邻两个光纤平面之间的混凝土三维温度场，从而得到与衬砌单元坐标相对应的整体温度场分布。

光纤每隔5min采集一次温度数据，编写计算程序，算出每隔一段时间的衬砌温度场分布，利用计算得到的温度场分布情况，得出衬砌不同单元、不同时刻的温度场布情况。

基于以上原理，可计算出泄洪洞衬砌混凝土温度场分布。泄洪洞衬砌混凝土三维温度数据如图7所示。

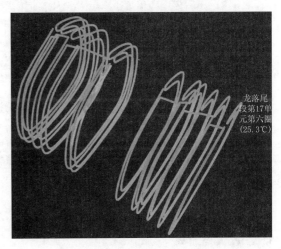

龙落尾段第17单元第六圈(25.3℃)

图7　泄洪洞衬砌混凝土三维温度数据

3.4　智能通水系统

在水利水电工程施工中，水管冷却这种人工冷却方法早已成为一项不可或缺的关键温控防裂措施。通水冷却将混凝土内部水化热传递出来，使混凝土内温度保持在设计的温度-时间-空间曲线附近，从而减少混凝土开裂，确保混凝土结构质量总体可控。在水利工程不同建设时期，国内外大体积混凝土温度控制技术经历了几个典型的发展阶段。通水冷却温控方法经历了几十年的发展，已经从最初的试验性经验模式发展到规律性模式，并提出了"小温差、早冷却、慢冷却"的分阶段温控方法。随着自动化、信息化技术的发展，通水冷却也逐渐实现通水数据的自动化采集，通水流量的自动化、智能化调节。

综上所述，白鹤滩泄洪洞工程研发一套适用于泄洪洞衬砌混凝土温度控制的方法、设备和系统已成为实际工程施工的迫切需求，也是进一步提高混凝土温控质量、解放人力、提高施工效率的必由之路。

白鹤滩水电站泄洪洞衬砌混凝土智能通水系统（图8）由制冷水站、进出水主管、仓内冷却水管、混凝土温度传感器、冷却水温传感器和小型一体智能通水控制柜等组成，通过在新浇筑混凝土块和冷却水管中安装水工数字温度计，一体温控集成装置，实时在线感知混凝土、进出水温度以及流量等，突破了现场复杂环境的多源数据感知和控制技术难点。通过分析云端数据，进行

反馈仿真分析，为每个浇筑块选择最优控温策略和通水调控时机、流量等，预测混凝土温度、应力梯度值。由智能通水系统通过调节通水量和（或）水温，实现对混凝土温度的时空、内外、升降个性化梯度联控。泄洪洞衬砌施工现场智能通水控制柜和冷却水管如图9所示。

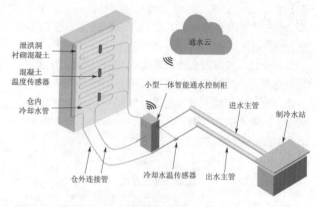

图8　白鹤滩水电站泄洪洞衬砌混凝土智能通水系统整体架构

（a）泄洪洞衬砌智能通水柜

（b）衬砌冷却水管接入智能通水柜

图9　泄洪洞衬砌施工现场智能通水控制柜和冷却水管

3.5　工程温控效果

采用基于改善混凝土配合比和梯度控制理论的智能温控技术，对白鹤滩水电站泄洪洞衬砌抗磨蚀混凝土进行温度控制，温控防裂成效显著，主要表现如下：

（1）衬砌全过流面采用"低热水泥＋常态混凝土"配合比，与泵送混凝土相比，单位体积混凝土可减少胶凝材料用量64kg，一方面节约了工程材料成本；另一方面可降低混凝土最高温升约6℃，显著降低了衬砌混凝土开裂风险，节约了衬砌修补费用。同强度等级低坍落度常态混凝土比泵送混凝土抗冲磨强度高约5％，提高

了表面抗冲磨性能。因此，衬砌全过流面采用"低热水泥＋常态混凝土"配合比，工程效益和经济效益提升明显。

（2）采用基于梯度控制理论的智能温控对白鹤滩水电站泄洪洞衬砌混凝土进行温度控制，实现了不同环境及基岩温度下对混凝土温度的精准控制，降低了环境温度、混凝土温度、冷却水温、基岩温度之间的梯度过大造成的开裂风险，实现了对泄洪洞薄壁衬砌混凝土温度的"全面感知、真实分析和实时控制"，大幅提高了混凝土温控质量。目前为止，白鹤滩水电站泄洪洞尚未发现一条温度裂缝，工程效益显著。衬砌混凝土智能温控

全过程无须人工操作，大幅降低了人工成本。

4 结语

通过本项目的研究，针对泄洪建筑物混凝土浇筑"零缺陷"的世界难题，创建了高流速泄洪洞薄壁衬砌混凝土温控防裂技术，提出了镜面混凝土的定义，解决了混凝土施工质量顽疾，实现了衬砌零温度裂缝、无缺陷与镜面混凝土关键技术的创新，填补了泄洪建筑物全过流面浇筑低坍落度混凝土的技术空白，为我国泄洪建筑物安全、优质、高效、绿色建设提供了关键技术支撑。

参考文献

[1] 宁泽宇，林鹏，彭浩洋，等. 混凝土实时温度数据移动平均分析方法及应用 [J]. 清华大学学报（自然科学版），2021，61（7）：681－687.

[2] 樊启祥，段亚辉，王业震，等. 混凝土保湿养护智能闭环控制研究 [J]. 清华大学学报（自然科学版），2021，61（7）：671－680.

[3] 李学平，吴世斌，张继屯. 白鹤滩水电站泄洪洞平洞段镜面混凝土质量控制 [J]. 人民长江，2020，51（S2）：351－353，404.

撒哈拉沙漠气候环境下水坝坝体混凝土质量控制

辛瑞斌/中国电建集团港航建设有限公司

【摘　要】 本文结合毛里塔尼亚某水坝项目，针对撒哈拉沙漠高温环境分析了水坝坝体混凝土质量因素，把大体积混凝土裂缝控制及两仓混凝土之间接触面处理方式作为质量控制重点，提出相应的质量控制的措施，保证水坝坝体混凝土质量，达到了设计要求，可为类似工程提供借鉴。

【关键词】 水坝混凝土施工　高温　裂缝处理　质量控制

1　引言

某水坝项目位于毛里塔尼亚北部某镇，与阿尔及利亚东部和马里相邻，为撒哈拉沙漠气候，年降雨量不足100mm，海拔为380m，全年炎热干燥，年平均气温在35℃左右，而大坝混凝土属于大体积混凝土，这对混凝土质量控制产生了不利的影响，涉及裂缝的控制、接缝的处理等。本文从理论和实践出发，分析了质量问题产生的原因，提出了相应的对策，提高了水坝混凝土的质量，对类似工程的实施有一定的借鉴意义。

2　水坝混凝土质量因素分析

通过对该水坝项目的工程特点、作业环境因素进行分析，可知影响水坝混凝土质量的因素主要有两个：高温干燥环境下混凝土裂缝、两仓混凝土之间缝隙。

2.1　高温干燥环境下混凝土裂缝

该水坝项目常年处于高温干燥环境下，坝体混凝土容易产生裂缝，产生裂缝的主要原因有混凝土内外温差、塑性收缩、干燥收缩等。其中，早期以塑性收缩裂缝为主，养护期以温度收缩裂缝为主，后期以干燥收缩裂缝为主。

2.1.1　塑性收缩裂缝

由于当地环境气温高、湿度低，且水坝建筑位置在两山之间的峡谷处，形成天然的风口，平均风力为4~5级且高温干燥，混凝土在终凝前几乎没有强度或强度很小。在混凝土刚刚终凝而强度很小时，受高温和较大风力的影响，表面失水过快，产生较大的负压而使混凝土体积急剧收缩，而此时混凝土的强度又无法抵抗其本身收缩，因此产生裂缝。

2.1.2　温度收缩裂缝

混凝土在硬化过程中，水泥水化产生大量的水化热。由于该水坝项目为大体积混凝土施工，大量的水化热聚积在混凝土内部不易散发，导致内部温度急剧上升，而混凝土表面散热较快，这样就使内外形成较大的温差。较大的温差造成内部与外部热胀冷缩的程度不同，使混凝土表面产生一定的拉应力。当拉应力超过混凝土的抗拉强度极限时，混凝土表面就会产生裂缝。

2.1.3　干燥收缩裂缝

干燥收缩的产生主要是因为混凝土养护期之后内外失水程度不同而导致变形不同。混凝土受外部条件的影响，表面水分损失过快，变形较大，内部湿度变化较小，变形较小，较大的表面干缩变形受到混凝土内部的约束，产生较大的拉应力而出现裂缝。该水坝项目所处环境湿度较小，年平均为35%，对后期干缩裂缝产生的影响较为显著。

2.2　两仓混凝土之间缝隙

因项目建址在当地矿山之中，常年风沙较大，且该水坝项目作为大体积混凝土的水利工程，施工工艺必须选择分层浇筑，对两次浇筑的混凝土之间的黏结面做出科学有效的处理，否则两次浇筑之间的黏结面将不能完全黏结，会出现微小缝隙，蓄水之后形成渗水现象。经水压力长期影响，经水流冲刷，缝隙会逐渐扩张，将为水坝质量留下隐患。

3 对策制定与实施

3.1 针对高温低湿环境下大体积混凝土裂缝的对策

3.1.1 温度控制

该水坝项目拌和站坐落于当地矿山脚下，周边物资匮乏，无法实现大量生产或购买冷水以降低水温，项目部决定购买冰柜，冰冻桶装水，在拌和站生产时将冰桶放入储水池以降低水温（图1）；将水泥储存在集装箱内，并对集装箱采用保温措施，避免太阳直晒使水泥温度升高，从而降低混凝土出机温度，使出机温度控制在20℃以内。对混凝土运输罐车实施降温措施，在运输车外包裹土工布，并洒水使土工布保持湿润，利用水分蒸发吸热降低混凝土运输过程中的升温（图2）；在保证安全的情况下进行夜间施工，避免太阳直晒，降低混凝土入模温度，使得入模温度控制在25℃以内，极端天气下不超过30℃。

图1 储水池加入桶装冰块

图2 混凝土运输车覆盖土工布洒水降温

3.1.2 配合比调整

为了减小水化热，在满足混凝土配合比设计的情况下，该水坝项目重新设计了混凝土配合比，降低水泥用量以减少水化热，同时为了保证混凝土的强度，项目部对水泥与骨料进行了更严格的筛选，并抽样送至当地国家实验室进行检测。经试验，新配合比与原配合比在基本相同的混凝土强度下，水泥用量最高差值达 $50kg/m^3$，有效地减少了水化热。在混凝土中添加缓凝剂，延长混凝土凝固时间，避免快速凝固与不规则凝固产生的裂缝。

3.1.3 设置施工缝

考虑到温控要求，经与设计单位沟通，在距溢流面1m处设置施工缝，先进行溢流面的浇筑，此方法改变了约束条件，能有效避免裂缝的产生。由于混凝土裂缝是现有技术无法完全避免的，先进行关键部位的施工，能最大限度地保证关键部位的混凝土质量，延长水坝使用寿命，为后期质保工作打下坚实基础，降低维保成本。

3.1.4 临水面配置构造筋

在水坝上游临水面配置间距为15cm、直径为10mm的构造钢筋，以增加配筋的方法抵抗混凝土温度收缩应力，同时减小被约束体与约束体之间的相对温差，减少混凝土收缩，提高混凝土抗拉强度等，抵抗温度收缩变形和约束应力，防止混凝土产生温度收缩裂缝、干燥收缩裂缝及塑性收缩裂缝。

3.1.5 二次振捣与二次压面

该水坝项目在初次振捣50min后进行二次振捣，能排除混凝土因泌水而在粗骨料、钢筋下部生成的水分和孔隙，提高混凝土与钢筋的握裹力，防止因混凝土沉落而出现裂缝，减小内部微裂，增加混凝土密实度，使混凝土的抗压强度提高10%～20%，从而提高抗裂性。由于浇筑混凝土较厚，表面浮浆易产生裂缝，若发生明显裂缝，及时进行二次压面。通过二次振捣与二次压面，尽量降低混凝土表面产生裂缝的风险。

3.1.6 加强混凝土养护

当地气温较高，水分蒸发快，因此安排人员两班倒进行混凝土养护工作，保证混凝土表面覆盖的土工布保持湿润，延长养护时间，尽可能避免养护期间混凝土裂缝的产生。

3.2 针对两仓混凝土之间缝隙的对策

3.2.1 混凝土表面凿毛

该水坝项目在每仓混凝土凝固之后进行混凝土表面凿毛，为下仓混凝土浇筑做好准备。高质量的毛面可以提升新旧混凝土之间的结合度，该水坝项目此类大体积混凝土水利工程对两仓混凝土之间的结合度有着更严格的要求，因此专门对当地雇工进行了混凝土凿毛培训，并在浇筑前进行毛面验收，提高了新旧混凝土的结合质量。

3.2.2 SikaLatex 的使用

为了进一步加强新旧混凝土的结合程度，该水坝项目特使用了 SikaLatex 接缝剂（图3），此产品能较大提升混凝土性能，使新旧混凝土、山体与混凝之间的结合性更好，有效杜绝了混凝土缝隙的产生；该水坝项目创新性地使用了喷洒工艺，避免了传统泼洒或涂刷法中垂直面液体成股流下导致的分布不均匀现象，更好地杜绝了缝隙的产生。

图 3　喷洒 SikaLatex 接缝剂

4　结语

该水坝项目采取一系列措施，有效控制了大坝混凝土裂缝，采用 SikaLatex 接缝剂有效处理了两仓混凝土之间的接缝，对控制大坝混凝土的质量起到了重要作用。然而 SikaLatex 作为一种新型材料，其耐久性还值得进一步探讨和研究。

参考文献

［1］张志明，王俊龙. 高温环境下大体积混凝土收缩裂缝的控制措施［J］. 山西建筑，2015（35）：121 - 122.

［2］张志明，张东良. 几种常见的混凝土缺陷的成因及预防措施［J］. 城市建筑，2015（33）：229，245.

［3］刘汉义，陈德先. 水利施工中的混凝土裂缝的原因及防治措施［J］. 魅力中国，2012（22）：75 - 76.

［4］李常升. 水利水电工程质量监控与通病防治全书［M］. 北京：中国环境科学出版社，1999.

［5］唐红霞. 浅谈建筑混凝土施工技术要点［J］. 黑龙江科技信息，2011（8）：314.

椒花水库碾压混凝土重力坝温控设计

崔海涛/中水北方勘测设计研究有限责任公司

边　策/水利部水利水电规划设计总院

【摘　要】 椒花水库碾压混凝土重力坝位于南方以气候闷热为主的高温地区，温度应力容易使大坝产生裂缝。本文根据大坝的实际进度、大坝区域的气候特点，依据热传导理论，采用稳定温度应力场公式和非稳定应力场公式，结合三维实体单元、接触单元建立三维模型，对施工期（荷载为温度）非溢流典型坝段的稳定和非稳定温度应力场进行有限元分析计算及仿真模拟设计，以期为类似工程提供参考。

【关键词】 高温地区　碾压混凝土重力坝　温度控制

1　引言

椒花水库工程以城镇生活和工业供水、防洪为主，兼顾灌溉、发电和下游生态环境补水，水库总库容为1.701亿 m³，多年平均供水量为8130万 m³，设计水平年恢复受影响的龙潭坝灌区1.01万亩，电站装机容量为2.2MW。工程建成后，可有效缓解浏阳河流域防洪压力，提高湖南省浏阳市城区及大溪河沿河两岸集镇防洪标准。

拦河大坝为碾压混凝土重力坝，最大坝高为69.5m，坝顶高程（不含防浪墙）为181.50m，大坝坝轴线长度为420m。大坝体型庞大，结构复杂，大坝浇筑受气温影响大。坝址区地处亚热带湿润气候区。气候特征为夏季湿热多雨，冬季寒冷干燥，多年平均气温为17.5℃。由于本工程为碾压混凝土工程，水泥水化热发热大，水化过程慢。碾压混凝土内部的绝对温升和工区空气环境温度、水温等差值较大，造成混凝土内部拉应

力造成的温度裂缝问题凸显，因此，大体积混凝土结构温度控制设计是限制其拉应力的有效方式之一。本文利用三维有限元仿真模拟，结合传统传统混凝土温控措施，研究南方高热气候条件下碾压混凝土的温控设计。

2　工程概况

2.1　气象资料

坝址区浏阳气象站气象要素统计显示，多年平均气温为17.5℃，气温的年际变化不大，年内变化较大。最冷的1月平均气温为5.4℃，极端最低气温为−10.7℃（出现在12月）；最热的7月多年平均气温为28.7℃，极端最高气温为40.5℃（出现在8月），温差较大。多年平均蒸发量为1209.4mm，历年最大风速为20m/s。

坝址区平均气温和降水信息见表1。

表1　坝址区平均气温和降水信息

信息	月　份												全年
	1	2	3	4	5	6	7	8	9	10	11	12	
平均气温/℃	5.4	7.7	11.3	17.4	22.2	25.6	28.7	28	24.2	18.8	12.8	7.4	17.5
降水量/mm	79.1	105.8	158.8	201	199.4	252.9	148.4	116.7	77	80.4	81.1	50.7	1551.3

2.2　混凝土材料及基岩特性和分区

坝体上游面分为两层，外层采用50cm厚二级配变态混凝土；第二层为坝体主要防渗体，采用3.5m厚富

胶凝碾压混凝土。中部及下游面混凝土采用三级配碾压混凝土。基础垫层采用1.0m厚常态混凝土。坝基主要为泥质板岩和砂岩及砂质板岩，表部岩体稍破碎，下部岩体大部分较完整。混凝土热力学性能及力学指标见表2。

表2   混凝土热力学性能及力学指标

部位	弹模 /GPa	容重 /(kN/m³)	比热 /[kJ/(kg·℃)]	导热系数 /[kJ/(m·d·℃)]	放热系数 /[kJ/(m²·d·℃)]	泊松比	线胀系数 /(10⁻⁶/℃)
混凝土	$5.5\ln t + 13.0$	24.40	0.95	192	2016	0.167	6.0
基岩	8.0	27.60	0.20	220	931.2	0.27	5.0

注　t 为龄期。

2.3 坝体施工进度安排及混凝土入仓温度

在坝体混凝土施工过程中，一般每仓厚度为1.5～3m，每层按30cm连续浇筑。拟定大坝浇筑起始日期为1月1日，该地区1月气温最冷，此时的温度相对较低月份浇筑强约束区，有利于控制混凝土最高温升。拟定每10d浇筑一层。距基岩面高度0～0.2L（L为浇筑块长边长度）为强约束区，每1.5m为一层；距基岩面高度0.2L～0.4L为弱约束区，每1.5m为一层；距基岩面高度0.4L至坝顶为非约束区，每3.0m为一层。选取挡水坝段的典型坝段坝体碾压混凝土施工进行计算。

坝体施工进度及混凝土入仓温度见表3。

表3   坝体施工进度及混凝土入仓温度

起始时间	结束时间	起始高程/m	结束高程/m	时间间隔/d	浇筑块高度/m	入仓温度/℃
1月1日	1月10日	114.00	115.50	10	1.5	17
2月20日	2月28日	121.50	123.00	10	1.5	17
3月1日	8月31日				停工	
9月1日	9月10日	123.00	124.50	10	1.5	17
9月21日	9月30日	126.00	127.50	10	1.5	17
10月1日	10月10日	127.50	129.00	10	1.5	17
12月30日	1月7日	147.00	150.00	9	3	17
2月7日	2月16日	159.00	162.00	10	3	17
3月19日	3月28日	171.00	174.00	10	3	17
4月8日	4月17日	177.00	179.50	10	2.5	17

2.4 水库水温计算

水库水温是随时间和空间的函数，并受到水库形状、容积、深度、调节性能、调节方式和地区气候条件、水库来水来沙情况等因素的影响。统计分析结果表明，不同的水库均有其自身的属性，但存在一定的统计规律。中国工程师针对不同类型的水库总结出了一套实用的水库水温计算方法。本工程水库为多年调节水库，多年月平均水温 $T_\omega(y,\tau)$ 是水深 y 和时间 τ 的函数，计算公式为

$$T_\omega(y,\tau) = T_{\omega m}(y) + A_\omega(y)\cos\omega[\tau - \tau_0 - \varepsilon(y)] \quad (1)$$

式中：y 为水深，m；$T_\omega(y,\tau)$ 为水深 y 处在时间 τ 的多年月平均水温，℃；$T_{\omega m}(y)$ 为水深 y 处的多年年平均水温，℃；$A_\omega(y)$ 为水深 y 处的多年平均水温年变幅，℃；$\varepsilon(y)$ 为水深 y 处的水温滞后，即相对于气温的相位差，月。

$\varepsilon(y)$ 的计算公式为

$$\varepsilon(y) = \begin{cases} 0.53 + 0.059y & (y < y_0) \\ 0.53 + 0.059y & (y \geqslant y_0) \end{cases} \quad (2)$$

式中：y_0 为多年调节水库的变化温度层深，m，一般为50～60m，本工程取60m。

水库不同深度月平均水温见表4。

表4   水库不同深度月平均水温

水深/m	温　　度/℃											
	1月	2月	3月	4月	5月	6月	7月	8月	9月	10月	11月	12月
0	9.192	10.05	13.80	19.45	25.48	30.27	32.54	31.68	27.92	22.28	16.25	11.46
10	11.790	11.20	12.43	15.13	18.60	21.89	24.12	24.71	23.49	20.78	17.32	14.03
20	12.562	11.63	11.73	12.82	14.62	16.65	18.35	19.28	19.18	18.09	16.29	14.27
30	12.174	11.35	11.05	11.35	12.17	13.30	14.43	15.26	15.56	15.26	14.43	13.30

水深/m	温　度/℃											
	1月	2月	3月	4月	5月	6月	7月	8月	9月	10月	11月	12月
40	11.173	10.57	10.21	10.18	10.49	11.05	11.73	12.33	12.69	12.72	12.41	11.85
50	9.926	9.54	9.24	9.11	9.17	9.42	9.78	10.17	10.47	10.60	10.54	10.29
≥60	8.653	8.43	8.22	8.08	8.05	8.14	8.31	8.53	8.74	8.88	8.91	8.83

3　计算原理、方法和程序

3.1　稳定温度场有限元计算公式

根据热传导理论，稳定温度场的计算公式为

$$\sum\left\{\iiint[B_t]^T[B_t]\mathrm{d}v+\iint\frac{\beta}{\lambda}[N]^T[N]\mathrm{d}s\right\}\{T\}^e$$
$$=\iint\frac{\beta}{\lambda}T_a[N]^T\mathrm{d}s \tag{3}$$

$$[B_t]=\begin{bmatrix}\dfrac{\partial N_1}{\partial x}&\dfrac{\partial N_2}{\partial x}&\cdots&\dfrac{\partial N_8}{\partial x}\\[2mm]\dfrac{\partial N_1}{\partial y}&\dfrac{\partial N_2}{\partial y}&\cdots&\dfrac{\partial N_8}{\partial y}\\[2mm]\dfrac{\partial N_1}{\partial z}&\dfrac{\partial N_2}{\partial z}&\cdots&\dfrac{\partial N_8}{\partial z}\end{bmatrix} \tag{4}$$

式中：$[B_t]$ 为形函数矩阵的导数矩阵；$[N]$ 为三维空间有限元的形函数矩阵；T_a 为气温，℃；β 为表面放热系数；λ 为导热系数。

3.2　非稳定温度场有限元计算公式

根据热传导理论，非稳定温度场的计算公式为

$$\left(\frac{2}{3}[H]+\frac{1}{\Delta\tau}[C]\right)\{T\}_1=\left(\frac{1}{3}\{P\}_0+\frac{2}{3}\{P\}_1\right)$$

$$-\left(\frac{1}{3}[H]-\frac{1}{\Delta\tau}[C]\right)\{T\}_0 \tag{5}$$

$$\{T\}_0=\{T(\tau_0)\},\ \{T\}_1=\{T(\tau_0+\Delta t)\} \tag{6}$$

$$\{P\}_0=\{P(\tau_0)\},\ \{P\}_1=\{P(\tau_0+\Delta\tau)\} \tag{7}$$

$$[H]=\sum_e\left\{\iiint_R[B_t]^T[B_t]\mathrm{d}v+\frac{\beta}{\lambda}\iint_s[N]^T[N]\mathrm{d}s\right\} \tag{8}$$

$$[C]=\sum_e\frac{1}{a}\iiint_R[N]^T[N]\mathrm{d}v \tag{9}$$

$$\{P\}=\sum_e\left\{\iiint_R\frac{1}{a}[N]^T\frac{\partial\theta}{\partial\tau}\mathrm{d}v+\frac{\beta T_a}{\lambda}\iint_s[N]^T\mathrm{d}s\right\} \tag{10}$$

式中：$[H]$ 为传导矩阵；C 为三维空间边界；P 为节点荷载，kN；T 为温度，℃；τ 为时间，d；β 为表面放热系数；λ 为导热系数。

当 $\tau_0=0$ 时，初始条件与边界可能不协调，因而在第一个 $\Delta\tau$ 时段内，不能使用加权余量法，而应采用直接差分法。

$$\frac{\partial T}{\partial\tau}=\frac{\{T\}_1-\{T\}_0}{\Delta\tau} \tag{11}$$

3.3　计算程序

运用 ANSYS 软件，采用八结点三维实体单元、接触单元对坝体、岩体整体进行三维有限元计算分析。模型中，坝体结构、围岩结构均按弹塑性计算。温控计算模型单元如图1所示。

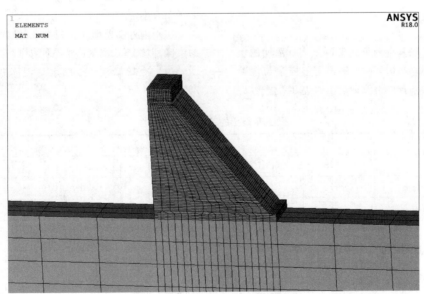

图1　温控计算模型单元图

4 坝体的准稳定温度场

4.1 边界条件

枢纽工程总库容为 1.701 亿 m³，多年平均天然径流量为 1.24 亿 m³，最大水深为 60m，水温沿水深变化平缓，水库水温垂直分布见表 5。

表 5 水库水温垂直分布表

水深/m	年平均水温/℃	水深/m	年平均水温/℃
0	20.86	40	11.45
10	17.96	50	9.85
20	15.46	≥60	8.48
30	13.30		

计算稳定温度场时，基岩的温度取 14℃。

4.2 计算结果

在坝体上游正常蓄水位且下游有对应水位的情况下，根据年平均气温得出稳定温度场计算结果见表 6，坝体稳定温度场云图及等值线图如图 2 所示。

表 6 坝体稳定温度场计算结果

距离基础面高度 h	稳定温度场沿上、下游温度范围/℃
0~0.2L（强约束区）	7.14~18.20
0.2L~0.4L（弱约束区）	10.30~18.20
>0.4L（非约束区）	11.88~19.78

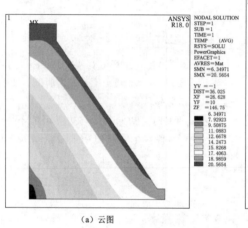

（a）云图

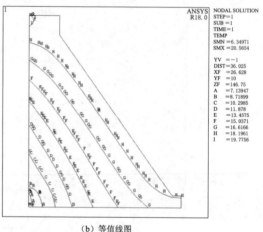

（b）等值线图

图 2 正常蓄水位情况下坝体稳定温度场云图及等值线图

5 温控制标准

5.1 混凝土温度控制

（1）基础温差。当基础约束区混凝土 28d 龄期的极限拉伸值不小于 $0.85×10^{-4}$ 时，基岩变形模量与混凝土弹性模量相近，薄层连续升高时，其坝基混凝土容许温差宜选用表 7 中规定的数值。

（2）在间歇期大于 28d 的老混凝土面上继续浇筑时，新老混凝土接合面在 1/4L 范围内按照平均温差不大于 14℃ 控制。

（3）内外温差碾压。强约束区以内按 13℃ 控制；强约束区外按 15℃ 控制；常态区按 17℃ 控制。

（4）冷却温差。冷却水与坝体混凝土温差控制在 25℃ 以内。

表 7 碾压混凝土的基础容许温差

距离基础面高度 h	容 许 误 差/℃				
	L<17m	17m≤L<20m	20m≤L<30m	30m≤L<40m	L≥40m（至通仓）
0~0.2L（强约束区）	25~26	22~25	19~22	16~19	14~16
0.2L~0.4L（弱约束区）	26~27	27~25	25~22	22~19	19~17

5.2 混凝土温度应力控制

以混凝土的抗裂能力 $[\sigma]$ 作为混凝土温度控制的标准，其计算公式为

$$[\sigma] = \frac{\varepsilon E}{K_f} \quad (12)$$

式中：$[\sigma]$ 为各种温差产生的温度应力之和，MPa；ε 为混凝土极限拉伸值，重要工程须通过试验确定，一般工程可取 $0.7×10^{-4}$~$1.0×10^{-4}$；E 为混凝土弹性模量

的标准值，GPa；K_f 为安全系数，一般取 1.5~2.0。

根据公式（12），混凝土允许温度应力 90d 龄期计算结果为 1.792MPa。

6 坝体不稳定温度场及温度应力

6.1 不稳定温度场

经计算，坝体内部最高温度强约束区为 22.81℃，弱约束区为 27.40℃，约束区以外为 31.99℃。坝体强约束区、弱约束区及非约束区最高温度包络图如图 3 所示。坝体强约束区、弱约束区、非约束区最高温度范围值、计算温差与规范容许温差对比见表 8。

表 8　坝体强约束区、弱约束区、非约束区最高温度
范围值、计算温差与规范容许温差对比表

距离基础面高度 h	最高温度包络图沿上、下游温度范围/℃	计算温差/℃	规范容许温差/℃
0~0.2L（强约束区）	18.99~25.11	1.17~15.43	13
0.2L~0.4L（弱约束区）	22.05~25.11	5.25~15.43	15

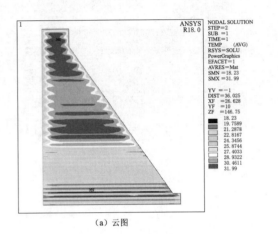

（a）云图

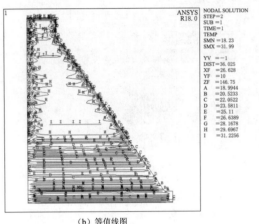

（b）等值线图

图 3　坝体强约束区、弱约束区及非约束区最高温度包络图

6.2 温度应力

经计算，坝体施工期的最大拉应力为 2.84MPa，远大于允许拉应力 1.792MPa，其中坝体靠近坝顶局部区域及约束区上游坝面有局部区域拉应力较大；坝体内部最大拉应力值范围为 0.16~1.10MPa。坝体最大主应力包络图如图 4 所示。

7 温控措施

碾压混凝土坝全年均为施工期，4 月底前大坝浇筑至 123.00m 高程，5—8 度汛停工，转年 9 月继续浇筑大坝，这种施工方法及高温的气候条件，更增加了碾压混凝土坝温控与防裂的难度。根据上述分析成果，确定以下五点温控措施：

（1）控制混凝土浇筑温度，具体要求为：自然入仓，温度取 17℃，铺在强约束区与弱约束区的设置冷却水管，水管长度为 200m，水管外径为 32mm、内径为 28mm，材质为聚乙烯，管内流量取 1m³/h，结合工程项目所处地理位置，本计算拟用的冷却水温恒定为 11℃（表 9）。

（2）在满足混凝土设计强度的前提下，优化混凝土配合比，减少发热量，降低混凝土水化热绝热温升。

（3）为节省温控费用，需合理安排施工进度。施工面积大的混凝土尽量安排在一天的低温时段浇筑。

表 9　　　　　　　混凝土各月浇筑温度及冷却水温表

气温/温度		月　份											
		1	2	3	4	5	6	7	8	9	10	11	12
月平均气温/℃		5.4	7.7	11.3	17.4	22.2	25.6	28.7	28	24.2	18.8	12.8	7.4
月浇筑温度/℃	1 区	17	17	17	17	17	17	17	17	17	17	17	17
	2 区	17	17	17	17	17	17	17	17	17	17	17	17
	3 区	17	17	17	17	17	17	17	17	17	17	17	17

气温/温度		月　份											
		1	2	3	4	5	6	7	8	9	10	11	12
冷却水温度/℃	1区	河水温度	河水温度	河水温度	11	11	11	11	11	11	11	11	河水温度
	2区	河水温度	河水温度	河水温度	11	11	11	11	11	11	11	11	河水温度
	3区	河水温度	河水温度	河水温度	11	11	11	11	11	11	11	11	河水温度

注　1区—基础强约束区，2区—基础弱约束区，3区—基础约束区外。

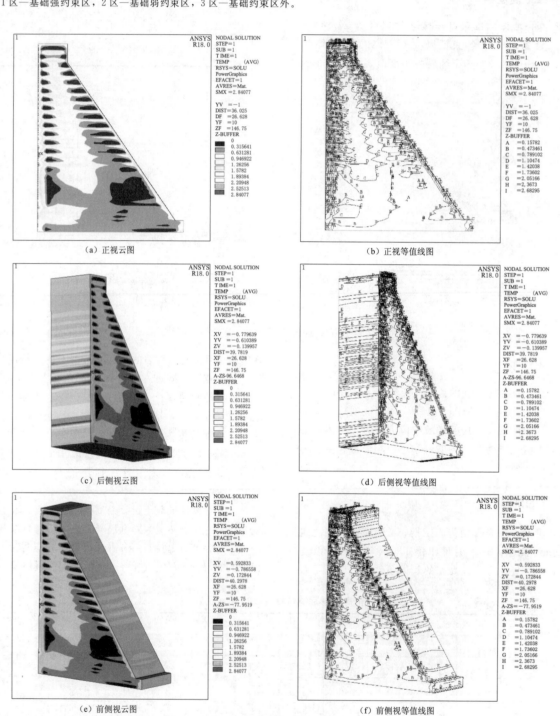

（a）正视云图　　　　　　　（b）正视等值线图

（c）后侧视云图　　　　　　（d）后侧视等值线图

（e）前侧视云图　　　　　　（f）前侧视等值线图

图 4　坝体最大主应力包络图

（4）上游坝面局部区域拉应力较大，超过允许拉应力值，通过配顺坡向钢筋解决拉应力超出混凝土允许最大拉应力的问题。

（5）大坝温差过大季节保护措施。由于冬季寒冷，夏季炎热，为防止内外温差过大，本计算仓面铺设2cm厚聚苯乙烯卷被或者等效放热系数为403.2kJ/(m²·d·℃)的隔温材料，以降低仓面与空气的对流。高温季节浇筑的混凝土表面采取仓面喷雾或者流水养护措施，使与混凝土对流的空气温度降低，在防止外界气温倒灌的同时利用喷雾降温，并且在施工工程中对上下游区域使用保温板或者等效放热系数为201.6kJ/(m²·d·℃)的隔温材料。

8 施工期温控效果

本工程在大坝浇筑施工过程中采取温控措施后，绝大部分区域最大温度应力为0.14～1.13MPa，小于混凝土允许拉应力1.792MPa，满足规范要求。靠近上游局部小范围区域稍微超过容许温差，通过配顺坡向钢筋解决拉应力超出混凝土允许最大拉应力的问题。

本工程在铺设冷水管的基础上（强约束区与弱约束区设置冷却水管，水管长度为200m，水管外径为32mm、内径为28mm，材质为聚乙烯水，管内流量取1m³/h，结合工程项目所处地理位置，本计算拟用的冷却水温恒定为11℃），在高温季节浇筑的混凝土表面采取仓面喷雾或者流水养护措施，使之与混凝土对流的空气大于25℃时降低6.5℃，15～25℃时降低5℃，10～15℃时降低3℃。

9 结语

根据施工期温度场及温度应力三维仿真模拟计算结果分析，在大坝浇筑施工过程中采取温控措施后，绝大部分区域最大温度应力为0.14～1.13MPa，小于混凝土允许拉应力1.792MPa，满足规范要求；上游坝面局部区域拉应力较大，超过允许拉应力值，通过配顺坡向钢筋解决拉应力超出混凝土允许最大拉应力的问题，因此按照以上计算结果，采取以上温控措施是可行的。本工程处于炎热地区，施工全年可行，在温差较大的冬季和夏季的温控保护尤为重要，为类似地区碾压混凝土坝的施工温控设计提供了宝贵经验。

参考文献

[1] 黄自瑾，王景海，杨秀兰. 碾压式混凝土坝施工法[M]. 西安：西北工业大学出版社，1991.
[2] 朱伯芳. 大体积混凝土温度应力与温度控制[M]. 北京：中国水利水电出版社，2012.
[3] 朱伯芳. 有限单元法原理与应用[M]. 北京：中国水利水电出版社，1998.
[4] 王立成，马妹英，夏永达，等. 戈兰滩碾压混凝土重力坝温控设计[J]. 水利水电工程设计，2008，27（3）：1-3，7.
[5] 王立成，王峰山，李梅，等. 戈兰滩水电站坝体混凝土浇筑温度设计[J]. 云南水力发电，2008，24（Z1）：53-56.
[6] 黄世涛，郭丽朋，朱强，等. 欧田水电站浆砌石主坝三维有限元分析[J]. 浙江水利水电学院学报，2015，27（4）：9-12.
[7] 杨树涛，凌刚. 防止大体积混凝土裂缝措施及其工程应用. 浙江水利水电学院学报，2010，22（2）：18-21.
[8] 郭之章，傅华. 水工建筑物的温度控制[M]. 北京：水利电力出版社，1990.

审稿人：胡建伟

沥青心墙摊铺机研制及工程应用

马　陈/中国水电建设集团十五工程局有限公司

【摘　要】 国内沥青心墙摊铺机尚无专业生产厂家和定型产品，与国外相比仍存在许多差距。2021年，中国水电建设集团十五工程局有限公司立项开展沥青摊铺机研制工作，在总结国内外沥青心墙摊铺机经验和教训的基础上，成功研制的沥青心墙摊铺机在重庆某项目进行摊铺性能试验，经进一步改进完善，在重庆巫山某水库项目进行了工程应用，设备满足各项设计要求，试验研制取得了成功，可为类似工程提供借鉴。

【关键词】 沥青心墙　摊铺机　试验研制　工程应用

1 引言

20世纪80年代以来，沥青混凝土心墙坝由于防渗性能优越、适应变形能力强、施工便捷等众多优点而在我国得到了广泛的推广和应用。沥青混凝土心墙摊铺机是沥青心墙坝机械化施工的关键设备，最早由德国研制成功并得到应用。我国早期的个别重点项目进口了沥青心墙摊铺机专用设备，例如三峡茅坪溪防护大坝沥青混凝土心墙施工选用了挪威顾问集团制造的摊铺机。进口设备成本、配件运行成本费用较高，加大了施工成本，因此在国内并未得到推广，同期国内某大学研制了小型简易的水工沥青混凝土心墙摊铺机，由于市场需求较小，也仅以自用为主。目前国内市场上尚无沥青混凝土心墙摊铺机定型产品销售，沥青混凝土心墙坝使用的沥青混凝土心墙摊铺机大多为施工企业由公路摊铺机改造而成，虽然基本满足沥青混凝土心墙摊铺施工，但是设备专业性较差，尚存在一些技术瓶颈。

与国外沥青心墙摊铺设备相比，国内设备仍存在诸多问题：①施工专业性较差，大部分由公路摊铺机改造而成，而公路摊铺机与心墙摊铺机从结构上差异较大，改造后的摊铺机往往存在主机无法完全适应现场工况、结构布置不平衡等缺陷；②部分简易设备结构简单，加工相对粗糙，仅能满足基本需求，如摊铺宽度大多不能实现无级调整，需现场人工更换滑模，增加了施工工序；③设备功能较为单一，据现场考察发现，设备大多

未配备料斗保温装置、沥青红外加热装置等辅助类设备，辅助类设备的缺失虽不影响摊铺功能，但增大了现场劳动强度和心墙质量隐患。

为此，中国水电建设集团十五工程局有限公司根据工程需要，立项研发沥青心墙摊铺机。

2 沥青心墙摊铺机研制

2.1 摊铺机研制总体情况

中国水电建设集团十五工程局有限公司是国内水利水电行业沥青心墙坝施工的领军企业，在国内外已累计承建沥青心墙坝近50座，目前尚有近10座在建。通过丰富的项目实践，中国水电建设集团十五工程局有限公司总结积累了沥青心墙施工的一系列经验和教训。目前国内沥青混凝土心墙摊铺机专用设备的缺失是制约碾压式沥青心墙坝技术快速发展的瓶颈之一。中国水电建设集团十五工程局有限公司以问题和需求为导向，既为解决自身的需求，也计划为市场提供定型成熟的产品，在充分市场调研的基础上，与国内相关专家咨询，发挥企业自身具有水工专用设备研制及制造的优势，立项开展了沥青心墙摊铺机研制工作。

2021年6月，完成沥青心墙摊铺机研制工作大纲和一系列前期技术准备工作，同年12月完成了设计总图；2022年12月，按计划完成了样机试制和厂内系列摊铺试验；2023年2月，在重庆渝西某沥青心墙坝项目进行

了现场摊铺作业试验,试验结果表面沥青心墙摊铺机性能良好,各项技术参数满足设计要求。

研制成功的沥青心墙摊铺机可实现上一层沥青混凝土加热、沥青混合料的摊铺和初碾、过渡料的摊铺找平等一系列工序同步进行。设备主要由履带式台车、沥青混凝土仓、过渡料仓、螺旋输送机、振动滑模、层面加热器、驾驶室及控制系统等组成,驾驶室和发动机布置在设备的前端,沥青混凝土仓布置在设备的中间,过渡料仓布置在整机的后端,整个设备结构紧凑、布置合理,保证了设备的高效运行和成本控制,是专业化、自动化程度较高的沥青混凝土心墙摊铺专用机械。沥青混凝土心墙摊铺机结构如图1所示。

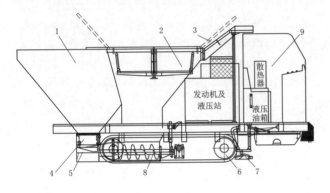

图1 沥青混凝土心墙摊铺机结构图

1—过渡料仓;2—沥青混凝土仓;3—沥青盖板;4—过渡料成型仓;
5—振动滑模;6—履带式台车;7—层面加热器;
8—螺旋输送机;9—驾驶室

2.2 沥青心墙摊铺机各部分设计要点

(1)过渡料仓主要用来放置过渡料,有一个进料口、两个对称布置的出料口及一个分流板,过渡料仓容积为4.5m³。

(2)沥青混凝土仓主要由前后挡板以及两侧板焊接而成,料斗上部开口大、下部开口小,沥青混凝土仓容积为2.6m³。

(3)沥青盖板由两块布置有槽钢加强筋的钢板组成,其中一块位于沥青料口与过渡料料口重合的部位,一块位于沥青料斗后侧,盖板的开合主要由左右对称的两套液压缸的同步伸缩以及在料口两边的两个转动轴来实现。沥青盖板可以对沥青料斗中的沥青料保温,可以防止过渡料添加时激起的灰尘或者过渡料砂石的进入,在盖板打开时可以有效增大沥青料料口的宽度,方便使用装载机添加新料。

(4)过渡料成型仓主要由顶部连接板、后挡板、前挡板、前部滑动挡板、油缸连接座、后部滑动刮平板、侧板以及振动压实机构成。其中顶部连接板与摊铺机底盘连接,后挡板、前挡板以及两侧的侧板形成一个固定宽度的成型空间,配合前部滑动挡板和后部滑动刮平板,可以对过渡料的摊铺高度进行调节,同时可以避免过渡料滚入前部未摊铺的沥青表面上。将摊铺后的过渡料通过振动器压实,避免其滚入或者坍塌后流到沥青表面。

(5)振动滑模主要由激振器、顶模、侧模和稳定模组成,是沥青混凝土心墙摊铺成型的关键部件,能够将沥青混合料初步夯实并成型。振动滑模中,顶模和侧模的相对位置可以调整,通过调节液压油缸来改变两侧模之间的宽度,使沥青混凝土心墙的摊铺宽度可变。隔振系统选用硬质橡胶隔振,无导电风险,其紧贴放置在激振器两侧,防止振动向外传播程度过大而影响其他部件,从而导致摊铺机整体振动过大,影响平整度。振动滑模结构如图2所示。

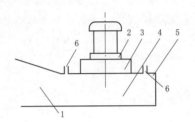

图2 振动滑模结构图

1—喂料口;2—激振器;3—顶模;4—左右侧模;
5—稳定模;6—高弹耐热橡胶隔振系统

(6)履带式台车主要由履带、车身、发动机、液压电控系统、驾驶舱等组成,是心墙摊铺机的主体部分。履带式行走装置可增强驱动力,提高摊铺机稳定性,采用柴油发动机组作为动力,经计算后选用WP4.1G125E440发动机,整机功率为92kW。车身是摊铺机的基础,为整体式车架,所有的部件都安装其上。

(7)层面加热器的主要作用是在摊铺新一层心墙时,将前一层的表面加热到70~90℃,保证新、老层间结合牢固。摊铺机采用红外加热器系统,可防止温度过高,引起表面沥青老化,由结构部分和加热系统组成。其中结构部分包括提升液压油缸、横杆、钢丝绳、红外加热器安装支座;加热系统主要包括变压器、线路、加热器、温度传感器。

(8)螺旋输送机的主要功能是将堆积于料斗中的沥青混凝土通过螺旋输送至振动滑模。螺旋输送机由马达、螺旋叶片、螺旋轴组成,采用液压驱动,在料位控制系统的配合下,可根据现场的摊铺厚度、摊铺宽度以及摊铺速度,控制螺旋输送机的运行速率以达到最佳摊铺效果。

2.3 研制的沥青心墙摊铺机主要技术参数

研制的沥青心墙摊铺机主要技术参数见表1。

表1　研制的沥青心墙摊铺机主要技术参数

| 型号 | 摊铺厚度/mm | 摊铺宽度/mm | | 工作速度/(m/min) | 行驶速度/(m/h) | 料斗容量/m³ | | 发动机功率/kW | 整机质量/t |
		沥青料	过渡料			沥青料斗	过渡料斗		
LXT-30	300	600~1000 (无极可调)	1150	1~3	840	2.6	4.5	92	7.3

3 摊铺机现场性能试验

2022年12月，研制组对调试安装好的沥青心墙摊铺机进行了厂内试验，设备行走、各系统控制、料斗上料和出料、过渡料的摊铺成型及振动压实等性能均达到设计要求。在厂内试验成功的基础上，2023年2月，在重庆渝西某项目现场进行了摊铺作业性能现场试验。试验采用的摊铺工艺主要包括测量放线（画中线）、沥青混合料和过渡料卸入摊铺机、摊铺机摊铺、过渡料补填、碾压等。

试验摊铺宽度依次为1000mm、800mm、600mm，摊铺前，清理、清扫试验现场，保证试验场地清洁、干燥，用经纬仪标出中心轴线，划线定位。摊铺机就位后，操作手通过摊铺机前的摄像机和驾驶室内的监视器，将摊铺机对准中心线，下降摊铺机滑动模板。采用自卸汽车运输过渡料至试验现场，用挖掘机将过渡料装

入摊铺机过渡料斗。采用装载机将沥青混合料运输至试验现场，测量温度，宜为140~165℃，满足温度要求后，卸入摊铺机沥青料斗。摊铺机以2.5m/min速度匀速行驶，摊铺完成后，在摊铺段均匀选取3个点，铲除30cm宽的过渡料，观察沥青混合料摊铺质量，测量其宽度、高度，并做记录。数据测量记录后，用帆布覆盖，覆盖宽度应超出沥青料两侧各30cm。摊铺机宽度以外的过渡料由挖掘机堆铺、摊平。沥青混合料碾压采用1.0~1.5t振动碾，过渡层碾压采用2.0~2.5t振动碾，3台振动碾呈"品"字形排列碾压，碾压速度为20~35m/min。碾压时，先静压两遍，再振动碾压，最后静压收光。碾压时用核子密度仪检测沥青混凝土表面密度，确定密度值是否满足设计要求，不满足时继续碾压直至合格。碾压完成后，在摊铺段均匀选取3个点，挖除30cm×30cm的过渡料，观察沥青混凝土摊铺质量，测量其宽度、高度现场试验数据见表2，现场摊铺试验如图3所示。

表2　现场试验数据表　　　　　　　　　　　　　　　　　　　　单位：mm

| 试验环节 | | 摊铺宽度 | | | | | | | | |
| | | 1000 | | | 800 | | | 600 | | |
		测点1	测点2	测点3	测点1	测点2	测点3	测点1	测点2	测点3
摊铺完成后	宽度	1000	1000	1000	800	800	800	600	600	600
	高度	300	300	300	300	300	300	300	300	300
碾压完成后	宽度	1090	1080	1087	846	854	839	624	636	628
	高度	266	268	267	264	258	266	269	260	265

图3　现场摊铺试验

根据试验结果可知，该摊铺机在 2m/min 行驶速度下，摊铺 1000mm、800mm、600mm 宽沥青混凝土时，沥青心墙摊铺质量符合设计要求。

4 摊铺机工程应用

2023 年 3 月，该型号心墙摊铺机在重庆巫山某水库枢纽工程项目进行了工程应用。该水库枢纽工程主要由大坝、溢洪道、取水建筑物、生态放水及放空建筑物、上坝公路组成。大坝挡水建筑物为沥青混凝土心墙坝，沥青混凝土心墙中心线位于坝轴线上游 1.70m，心墙底部最低高程为 1022.00m，顶部高程为 1119.70m，最大高度为 97.70m。心墙顶部宽度为 0.60m，底部宽度为 1.20m，距基座 3m 范围内心墙局部加厚逐渐至 3.0m。沥青心墙上、下游设置有水平宽度为 3.0m 的过渡层。

沥青混凝土心墙顶部同 L 形混凝土防浪墙相接，底部与混凝土基座连接，混凝土基座布置在弱风化岩层的中、下部，基座内灌浆廊道净空为 3.0m×3.5m（宽×高）。

该心墙摊铺机经现场摊铺工艺试验确定，各项技术指标均满足设计要求。此后，投入沥青心墙摊铺施工，施工过程顺利，按计划高质量完成沥青混凝土心墙摊铺作业（图 4）。对摊铺机摊铺的心墙进行工程检验，心墙每升高 2~4m 钻取芯样一组，进行密度、孔隙率、沥青含量和矿料级配等验证性检验，并检查层间结合情况，共进行了 13 组小芯样检测，小芯样检测结果见表 3。心墙每升高 10~12m 钻孔取芯，进行三轴、小梁弯曲等力学性能试验，共进行了 4 组大芯样检测，大芯样检测结果见表 4。通过摊铺作业及工程检验情况可知，该设备性能稳定，自动化程度高，提高了心墙摊铺质量，加快了沥青心墙施工速度。

图 4 沥青混凝土摊铺机作业图

表 3 小 芯 样 检 测 结 果

项 目		规范或设计要求	实测平均值	实测最大值	实测最小值
沥青混凝土测性能	密度/(g/cm³)	≈2.4	2.44	2.45	2.43
	孔隙率/%	<3	1.6	1.8	1.2
	层间结合情况	无气泡，层与层之间的冷热结合牢固，无法用肉眼分辨			

表 4 大 芯 样 检 测 结 果

项 目			规范或设计要求	实测平均值	实测最大值	实测最小值
沥青混凝土测性能	最大密度/(g/cm³)		≈2.4	2.475	2.487	2.468
	小梁弯曲试验（13℃）	抗弯强度/MPa		0.85	1.38	0.56
		抗弯强度对应的应变/%	>0.8	4.93	5.92	4.34
		挠跨比		4.11	3.58	5.04
	水稳定试验	水稳定系数	>0.8	1.03	1.01	1.04
	渗透试验	渗透系数/(cm/s)	<1.0×10⁻⁸	8.30×10⁻⁹	8.53×10⁻⁹	8.11×10⁻⁹
	静三轴试验（13℃）	模量数 K	200~400	292.71	301.79	256.86
		模量指数 n		0.285	0.29	0.27
		内摩擦角 $\phi/(°)$	>26	27.47	28.15	26.22
		黏结力 C/MPa	>0.25	0.265	0.28	0.26
		破坏力 R_f		0.77	0.83	0.72
		E-B 模型 K_b		1263.59	1269.99	1256.61
		m		0.37	0.39	0.36

5 结语

经过工程应用实践，LXT-30型摊铺机能够实现上一层沥青混凝土加热、沥青混合料的摊铺和初碾、过渡料的摊铺找平同时进行，通过滑模自动调节装置能够实现沥青心墙渐变段施工，提高了施工质量。经统计，相较于人工摊铺，每立方米沥青混凝土摊铺成本降低了约7%，施工进度缩短了约20%。LXT-30型摊铺机推广应用具有广阔前景。

LXT-30型摊铺机已在重庆巫山某水库枢纽工程项目成功应用，下一步将就沥青心墙两端扩大段部分机械摊铺、自行走自动化控制、层面清洁等方面进行进一步的研究改进，不断更新摊铺机功能，使之更加成熟，以便将沥青混凝土心墙摊铺机推广应用于更多沥青心墙坝施工中。

参考文献

[1] 谭毅源，李应科. 沥青混凝土心墙坝设计综述 [J]. 云南水力发电，2015，31（3）：32-34.

[2] 余梁蜀，吴利言，廖伟丽. 沥青混凝土心墙摊铺机发展综述 [J]. 陕西水力发电，1998（1）：29-32.

[3] 李江，柳莹. 新疆山区水库电站建设与"四新"技术的应用实践 [C]//中国大坝工程学会. 中国大坝工程学会2018学术年会论文集. 郑州：黄河水利出版社，2018：201-210.

[4] 蒋涛，陈晓华. 冶勒沥青混凝土心墙坝施工技术——沥青混凝土摊铺设备研制及应用 [C]//中国水利学会，中国大坝学会. 第一届堆石坝国际研讨会论文集，2009：424-428.

[5] 余梁蜀，吴利言，郝巨涛. 我国沥青混凝土心墙摊铺机开发及工程应用 [J]. 水利电力机械，2003，25（3）：14-18.

[6] 中华人民共和国水利部. 水工沥青混凝土施工规范：SL 514—2013 [S]. 北京：中国水利水电出版社，2013.

浅析混凝土抗裂性能指标及评价体系

于建博/中国电力建设股份有限公司

【摘　要】 混凝土作为现今工程中使用最多的重要建筑材料，其开裂问题一直受到广泛关注。开裂现象一旦发生，其外观的整体性会受到影响，严重的甚至会威胁到工程安全。本文通过对目前工程上运用较为广泛的混凝土抗裂性能指标进行调研，分析其各自的优缺点以及侧重方向，提出并展望了适用于实际工程的混凝土抗裂性能指标评价体系。

【关键词】 混凝土　抗裂性能　评价指标　评价体系

1　概述

混凝土作为最常见的建筑材料，其使用量在工程界占有绝对的地位，在道路桥梁、水利水电和房屋住宅等领域都得到了广泛的运用，是当今世界上最为重要的一类建筑材料。但混凝土工程也会面临着侵蚀和老化等问题，最为常见的表现形式为混凝土建筑物开裂，从而产生裂缝。针对已产生裂缝的混凝土结构，必须对其进行安全性评估和修补加固，否则放任裂缝发展，很可能产生严重的安全问题。在研究混凝土抗裂性能指标及评价体系的过程中，最初的研究人员选择运用单项抗裂性能指标，例如极限拉伸值、绝热温升和干燥收缩等，对混凝土的抗裂性能进行评价；现在逐渐发展为同时基于多项指标对混凝土抗裂性能进行综合评价，例如抗裂指数、热强比和抗裂变形指数等。但是目前有两个问题广泛存在于混凝土抗裂性能指标及评价体系中：①大部分抗裂性能指标的物理意义不够明确，推导过程也不够严谨，物理逻辑性比较跳跃；②在对混凝土某一方面的抗裂性能进行评价时，运用不同的抗裂性能指标得到的结论可能存在较大差异，甚至完全相反。

本文针对上述两个主要问题，对目前工程领域常用的混凝土抗裂性能指标评价体系进行归纳总结和对比分析，并对一种具有广泛适应性、综合全面性的混凝土抗裂性能指标评价体系进行探索和展望。

2　抗裂性能指标研究现状

引起混凝土开裂的因素有很多，研究人员针对混凝土的物理化学性能、工作环境、设计要求和质量监测等方面综合考虑，对其抗裂性能评价指标做了大量研究，这些抗裂指标大致可以分为四类：物理力学性能指标、体积稳定性指标、温度控制指标以及综合性能指标。以下对这四类指标的概念定义、侧重方向和优缺点进行研究分析。

2.1　物理力学抗裂性能评价指标

2.1.1　极限拉伸值

混凝土在承受轴心拉力时，发生断裂前的最大拉伸应变被称为极限拉伸值，它是用来评价混凝土抗裂性能的重要指标，极限拉伸值越高，混凝土抗裂性能也越强。

但在实际进行拉伸试验时，存在试件对中困难和缺少统一标准的测试方法等问题，并且混凝土的极限拉伸值随龄期和强度的发展有较大的变化，采用不同公式计算的极限拉伸值也存在一定离散性。因此极限拉伸值这一指标在理论和实验两方面都存在一定的争论。混凝土抗裂性能还与水化热、徐变等因素有关，不能光靠极限拉伸值这单一指标来评价。

2.1.2　弹强比

在相同龄期条件下，混凝土的弹性模量与抗压强度之比称为弹强比。计算弹强比所需的数据参数在工程中获取比较方便，因此其成为目前混凝土抗裂性能评价中应用最为普遍的评价指标。按照一般强度准则，受约束的混凝土在收缩时会产生拉应力，当混凝土拉应力超过其极限抗拉强度时，混凝土就会开裂。通常情况下，混凝土的抗拉强度与抗压强度呈正相关关系，弹强比反映混凝土发生单位变形量时产生的应力与混凝土抗压强度的比值，通常情况下弹强比越小，对应的抗裂性能越强。

采用弹强比对混凝土抗裂性能进行评价受到了很多人的认可，但也存在许多缺陷：①通常情况下混凝土的抗拉强度与抗压强度成正比，但两者只存在定性的正相关关系，并无定量的比例关系，决定混凝土开裂临界应力的仍然是抗拉强度；②混凝土是由各种骨料、掺和料和胶凝材料等按比例混合的综合体，即使强度相同的混凝土，由于原材料存在差异，其抗裂性能也不尽相同；③类似极限拉伸值，弹强比也未考虑水化热、徐变等致裂因素，不能综合反映混凝土的抗裂性能。

2.1.3 抗拉韧性

抗拉韧性是指混凝土在受到拉伸的过程中所得到的拉伸应力-应变曲线与坐标轴所围成的面积，该曲线反映了混凝土拉伸过程中的线弹性阶段、非弹性阶段、下降软化阶段和裂缝贯通断裂阶段。曲线所围成的面积越大，反映的混凝土具有的抗拉强度和变形能力越大，也证明了混凝土具有较好的抗裂性能。

抗拉韧性作为抗裂性能评价指标时，综合考虑了混凝土的抗拉性能和变形能力，对于混凝土的抗裂性能能够较为全面地反映。但针对其如何表示材料的韧性、如何进行测量和如何进行定量计算等，各方的具体说法并不一致，没有形成统一的标准。

2.2 体积稳定性抗裂性能评价指标

在李光伟的研究中，混凝土本身在承载正常的荷载时，由于自生体积变形的作用而产生了额外的应力，影响了混凝土的内部结构，从而削弱了混凝土的实际承载能力，进而产生了裂缝，由此提出了混凝土抗裂变形指数 B，以体积变形稳定性为主导因素，综合物理力学和热学等多方面因素对混凝土抗裂性能进行综合评定。通常来说，抗裂变形指数 B 越大，混凝土抗裂性能越强，其计算公式为

$$\begin{cases} B = \dfrac{\varepsilon_f}{\varepsilon_0} \\ \varepsilon_f = f_t(1/E + \varepsilon_x), \ \varepsilon_0 = T\alpha - \varepsilon_c \end{cases} \quad (1)$$

式中：ε_f 为混凝土在正常荷载作用下的变形，10^{-6}；ε_0 为混凝土自生体积变形（包含温度变形、自收缩和干燥收缩等），10^{-6}；f_t 为混凝土抗拉强度，MPa；E 为混凝土弹性模量，MPa；ε_x 为混凝土徐变变形，10^{-6}/MPa；T 为混凝土水化温升值，℃；α 为混凝土线膨胀系数，10^{-6}/℃；ε_c 为混凝土在物理、化学等因素影响下的自生体积变形，10^{-6}。

2.3 温度控制抗裂性能评价指标

2.3.1 热强比

在同一龄期条件下，单位体积混凝土的发热量与其抗拉强度的比值称为热强比。通常情况下，热强比越小，混凝土抗裂性能越强。但热强比仅仅考虑了温度应力，而忽略了其他因素对混凝土结构的影响，并且仅局限于某一龄期，所受的制约比较大。

2.3.2 抗裂性系数

抗裂性系数 CR 是指混凝土中起止裂作用的极限拉伸值和起开裂作用的热变形值之比，其计算公式为

$$CR = \frac{\varepsilon_p}{\alpha \Delta T} \quad (2)$$

式中：ε_p 为混凝土极限拉伸值；α 为混凝土的线膨胀系数；ΔT 为混凝土的温差，℃。

抗裂性系数越大，对应的混凝土抗裂性能越强。但抗裂性系数只考虑了温度应力对抗裂性能的影响，没有考虑其他因素，因此对混凝土抗裂性能的评价存在局限性。

2.4 综合性能抗裂性能评价指标

除了上述指标，还存在很多指标可用来对混凝土抗裂性能进行评价，例如弹性模量、绝热温升、徐变、轴心抗拉强度、线膨胀系数、干燥收缩、自收缩、自生体积变形等，然而这些指标并不是相互孤立的，而是存在相互关联和制约的关系。若采用单一抗裂性能指标对混凝土工程进行评估，不能全面反映混凝土工程的真实状况，需要结合多个抗裂性指标对混凝土工程进行综合评价。

2.4.1 防裂温降

对于大体积混凝所产生的裂缝原因而言，温度变形是大坝混凝土工程产生裂缝的最重要原因。有学者提出将防裂温降［T］作为大体积混凝土抗裂性能指标，其计算公式为

$$[T] = T_7 - \frac{\varepsilon_p}{k\alpha} \quad (3)$$

式中：T_7 为7d的水化绝热温升，℃；ε_p 为极限拉伸值；k 为松弛系数；α 为混凝土线膨胀系数。

防裂温降［T］是指假定混凝土浇筑温度与稳定温度相等，且最高水化温升值与7d水化绝热温升值相等，此时大体积混凝土在完全约束的条件下，不发生裂缝所需要的最小温降值，即防裂温降越小，混凝土的抗裂性能越强。

2.4.2 抗裂指数

有研究人员将混凝土的抗拉强度、抗拉弹性模量、极限拉伸值、自生体积变形和养护条件等指标结合在一起进行综合分析，提出了混凝土的抗裂指数 K，其计算公式为

$$K = \frac{\varepsilon_p R \times 10^4}{E(\alpha A \Delta T \pm \varepsilon_p \beta \pm G)} \quad (4)$$

式中：ε_p 为混凝土的极限拉伸值，10^{-6}；R 为混凝土抗拉强度，MPa；E 为混凝土的抗拉弹性模量，MPa；α 为混凝土温度变形系数，1/℃；A 为约束影响系数，取值为 $0\sim1$；ΔT 为温差，℃；β 为养护条件系数，取值

为 $0\sim1$；G 为混凝土的自生体积收缩变形，10^{-6}。

2.4.3 抗裂安全系数

抗裂安全系数 K_f 的物理意义为：某龄期条件下混凝土的抗拉强度与总拉应力之比。其计算公式为

$$K_f = \frac{R_1}{\sigma_1 + \sigma_2 + \sigma_3} \quad (5)$$

式中：R_1 为混凝土抗拉强度，MPa；σ_1 为均匀温差引起的徐变应力，MPa；σ_2 为不均匀温差引起的徐变应力，MPa；σ_3 为自生体积变形引起的应力，MPa。

抗裂安全系数 K_f 基本上考虑了与混凝土抗裂性能相关的各种因素，将某龄期的混凝土开裂视为混凝土抗拉强度与其他因素产生的各种应力相互作用的结果，比较全面，抗裂安全系数 K_f 越大，对应该龄期的混凝土抗裂性能越强。但其计算过程比较复杂，需要进行试验测算才能得出结果，在实际工程运用中比较麻烦。

2.4.4 开裂风险系数

开裂风险系数 η 由欧洲提出，用来对混凝土的抗裂性能进行评价，其计算公式为

$$\eta = \frac{\sigma(t)}{f(t)} \quad (6)$$

式中：$\sigma(t)$ 为混凝土受到的拉应力，MPa；$f(t)$ 为混凝土的抗拉强度，MPa；t 为时间，h。

$\sigma(t)$ 表示混凝土受到的拉应力随时间变化的函数，

$f(t)$ 对应的是混凝土抗拉强度随时间变化的函数，两者的结合能够综合反映各类因素对混凝土抗裂性能的影响。其中，η 越小，混凝土抗裂性能越强。具体评价标准为：$\eta > 1$，混凝土已经开裂；$\eta = 1$，混凝土处于临界状态；$0.7 \leqslant \eta < 1$，混凝土开裂的可能性不大；$\eta < 0.7$，混凝土不太可能开裂。

国外研究人员通过对 7 组混凝土配合比进行研究得知，当混凝土试件处于 100% 约束状态下，临界开裂的开裂风险系数 η 处于 $0.76\sim0.91$ 之间，平均值为 0.8；国内学者也相应进行了 8 组类似的混凝土配合比试验研究，发现临界开裂的开裂风险系数 η 在 $0.67\sim0.82$ 之间，平均值为 0.75。在经过大量试验后，推荐采用 0.7 作为临界开裂评判标准是比较安全的。但在国内，该指标目前还很少运用到混凝土结构的抗裂性能评价中。

2.4.5 大底板混凝土抗裂评价体系

目前，针对混凝土抗裂性能的测试方法主要有自由收缩判定法、轴向约束试验法、平板式约束试验法和圆环约束试验法。有学者用这几种方法对混凝土抗裂性能进行测试，并结合王铁梦提出的工程裂缝安全度，对混凝土的抗裂性能进行综合评定，形成了一套大底板混凝土抗裂评价体系，并已成功运用到上海市青草沙泵站的抗裂性能评价中。大底板混凝土抗裂性评价体系如图 1 所示。

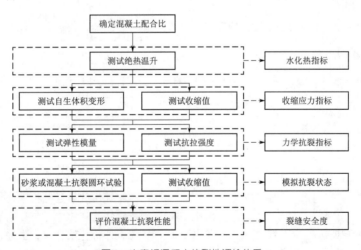

图 1 大底板混凝土抗裂性评价体系

3 抗裂性能评价体系技术路线探讨

用于评价混凝土抗裂性能的指标很多，侧重点也不尽相同，涉及的方面也很多。在进行混凝土抗裂性能评价时，可能会因为选取的指标不同，得出不同甚至完全相反的结论，例如，物理力学抗裂性能指标符合标准，但温度控制抗裂性能指标达不到要求，或者是各分项指标均良好，但综合评价指标达不到要求，这些都是有可能出现的状况。如何解决好各类抗裂指标间的制约关系，只有从混凝土的工作环境、设计要求和致裂机理等方面进行综合分析，有侧重性地向某一方面倾斜，对这方面的抗裂指标赋予更大的权重，对其进行重点分析和评价。例如，若混凝土工程处于冷热交替较多的地方，比如在东北地区修建大坝，进行抗裂性能评价的时候就应该重点放在温度控制方面；若混凝土工程处于地质构造不稳定地区，比如在云贵岩溶地区修建大桥大坝，其抗裂性能评价的重点应该是物理力学方面或体积稳定方面。权重法运用于混凝土抗裂性能评价体系的技术路线如图 2 所示。

同一混凝土工程的不同部位，由于工作环境和设计要求存在差异，裂缝产生的原因和重要程度也不尽相同。例如在大坝工程中，大坝主体（挡水建筑物）属于最为重要的优先级，在对其进行抗裂性能评价的时候，就应该从各方面对其进行综合评价，以最多、最严格的要求对其进行抗裂性能评价，而辅助交通桥、消力池和镇墩等起辅助性功能的混凝土建筑物，优先级就会下降。优先级结合权重法运用于混凝土抗裂性能评价体系的技术路线如图3所示。

无论是单个混凝土工程还是包含多个分项混凝土工程的大型混凝土建筑物，产生裂缝的原因是多个方面的，如何找到主导原因，对其影响因素的重要性进行排序，这对于一个混凝土工程抗裂性能的评价体系而言，是十分重要且必要的工作。

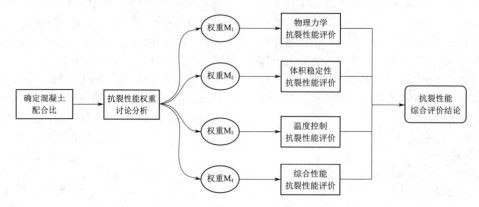

图2 权重法运用于混凝土抗裂性能评价体系的技术路线

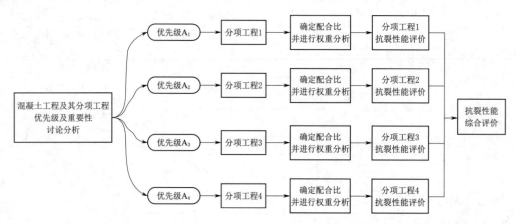

图3 优先级结合权重法运用于混凝土抗裂性能评价体系的技术路线

4 总结及展望

针对混凝土的抗裂性能进行评价，混凝土的配合比设计、施工过程中的质量监测、最终的竣工验收和后期运行期间的维护都十分重要，有许多学者从不同的方面提出了用于评价混凝土抗裂性能的指标以及方法。但由于混凝土的开裂是由多方面因素导致的，单一方面的评价指标或评价体系存在着各种不足，例如极限拉伸值、弹强比、抗裂变形系数等指标，考虑的因素比较单一，无法对混凝土各方面的抗裂性能进行综合评估；又如开裂风险系数和抗裂安全系数等指标，所需的基础数据和资料较多，且计算复杂，难以应用到实际工程中。因此，建立符合工程实际，能够综合反映混凝土抗裂性能的指标及评价体系，仍需要在工程实践中不断完善。

本文提出的通过分析主要致裂因素并赋予权重再运用到抗裂性能评价中，与根据工程设计要求和重要性进行优先级评价并结合权重法进行抗裂性能评价的技术路线，可以对下一步建立适用的混凝土抗裂性能指标及评价体系提供一定的思路和参考。

参考文献

[1] 陈波，孙伟，丁建彤. 基于温度-应力试验的混凝土抗裂性研究进展 [J]. 硅酸盐学报，2013，41（8）：1124-1133.

[2] 朱伯芳. 论混凝土坝抗裂安全系数 [J]. 水利水电技术，2005，36（7）：33-37.

[3] 刘数华，方坤河，曾力，等. 混凝土抗裂评价指标综述 [J]. 混凝土，2004（5）：32-33.

[4] 王铁梦. 工程结构裂缝控制 [M]. 北京：中国建

筑工业出版社，1997.

[5] 李光伟. 混凝土抗裂能力的评价 [J]. 水利水电科技进展，2001，21（2）：33 - 36.

[6] 李亚杰. 建筑材料 [M]. 北京：中国水利水电出版社，2001.

[7] 杨华全，周世华，董维佳. 混凝土抗裂性的分析、评价与研究展望 [J]. 混凝土，2007（10）：46 - 48，50.

[8] CHARRON J P，MARCHAND J，BISSONNETTE B，et al. Empirical models describing the behavior of concrete at early age [C] //Bentur A and Kovler K，eds. Early age cracking in cementitious systems. Cachan：RILEM Publications S. A. R. L.，2002：179 - 192.

[9] 戴镇潮. 大坝混凝土的抗裂能力及防裂措施 [J]. 人民长江，1998（2）：2 - 4，49.

[10] 方坤河，曾力，吴定燕，等. 碾压混凝土抗裂性能的研究 [J]. 水力发电. 2004，30（4）：24 - 27.

[11] 丁宝瑛，王国秉，黄淑萍. 水工混凝土结构的温度应力与温度控制研究 [J]. 水力发电学报，1984（1）：1 - 18.

[12] OLA KJELLMAN，JAN OLOFSSON. 3D structural analysis of crack risk in hardening concrete [R]. IPACS，Report BE96 - 3843，2001：53 - 2. Sweden：Lulea University of Technology，2001：14 - 15.

[13] ALTOUBAT S A，LANGE D A. Creep，shrink-age，and cracking of re - strained concrete at early age [J]. ACI materials journal，2001，98（4）：323 - 331.

[14] ALEXANDER S. Creep，shrinkage and cracking of restrained con - crete at early age 7 [J]. ACI materials journal，2002，98（4）：323 - 331.

[15] 张涛，覃维祖. 混凝土早期开裂敏感性评价 [J]. 混凝土，2005（10）：16 - 19，24.

[16] 何冬明. 混凝土抗裂性评价 [J]. 混凝土与水泥制品，2011（4）：18 - 21，24.

[17] BERNANDER S. RILEM TC 119 - TCE. Avoidance of thermal cracking in concrete at early ages [J]. Materials and structures，1997，30（8）：461 - 464.

[18] HAMMER T A，FOSSA K T，BJONTEGAARD O. Cracking tendency of HSC：tensile strength and self generated stress in the period of setting and early hardening [J]. Materials and structures，2007，40（3）：319 - 324.

[19] PERSSON B，BENTZ D，NILSSON L O. Self - desiccation and its importance in concrete technology [R]. Proceedings of the fourth international research seminar，report TVBM - 3126. Sweden：Lund Institute of Technology，2005：67 - 77.

[20] 王铁梦. 工程结构裂缝控制的综合方法 [J]. 施工技术，2000，29（5）：5 - 9.

圆形漏斗式沉砂池施工技术

曹小杰　陈雪湘/中国水利水电第十一工程局有限公司

【摘　要】　漏斗式沉砂池为一种新型沉砂池，具有分砂效果好、节约用水、经济环保的特点。尼泊尔上马相迪 A 水电站的沉砂池为直径 50m、深 10m 的漏斗式结构，这是一项首次在尼泊尔使用的新技术。本文结合该沉砂池开挖技术、混凝土施工技术研究和实施情况进行总结，为后续类似工程提供参考和借鉴。

【关键词】　圆形漏斗式　沉砂池　施工技术

1　引言

1.1　工程概况

上马相迪 A 水电站位于尼泊尔西部甘达基地区马相迪河的上游河段，是一座以发电为主的径流引水式枢纽工程。工程主要由泄水闸坝、引水系统、发电厂房和开关站等建筑物组成。

引水系统沉砂池位于引水渠末端右侧，是一个坐落在砂卵石基础上的无盖自重式圆形漏斗式沉砂池，泥沙在涡流作用下依靠自重流入排沙廊道。

沉砂池与明渠连接端设计有一个净孔为 8m×4m（宽×高）的控制闸，与引水渠控制闸并列布置，闸前段底板高差为 1m；沉砂池末端设计有一个宽度和高度均为 2m 的排沙闸。沉砂池靠近明渠侧设计有半圆区域的悬板结构，悬板宽度为 8m、厚度为 25cm，共 4 块，16 根立柱用于支撑悬挑端，铜片缝中安装止水铜片；斗室内径为 50m，室底为锥形，底坡坡度为 1∶6，漏斗底部中央设直径为 1m 的排沙底孔，排沙廊道位于漏斗底部右侧，为 2.6m×1.5m 的矩形结构，与排沙底孔相接。

沉砂池漏斗区域原始地面高程为 902.00～904.00m，底板开挖高程为 888.95m。漏斗结构边墙高程为 904.00m，漏斗底板及边墙顶宽厚度为 80cm；悬板在沉砂池左侧半圆区域高程为 900.00m，暗涵闸侧溢流堰高程为 902.00m。

圆形漏斗式沉砂池断面图如图 1 所示。

1.2　研究背景

过去解决灌溉和引水发电等沙害问题，主要采用由苏联引入的曲线型沉砂池和厢型沉砂池等排沙设施，可这些设施只能排除引水中的小部分来沙，但排沙耗水量占到引水量的 30％左右，长期使用设施维修工作量大。

新疆农业大学水利水电设计研究院的周著等发明的专利——圆形漏斗式排沙技术，利用排水漏斗技术的三维漏斗涡流特性所独有的水沙分离作用，水沙分离作用显著。

圆形漏斗式沉砂池为一种新型沉砂池，具有分沙效果好、节约用水、经济环保的特点，在我国新疆、陕西已有应用，有较广阔的应用前景。

上马相迪 A 水电站工程引水渠沉砂池是在鉴于马相迪河道年输沙量为 912 万 t、推移质含量为 211 万 t 的泥沙工况下进行设计并使用的。该沉砂池为直径 50m、深 10m 的漏斗式结构沉砂池，位于引水渠末端右侧，属于无盖自重式圆形漏斗式沉砂池，泥沙在涡流作用下依靠自重流入排沙廊道，为一项新技术应用。

沉砂池结构在国内小型水电站和农田灌浆中也有使用，圆形漏斗式结构首次使用，且在尼泊尔尚属首次。

1.3　主要运行方式

（1）根据沉砂池的设计原理，在枯水期根据河道泥沙情况关闭沉砂池控制闸，利用引水渠控制闸过水，根据正常发电水位蓄水发电。

（2）在洪水期或河道泥沙明显增多时，关闭引水渠控制闸，开启沉砂池控制闸，在排放水流夹带的泥沙的同时蓄水，当沉砂池中水位超过 900.00m 时水流入引水渠，根据正常发电水位发电。

（3）适量开度地开启沉砂池排沙闸，控制正常发电水位；当尼泊尔电网系统出现突然故障等异常现象，或引水渠水位超过 902.00m 时，多余水量通过溢流堰自然排放。

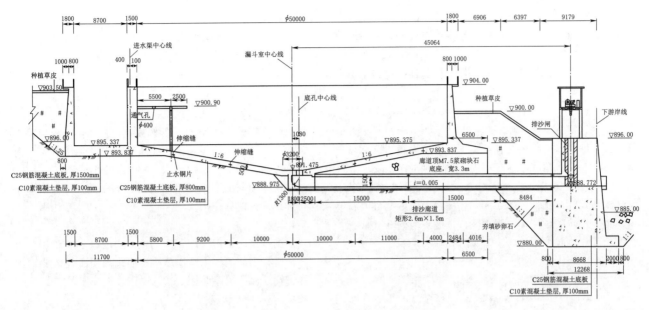

图1 圆形漏斗式沉砂池断面图（高程单位：m；尺寸单位：mm）

1.4 研究目标

（1）本沉砂池是鉴于马相迪河道年输沙量为912万t、推移质含量为211万t的情况下使用的，本工程的成功实施，为尼泊尔后续项目和类似河道排沙设计提供借鉴。

（2）有效完成沉砂池土石方开挖，减少基础面的扰动；提高混凝土成型质量，实现整个漏斗结构表面外观平整光滑，墙体平顺、结构无裂缝和渗漏水现象的目标。

（3）解决技术问题的同时丰富和填补施工技术空白。

2 沉砂池开挖施工

2.1 开挖分层

本沉砂池开挖深度为15.5m，以砂卵石结构为主，且含有不少孤石。按照漏斗结构从上到下分三层：第一层为893.737m高程以上部分，第二层为893.737～890.300m高程之间的锥体形斗室，第三层为890.300m高程以下的排沙廊道部分。

2.2 主要开挖方法

（1）第一层采用PC220反铲、20t自卸汽车，"自上而下、分层分段"开挖。

（2）第二层即锥形体斗室部分的土石方开挖，利用PC220和PC330反铲自漏斗室中心向四周开挖。底板开挖时预留厚度为10～20cm的保护层，结构混凝土施工前由人工进行修整开挖，确保原状基础不受扰动。

（3）进行排沙廊道层开挖时，利用PC330反铲从排沙闸侧逐步开挖至漏斗底端，然后由内到外修坡成型。进行排沙廊道基础开挖时，沟槽两侧结构线外扩挖50cm，按1:1～1:1.5进行边坡开挖，以确保稳定和便于施工。

2.3 孤石处理

（1）现场条件。因沉砂池结构距离村民居住区不足30m，先用PC300反铲配合推土机将开挖区的大块石移至远离居住区的开挖面外，然后利用手风钻进行钻孔爆破处理。

（2）孤石爆破工艺流程为：单孔内装一个药卷→孤石周边用铅丝笼网包裹→沙袋覆盖→铅丝网底部锚固固定→安全警戒、鸣笛警报、爆破→安全检查及解除警报。

（3）具体措施。孤石爆破以"小药量、松动爆破"为原则，采用单孔内装一个药卷、孤石周边用铅丝笼网包裹、沙袋覆盖、铅丝网底部用钢筋锚固固定的措施，最大限度地控制爆破飞石。钻爆孔径为40mm，孔间排距为0.5～1.0m，单耗q为0.10～0.15kg/m³，孔深、孔数、孔向均根据孤石形状进行调整。

3 结构混凝土施工

3.1 浇筑顺序

根据分缝分块要求从下向上分三部分施工，即排沙廊道层、漏斗锥体室层、漏斗上部墙体层，底板施工前先完成垫层浇筑。

根据沉砂池环向和径向施工缝设计，从下到上依次按排沙廊道→漏斗底孔和廊道顶部漏斗锥坡底座→漏斗底室第一环向伸缩缝内段整体浇筑→以径向和环向分缝进行漏斗底室第二区域底板浇筑→漏斗上部墙体底部基础→漏斗上部墙体、同步完成悬板支撑立柱→悬板的顺序进行混凝土结构施工。

3.2 分层分块

(1) 排沙廊道结构共有 4 段，每段按底板、两侧墙体及顶板两层，在沉砂池漏斗式影响段内布置 3 段。

(2) 漏斗底板按三个区分 13 块，第一区（Ⅰ区）为墙体基础区域底板，第二区（Ⅱ区）为边墙基础与漏斗式底板之间区域底板，第三区（Ⅲ区）为漏斗式底部底板。沉砂池底板浇筑分区图如图 2 所示。

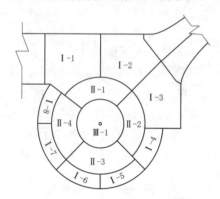

图 2　沉砂池底板浇筑分区图

(3) 漏斗墙体结合底板共分 8 段，每段墙体根据结构形式分三层。

(4) 悬板分 4 块，在边墙浇筑完成后从下游侧开始浇筑，最后与沉砂池进水箱涵顶板一同浇筑，该区域为整体设计结构。

3.3 工艺流程

沉砂池混凝土施工主要工艺流程为：测量放样→基础面清理及处理→垫层浇筑→插筋布置或钢筋制安→止水安装→模板安装加固→混凝土浇筑→混凝土养护。其中分层浇筑时对缝面进行凿毛和清理，底板缝面之间在模板加固完成后进行加强连接钢筋安装。

3.4 混凝土施工

3.4.1 垫层混凝土

每一段底板设计 10cm 厚 C15 垫层，垫层混凝土在每一段底板具备施工条件时开挖修整并预留保护层，浇筑时利用罐车直接进仓卸料，人工进行平整，振动梁振捣，木抹子收面成毛面，通过布置高程标桩和控制拉线的方法严格控制浇筑高程和表面平整度。

3.4.2 结构混凝土

沉砂池主要由排沙廊道、漏斗底板及锥坡、漏斗墙体、控制闸和排沙闸组成。

3.4.2.1 模板

沉砂池结构基本以曲面为主，从加工安装、拆除便利、有效控制成本等方面考虑，所有永久外露面采用 1.22m × 2.44m × 15mm 竹胶板，所有缝面采用 1.00m×2.00m×9mm 竹胶板；针对悬板支撑立柱，制作 2 套半圆组合的柱体钢模板。

墙体部分以 50m 直径的圆体，内外墙体模板均存在圆弧度问题，为便于调整和提高观感质量，利用 $\phi25$ 钢筋作为模板弧带。

模板加固全部采用直径为 14mm 的拉杆，以 70cm 间排距进行定位开孔。

3.4.2.2 钢筋

沉砂池底板钢筋以 $\phi25$ 为主，边墙以 $\phi25$ 和 $\phi16$ 为主；所有钢筋的加工制作严格按照设计图及规范要求进行，钢筋保护层厚 3~5cm。

3.4.2.3 缝面处理

沉砂池排沙廊道、所有底板及每一段墙体之间均按结构缝设计，单段墙体根据浇筑层高按照施工缝处理。

结构缝设置在混凝土结构内侧 20cm 处，缝内设置 1.2mm 厚铜止水；为确保缝面止水安装质量及避免不均匀沉降引起的明显止水拉裂，在伸缩缝处增设 1.6m 长、$\phi16@50cm$ 拉结筋，两端各插入 80cm；结构缝缝宽 2cm，缝内填塞柔性板。

施工缝主要在底板与墙体及墙体分层面上，在混凝土强度达到 2.5MPa 时（一般在浇筑结束后 5~6h）进行缝面冲毛处理；为提高缝面混凝土结合性，在上层浇筑之前铺设高一个标号、流动性好的砂浆层，以提高黏结强度。

3.4.2.4 混凝土浇筑

沉砂池漏斗内的底板和所有边墙的厚度基本在 80~120cm 之间，其中顶部悬板厚度为 25cm，悬板支撑立柱直径为 40cm。16 根支撑立柱的浇筑结合结构边墙的浇筑顺带进行，每次浇筑 2 根，在墙体浇筑完成前完成立柱施工。

为提高沉砂池混凝土浇筑的连续性，同时便于下料浇筑和料头压料控制，从排沙廊道开始至墙体浇筑结束，全部采用泵送混凝土，本工程根据现场实际，全部采用汽车泵。结构混凝土标号为 C25，二级配，坍落度为 12~14cm。

漏斗底板浇筑均从底部漏斗中心开始，从内向外地扩散浇筑，锥坡底板和顶部悬板均从短边开始，墙体从一侧向另一侧按 40~50cm 为一层下料。

排沙廊道混凝土施工完成并具有一定强度后进行廊道上部的底座施工，底座基础回填至 893.50m 高程时开始廊道侧漏斗底板混凝土施工。

3.4.3 混凝土养护及防裂

所有底板及墙体结构主要采用流水养护措施；悬板支撑立柱在模板拆除后，经过一遍洒水后采用塑料薄膜包裹养护；悬板结构因厚度只有 25cm，且两端悬板设计有直径为 4cm 的悬板通气孔，为防止浇筑后表面出现龟裂等现象，混凝土收面完成后覆盖塑料薄膜，然后在表层用小量流水养护。

4 结构压重回填

本沉砂池结构坐落在砂卵石基础上，且沉砂池底部在地面以下，施工期间分阶段对结构 900m 高程以下进行了压重回填。

4.1 排沙廊道及底板基础

排沙廊道浇筑完成后廊道两侧空间狭小，只能用小型碾压设备回填压实，以确保排沙廊道两侧的回填强度，保证排沙廊道的稳定性；从便于质量控制、进度可控等方面考虑，排沙廊道Ⅰ-3 段两侧（即沉砂池结构下部）全部利用 C15 混凝土回填；Ⅱ-3 段底板底部采用 C15 抛石混凝土整体浇筑，取代原有设计廊道顶部与底板之间设计的 M7.5 浆砌石基础。

4.2 沉砂池周边回填

沉砂池结构施工完成后，在引水渠充水前 30 天完成沉砂池周边 900.00m 以下高程的砂卵石回填，回填过程中，在自然沉降的同时按 50cm 一层摊铺压实。

5 关键施工技术

5.1 薄壁混凝土施工质量控制

（1）加大砂石骨料质量检测，校核混凝土拌和系统、称量系统，严格按配合比拌制混凝土。

（2）按照样板工程进行钢筋制安，确保保护层等的质量符合设计标准要求。

（3）采用泵送混凝土，保证混凝土浇筑的连续性，坍落度控制在 12~14cm。

（4）底板浇筑均从围绕漏斗中心开始，从内向外地扩散浇筑；锥坡底板和顶部悬板均从短边开始；墙体从一侧向另一侧按 40~50cm 为一层下料。

（5）所有底板及墙体结构主要采用流水养护措施；悬板支撑立柱采用塑料薄膜包裹养护，为防止浇筑后表面出现龟裂等现象，混凝土收面完成后覆盖塑料薄膜，然后在表层以小量流水养护。

（6）浇筑避开夏季中午时段。

5.2 防磨蚀改进

结合河道泥沙含量高（沉砂池内约 2kg/m³）、维修工作只能在泄水不发电期间进行的实际特点，研究对沉砂池底部排沙廊道、漏斗底孔、16 根悬板立柱的原有设计结构表面（原混凝土强度为 C25）采用 NE 型弹性环氧砂浆进行防冲耐磨加强，加固厚度为 12mm。

经过两个汛期的运行和考验，所有立柱及底孔廊道均无明显冲蚀破坏，确保了正常发电。

6 应用情况

（1）2014 年底，完成沉砂池底板预留保护层外的开挖，基础保护层未受扰动，原状基础地基承载力为 390kN/m²，满足设计指标为 280~320kPa，未做其他处理。

（2）2015 年 1 月开始排沙廊道等结构混凝土施工，2015 年 6 月 14 日完成 13 块底板施工，受尼泊尔 2014 年的"4·25"地震和"5·12"地震影响，2015 年 9 月 5 日完成 4 块悬板浇筑，2015 年 11 月 4 日完成沉砂池结构混凝土施工。

（3）2016 年 8 月，对沉砂池和引水系统进行充排水试验，沉砂池蓄水至 901.25m 高程时稳压观测 24h，然后连通引水系统稳压观测 48h，最后通过沉砂池排沙闸放空。每隔 4h 对沉砂池墙体进行位移、沉降观测和蓄水稳压期间的渗漏情况巡视，以及放空检查，确定沉砂池墙体及底板无渗漏现象，沉砂池周边回填区域无沉降变形现象。

（4）2016 年 9 月，沉砂池投入工程使用，根据对施工期间埋设的 10 个观测点进行的半年多的观测分析，测点水平位移变形速率最大为 +0.009mm，最小为 -0.0001mm，累计为 0.64mm；垂直位移变形速率最大为 +0.010mm，最小为 -0.003mm，累计为 0.5mm；根据位移曲线图分析各监测点的水平位移值和垂直位移值，其呈一条上下波动的曲线，没有明显朝一个方向位移的趋势，可以判定沉砂池结构无不均匀沉降和位移变形。

（5）沉砂池投入使用 7 年多，整个沉砂池无位移、沉降、渗漏水等现象。

7 结语

根据对圆形漏斗式沉砂池开挖和混凝土施工技术进行的研究分析，在基础面未受扰动的情况下顺利完成开挖及孤石处理，混凝土成型质量优良，沉砂池整体结构平顺无裂缝，止水效果良好无渗漏，丰富和填补了施工技术，该圆形漏斗式沉砂池值得在多泥沙河道泥沙分离设计及施工中参考和借鉴。

参考文献

[1] 江昌配. 李家峡水电站泄水道缺陷修复处理 [J]. 西北水电，2020（2）：78-82.

［2］ 葛占军，王曙，胡涛，等. 关于沉砂池高陡边坡施工测量解析［J］. 云南水力发电，2019，35（4）：47－49.

［3］ 史调云. 论水利工程薄壁混凝土施工质量控制［J］. 农业科技与信息，2019（1）：122－123.

［4］ 周再超. 浅析薄壁混凝土裂缝施工控制技术［J］. 城市建设理念研究（电子版），2020（14）：35.

［5］ 鲍小彦. 水工薄壁结构混凝土施工质量控制［J］. 农业科技与信息，2016（16）：154－155.

［6］ 何向东，马惠敏. 养护膜在大面积薄壁混凝土施工中的应用［J］. 河南水利与南水北调，2015（12）：5－6.

［7］ 王灵伟，蔡毅. 居民区河道孤石解小采取的控制爆破施工方案［J］. 四川水力发电，2016，35（z1）11－12.

［8］ 靳玮涛，向银霞，王继刚. 水电工程施工期安全监测资料整编分析方法及应用［J］. 西北水电，2020（z2）：123－126.

审稿人：李林

3.3MW 级风力发电机组叶轮整体吊装方案研究

徐庆淳/中国电建集团核电工程有限公司

【摘　要】 本文论述了某风电场 3.3MW 级风力发电机组叶轮地面组装及整体吊装技术和方案研究，重点介绍了履带式起重机地基承载力计算、设备吊装高度校核和抗杆校核的理论方法，旨在安全实用的方案指导下，减少高空作业，降低吊装施工难度，进而管控计划进度，保障风力发电场及时投产运营。

【关键词】 风力发电　叶轮整体吊装　地基承载力　高度校核　抗杆校核

1　引言

风力发电机组叶轮吊装方式多样，受现场场地条件和实际情况约束，很多项目采用了叶轮空中组合方式吊装，不但增加了高空风险，也在一定程度上增大了作业成本，降低了作业效率。

中国电建集团核电工程有限公司组织专业力量，有针对性地对大型 3.3MW 级风力发电机组的叶轮地面组装和整体吊装方案进行方案研究并顺利实施。山东平度 49.5MW 风力发电场工程的叶轮整体吊装实践表明，该成套方案安全实用，能够减少高空作业，降低施工难度，在控制施工吊装成本、保障工程进度、促进风力发电场及时投产运营方面取得良好效果。

2　工程概况

2.1　工程概述

山东平度 49.5MW 风力发电场位于山东省青岛市平度市田庄镇山地区域。风电场内建设安装 15 台单机容量为 3.3MW 的运达 WD164-3300kW 型主流风力发电机组。风力发电机组轮毂中心的设计高度为 140m，叶轮直径为 164m。

根据现场整体施工组织进度计划，有针对性地研究了 3.3MW 级风力发电机组的叶轮地面组装及整体吊装方案，吊装作业设备主要配置一台适用于 SLHSDB-1 工况（即带增强臂超起主臂风电副臂组合，150m 主臂＋7m 风电杆头，中央配重 96t，后配重 210t；100t 超起配重工况，超起半径为 15.5m，倍率为 10 倍）的 ZCC1300/900t 履带式起重机以及两台辅助吊车（100t 履带起重机和 80t 汽车起重机各一台）。

2.2　施工面布置

ZCC1300/900t 履带式起重机在风电场内的运输道路以原有乡道、田间道路为主，适当加宽、垫渣，满足场内转运要求；同期对沿路电力线路进行迁改或落线，拐弯处加大转弯半径，临近风机塔位处修临时道路以满足现场设施进场、机械转场需要。

3　施工计划安排

3.1　施工进度计划

单台风机吊装进度计划见表1。

不考虑吊车转运的因素，风机吊装施工要达到每 1.5d 能够吊装 1 台的强度。

3.2　吊装机械进场计划

主吊机械应在吊装工作开始提前 10d 进场。

表1　　　单台风机吊装进度计划

施工内容	施工时长	备　注
叶轮地面组合	1个工作日	叶轮组合完成当晚，应将叶片与轮毂连接螺栓拉伸至115％额定拉伸值
叶轮吊装	0.5个工作日	

主吊各主要部件应遵循主机、主变幅桅杆、履带、配重、专用路基箱、超起桅杆、超起装置、主臂的顺序陆续进场，以满足现场组装要求，并陆续在10d内完成组装和负荷试验工作。

表2　　　　　　　　运达 WD164-3300kW 型风机吊装技术参数

设　备　物　品	外形尺寸（大径×小径×高）	单　　重
单片叶片（YD80.5）	80500mm×ϕ5200mm	19.95t±3％（含叶根螺栓、法兰和防雨罩等）
轮毂总成（W3.3D2、W3.6D4）	5028mm×4497mm×4280mm	38.02t（含运输工装 W3.6D1-G-01-01-00）
轮毂运输工装（W3.6D1-G-01-01-00）	2570mm×2570mm×200mm	0.683t

表3　　　吊装施工主要施工机械配置表

机械名称	制造厂家	型号及规格	数量
900t 履带起重机	中联重科股份有限公司	ZCC13000/900t	1台
100t 履带起重机	中联重科股份有限公司	ZCC100H/100t	2台
80t 汽车起重机	三一集团有限公司	STC800E6	1台
拖车		100t	1辆
		60t	2辆
装载机	徐州工程机械集团有限公司	ZL50E	2台

依据《中联 ZCC13000 履带起重机操作手册　第4版》，超起工况下推荐的履带最大接地比压值为60～70t/m²。

根据现场履带吊的使用情况，吊装时超起配重为100t，起重机臂杆扳起时超起配重为300t，选择履带最大接地比压值为70t/m²，履带行走有效触地的长度为11.2m，宽度为1.5m。

现场配备16块定做的专用路基箱，单块路基箱重量为7.5t，尺寸为5m×2.5m，施工时每条履带下面按横向铺设5块路基箱，路基箱铺设要平整、无悬空。

根据上述参数，现场地耐力值为：$[(70×1.5×11.2)+(7.5×5)]÷(5×2.5×5)=19.416(t/m^2)$。

4.1.3　辅助工器具

风机吊索具为厂家配套专用，应注意查验合格证及试验报告，现场吊装前检查吊索具外观是否有缺陷。

4.2　施工机械任务分配

一台 ZCC13000/900t 履带起重机（150m 主臂＋7m 风电杆头）承担风机叶轮安装施工的主吊任务；一台

辅助吊车应不晚于主吊进场时间进场，以配合主吊部件卸车作业。

4　吊装施工工艺研究及实施

4.1　技术参数

4.1.1　风力发电机组主要技术参数

运达 WD164-3300kW 型风机吊装技术参数见表2。

4.1.2　主要施工机械

吊装施工主要施工机械配置见表3。

100t 履带起重机和一台 80t 汽车起重机作为辅助机械。

900t 履带起重机主车、100t 履带起重机、80t 汽车起重机在地面配合组装叶轮。

900t 起重机主车和 80t 汽车起重机配合抬吊竖立叶轮，然后由 900t 履带吊吊装叶轮就位。

吊装完毕后，各机械、工具等拆解转至下一工作面。

4.3　施工准备

4.3.1　人员

人员进场时，全体施工人员进行体检，具有真实有效的体检材料。查验作业人员的人身意外伤害保险材料。

作业之前检查起重机指挥、起重机操作、登高作业等特种作业人员的资格证书，并上报监理工程师、业主代表。现场所有特种作业人员必须持证上岗且资格证书真实、有效，技能符合相应的要求。

每台叶轮吊装之前，所有参与的作业人员必须经过技术和安全交底，让每个参与施工的人员都明白施工内容和安全操作规程。

4.3.2　机械设备与工器具

属于特种设备的起重机械应首检或定期检验合格并在有效期内方可使用。

主吊机械采用 ZCC1300/900t 履带式起重机，其组装步骤遵守厂家提供的作业说明，接杆时要在路基箱上，扳起时超起配重完全遵守说明书的要求。检查确认各施工机械性能良好，并办理机械设备进场验收许可后才准许进场施工。每台风机吊装前应按照《吊装前安全检查表》进行详细检查。

移动式发电机供电电源采用三相五制，接地电阻合格有效方可使用。

安装所需的工器具准备齐全，且经有关部门验收并上报验收报告或合格证。

对风机厂家提供的各类专用吊具进行外观检查验收，并做有效标识，以防混用、错用，严禁使用非本工程风机设备配套的吊具进行风机吊装施工。

4.3.3 施工环境

如吊装平台有开挖或未回填基础，禁止吊装，平台四周如存在大树以及高压线等妨碍风机吊装的障碍物，要提前与当地相关机构沟通，安排伐树、改线，确保施工平台区域无此类障碍物；作业场地在平整、压实前应注意探查地下设施、已经掩埋的沟坑、坑洞、未压实到位的回填土等，防止使用过程中出现局部沉陷。

风机吊装场地应满足吊装需要。主吊站位区域场地大小为 40.0m×60.0m。吊装过程中应提前对超起配重使用场地铺垫砖渣，防止臂杆后倾。现场要平整并压实，主吊站位区域所处的地面承载力应满足 ZCC13000/900t 履带接地耐力不小于 19.416t/m² 的要求。现场吊装平台区域需用砂石进行换填处理，换填后须经第三方检测工作区域地面承载力，满足要求后并交接签证完毕方可进行起重作业。吊装区域与地基未处理区域边界警示标识齐全，设立位置醒目，避免起重机械作业时误入非吊装区域。主吊站位或移动区域施工平台的水平度不大于 0.5%，要求坚实、平坦，履带起重机吊装时站位区域的地基地耐力满足要求。

履带起重机提前确定站位位置，确保主起重机械作业半径为 24m，路基箱铺设严实，缝隙应小于 10cm，注意履带的前后端部不能停在接缝处，减少主起重机负荷状态下的行走距离，负荷率较高时行走不能跨越接缝。

起重机履带与沟渠、坑边、坡边等安全距离为坑深的 1.2 倍。路基箱与地面接触严密。每次吊装前，确认起重机边距离是否能满足吊装要求，并在吊装过程中设专人监护地基情况。吊装前核实各起重机站位是否符合吊装幅度要求。

4.4 叶轮组装吊装作业工艺、操作要点

4.4.1 叶轮地面组装

1. 轮毂就位

检查轮毂并在清单中做好记录，清洁导流罩表面检查有无缺陷。若导流罩有缺陷，需做好记录并通知风机厂家。

检查轮毂变桨轴承与叶片法兰接触面。若有损伤，做好记录并通知风机厂家。

拆除轮毂桨叶孔布罩、导流罩运输盖板。

根据主吊车与基础的位置，确定叶轮吊装时的摆放位置，用轮毂总成吊具起吊移动轮毂至组装位置。轮毂的吊点方向应朝向风机基础侧，组装时叶片伸长方向满足主、辅起重机的站位。

根据叶片延伸方向是否有影响安装的障碍物，来确定轮毂摆放位置垫高的高度，以组装叶片过程中叶片变桨时不与地面或其他障碍物发生干涉为准。

可采用履带起重机的配重或用砂土垫高，当采用配重垫高时，应在配重下方铺设路基箱，配重上平面保证 0.5% 的水平度。当采用砂土垫高时，土堆上平面面积应大于路基箱面积，路基箱面积应不小于 12.5m²，土堆承载力应不小于 10t/m²；上平面应平整，铺设路基箱后上平面保证不小于 1% 的水平度，下部留出施工人员进出的通道。

为方便作业，轮毂内宜铺设轮毂踏板总成，风轮起吊前将其拆除。

轮毂摆放时使用 55t 卸扣和 35t/3.9m 吊带（对折使用）连接轮毂导流罩总成吊具（型号为 W2.5D4 - G - 06 - 00），然后将吊带的两头分别挂到起重机的吊钩上，吊起轮毂移动到合适位置，缓缓下降轮毂至地面，并摆放平整，确定轮毂与叶片对接安装周围无凸起的障碍物和异物。

2. 叶片检查

检查叶片并在清单中做好记录。

若需手动变桨，先将轮毂 3 个面的限位开关（共 6 个）捆绑固定好。

拆除轮毂导流罩吊装口盖板，用 4 根扎带将其固定到支架上。重新将螺栓拧回原来的螺孔，用力拧紧。

3. 第一片叶片安装

安装叶片螺栓，即将 O 型密封圈套入叶片螺栓，要求 O 型密封圈距螺杆端部（安装后的伸出端）距离为 415mm，将 O 型密封圈的螺栓拧入叶片叶根法兰上的螺孔内，螺栓外露长度符合要求，然后按设备厂家要求在叶片螺栓的安装口涂抹密封胶。

主吊使用厂家提供的叶片专用吊具起吊叶片，吊点位于叶片的重心点两侧标记范围内，在叶片叶根部位和叶尖处拴挂缆风绳起到稳定和导向作用。

缓慢水平起吊叶片到刚脱离地面程度，拆卸掉法兰的运输支架，安装剩余螺栓并且涂抹固体润滑膏。将叶片吊起，并通过溜绳控制叶片平衡，手动变桨，缓缓将叶片螺栓穿入变桨轴承螺栓孔内，用起重机调整叶片角度，使叶片法兰与变桨轴承法兰呈平行状态，拧入所有叶片螺母。

叶片穿入时要求后缘 "0" 位与变桨轴承内圈 "S" 点尽量对齐；"0" 刻度标识正对叶根螺栓时应将 "0" 刻度标置于变桨轴承 "S" 点右侧（面对轮毂方向），并通过调整缆风绳使叶片螺栓穿过变桨轴承法兰孔，从而实现对接。

变桨，使叶片后缘翻转向上。使每个轮毂工艺孔内

露出 5 个叶片螺栓，用两个液压拉伸器以交叉的方式同时拉伸两侧的叶片螺栓后拧紧，总计 35 个螺母，达到 200kN 的预紧力。

4. 第二、第三片叶片及导流罩顶盖安装

第二、第三片叶片按第一叶片同样的方法安装。待第三片叶片安装完成后，卸下吊带。

安装导流罩顶盖，在外表面接缝处涂抹密封胶。

4.4.2 叶轮吊装

溜尾叶片吊具安装，即在背对叶轮吊装口的叶片上溜尾吊点安装溜尾吊带（15t/8m）、叶片吊装护板、叶片前缘护板、检查绳索等。

叶轮吊具安装，即将对折使用的吊带通过弓形卸扣连接叶轮吊具相应安装孔，吊带的两头挂于主起重机吊钩；将叶轮吊具移动到叶轮吊装口上方，随后下落，用 M36×140 螺栓将叶轮吊具固定到轮毂，拧紧。

清理轮毂内杂物、工具等，拆除变桨控制连接电缆，关闭所有轮毂内控制柜柜门并锁住，每个轴柜上的电池开关置于关闭位置；非溜尾的 2 片叶片需要变桨为顺桨状态，使用 10t×10m 圆环吊带套在叶尖后的运输支撑处，在叶片锐边与吊带接触处安装叶片护板，固定一根缆风绳。

拆除轮毂运输支架，即主、辅起重机同时起吊，提升叶轮，拆掉法兰面螺孔上的盖帽，检查孔内清洁。

叶轮起吊，即主、辅起重机同步起升，辅助起重机配合主起重机将叶轮由水平状态慢慢翻转垂直状态，确保叶轮翻转过程中溜尾叶片的叶尖不能与地面碰触。当垂直向下的叶片与地面的角度为 80°左右时，辅助吊车不再受力，慢慢脱钩，使溜尾护具缓慢落下（防止碰伤、划伤叶片）拆除叶片护具。

盘车，使标记孔位于正下方，将插入的螺栓往后退，使其螺纹端不突出主轴法兰面。

主吊起重机缓缓上升，将叶轮提升到机舱位置的高度，机舱内的工作人员手动盘车，使叶轮锁盘上的孔对准叶轮螺纹孔（小幅度盘车，标记孔仍应位于正下方）。在主轴法兰的左右两侧各插入一根辅助安装棒，以便尽快对准叶轮与主轴的螺孔。待叶轮与主轴连接螺孔对准后快速拧入上半圈的连接螺栓（不加预紧力），然后取出辅助安装棒。

叶轮与机舱连接力矩紧固，用扳手紧固已拧入的螺栓，确保叶轮和主轴接合面正确装配且所有螺栓均能正常拧紧，用液压扳手将能紧固到的螺栓紧固到第二遍力矩数值，并做好标记。

拆除叶轮吊具，安装吊装口盖板，即锁紧高速轴制动盘及叶轮锁紧装置，主起重机吊钩缓降，施工人员进入叶轮，拆除叶轮吊具及螺栓，吊回地面。

拆除叶尖护套，松开液压制动装置，手动盘车，拆掉向上两片起吊叶片的叶尖布罩、拉绳。

叶片与变桨轴承连接螺栓，终拧用拉伸器以 100% 的预紧力按顺序拧紧叶片的所有螺母。

清理机舱内卫生、轮毂内杂物。手动变桨，将 3 片叶片分别调整到 0°、89°、89° 位置。确认连接齿轮箱机械泵的阀门处于打开状态。退出叶轮锁，松开高速轴制动器，使叶轮处于释放状态。

叶轮安装完成，调整机头方向，对准主风向。

5 主吊负荷设计计算

5.1 计算书

5.1.1 叶轮吊装负荷计算

ZCC13000/900t 履带式起重机按照使用作业半径为 24m，超起配重为 100t，额定负荷为 158t，则其吊装作业设计主吊负荷计算如下：

(1) 叶轮重量：19.95×3（3片叶片）+37.337（轮毂，不含工装）=97.187（t）。

(2) 螺栓重量：3.0t；吊索具重量：1.1t；吊钩重量：6.7t；钢丝绳重量：6.3t。故合计起重重量为：97.187+3.0+1.1+6.7+6.3=114.287（t）。

(3) 负荷率：114.287÷158×100%=72.33%。

5.1.2 叶轮吊装高度校核

ZCC13000/900t 履带式起重机（150m 主臂＋7m 风电杆头），作业半径为 24m，杆头高度为 157.9m，轮毂中心高为 140m，轮毂上沿高为 5.028m÷2=2.514（m），索具长 3m，高度限位为 2m，吊钩高为 2.83m，安全距离为 0.5m。

故起升余量为 157.9－140－2.514－3－2－2.83－0.5=7.056（m），有足够的起升余量。

5.1.3 抗杆距离校核

ZCC13000/900t 履带式起重机叶轮吊装时，作业半径为 24m，吊钩中垂线与轮毂前端距离为 2.095m，叶轮就位时吊钩中垂线与吊车臂杆前端距离为 5.1m，故叶轮至主臂的安全距离为 5.1－2.095=3.005（m），满足抗杆安全距离要求。

5.2 吊装作业图示

吊装机械平面布置如图 1 所示，叶轮吊装侧视图如图 2 所示。图 2 所示主杆根部铰点至地面的距离为 3.768m，ZCC13000/900t 履带式起重机（150m 主臂＋7m 风电杆头）作业半径为 24m 时，臂杆杆头高度为 157.9m。

6 结语

同中国电建集团核电工程有限公司近年来承担的多个风力风电场建设项目的总承包设计施工相比较来看，平度 49.5MW 风力发电场的 15 台单机容量为 3.3MW

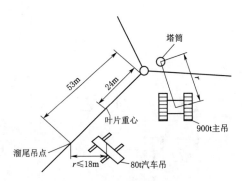

图1 吊装机械平面布置图

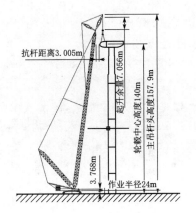

图2 叶轮吊装侧视图

的运达 WD164‑3300kW 型主流风力发电机组，由于均采用了叶轮地面组装及整体吊装技术方案，作业效率得到较大提升，降低了施工吊装作业特别是大型主吊的占用成本，更重要的是保证了建设进度计划的实现，保障了业主投产运营的目标，实现了较好的社会效益和经济效益，创造了中国电建集团核电工程有限公司在绿色风电发展时期施工建设领先者的美誉。

参考文献

[1] 国家市场监督管理总局，中国国家标准化管理委员会. 风力发电机组 吊装安全技术规程：GB/T 37898—2019 [S]. 北京：中国标准出版社，2019.

[2] 中华人民共和国国家质量监督检验检疫总局，中国国家标准化管理委员会. 风力发电机组 装配和安装规范：GB/T 19568—2017 [S]. 北京：中国标准出版社，2018.

[3] 中华人民共和国住房和城乡建设部，中华人民共和国国家质量监督检验检疫总局. 风力发电工程施工与验收规范：GB/T 51121—2015 [S]. 北京：中国计划出版社，2016.

[4] 刘鸿文. 材料力学Ⅰ [M]. 4版. 北京：高等教育出版社，2004.

山地光伏发电工程无人机运载专项施工方案研究与应用

王尚钦/水电水利规划设计总院有限公司

陈国庆/中国电建集团昆明勘测设计研究院有限公司

孙　昊/中国广核新能源控股有限公司云南分公司

【摘　要】 本文在工程实践的基础上，广泛收集资料，对山地光伏发电工程无人机运载专项施工方案进行分析研究，提出了编制提纲和具有指导性的无人机运载专项施工方案，并在云南某山地光伏发电工程中得到成功应用，有效加快了工程进度，取得了较好的经济效益和生态环境效益，可供类似工程借鉴和参考并加以推广。

【关键词】 山地　光伏发电工程　无人机　运载　施工方案　研究与应用

1　引言

在全球气候变化大背景下，加快新能源发展成为全球共识。太阳能是人类取之不尽、用之不竭的可再生能源，光伏发电已成为太阳能利用最成熟、应用最广泛的技术之一，具有清洁、可再生、安全、无噪声、应用灵活等特点。我国太阳能资源丰富，技术可开发量约为460亿kW，截至2023年年底，我国太阳能发电累计装机容量达6.1亿kW，同比增长55.2%。

随着光伏发电规模的不断增大，光伏发电逐渐向高山、沙漠戈壁深处进发，由此导致交通运输难度增大，建设投资成本不断攀升。为了建设光伏电站，在高山峡谷里开山辟路，技术难度大，安全风险高，破坏生态环境。

当前科学技术迅猛发展，无人机技术已经进入各类建设工程中，一些光伏发电工程已经开始尝试使用无人机技术运载光伏组件等材料。采用无人机转运材料可以有效解决光伏区无道路或者道路离光伏子阵过远、人工和常规设备转运成本过高等问题。

新技术的应用带来一些风险，需要编制专项施工方案。本文在工程实践的基础上，广泛收集资料，对无人机运载专项施工方案进行深入研究，提出了编制提纲和主要编制内容，并在山地光伏发电工程中得到应用和推广，可供类似工程借鉴和参考。

2　专项施工方案编制提纲

根据住房和城乡建设部《危险性较大的分部分项工程专项施工方案编制指南》（建办质〔2021〕48号），结合光伏发电工程无人机运载的特点，经分析研究，提出无人机运载专项施工方案编制提纲，内容包括：①工程概况；②编制依据；③作业准备；④运载施工作业；⑤质量控制措施；⑥安全环境控制措施等。

3　专项施工方案编制主要内容

3.1　工程概况

主要包括工程地理位置、工程装机规模、主要工程量、场地地形地貌、水文气象条件，并附光伏厂区布置图等。

3.2　编制依据

（1）《无人驾驶航空器飞行管理暂行条例》（中华人民共和国国务院令第761号）。

（2）《民用无人驾驶航空器运行安全管理规则》（中华人民共和国交通运输部令2024年第1号）。

（3）《无人机物流配送运行要求》（JT/T 1440—2022）。

（4）《民用无人机驾驶员管理规定》（AC-61-FS-

2018-20R2)。

(5) 国家适用的法律、法规、规章、规程、规范等。

(6) 工程合同、设计文件、有关会议纪要等。

(7) 无人机使用说明书、安全操作指引等。

3.3 作业准备

3.3.1 无人机设备选型

根据最大吊装件重量、最大运输里程等选择无人机型号。通常中型无人机主要技术参数如下：

(1) 最大起飞重量为130kg，最大载重为50kg。

(2) 最大飞行时间为300min（满电状态，视具体环境和负载而定），最大飞行距离为8km（单电满载），最大飞行速度为20m/s。

(3) 最大悬停时间为20min（单电满载）。

(4) 最大可承受风速不超过12m/s。

(5) 最大飞行海拔高度为6000m。

3.3.2 人员准备

(1) 现场负责人。负责整个吊装的统筹规划、协调指挥和质量安全管理。

(2) 无人机操作员。经培训合格，持证上岗，负责操作无人机吊装作业，确保飞行安全和任务完成。

(3) 地面工作人员。负责光伏组件的装卸、固定、运输等地面作业，以及配合无人机操作员进行吊装作业。

3.3.3 技术准备

(1) 现场查勘。对山地光伏区域的地形、地貌、障碍物分布等进行详细查勘，确定无人机的起降场地、飞行路线和吊装作业区域，标记出危险区域和禁飞区域。

(2) 收集光伏组件的重量、尺寸、安装要求等技术参数，制定合理的运载、吊装方案。

(3) 培训操作人员熟悉无人机的操作流程、安全注意事项和应急处理措施，进行技术安全交底。

3.3.4 设备准备

(1) 准备无人机及其配套的遥控器、电池、充电器等设备。配备合适的吊索、吊钩、吊带等吊装工具，确保其承载能力满足要求。

(2) 准备必要的通信设备（如对讲机）、测量工具（如全站仪、水准仪）和安全防护用品（如安全帽、安全带等）。

(3) 对无人机进行检查和测试，确保其性能稳定、各项功能正常，包括起飞前的检查、空载试飞检查和运载作业试飞检验等。起飞前的检查包括外观机械检查、电子部分检查和上电后检查；空载试飞检查主要检查无人机是否能够正常工作；运载作业试飞检验是指检查最大负载情况下的无人机飞行、上升和下降速度，无人机飞行时间、悬停时间和精度，无人机规划路径执行情况，吊绳在飞行中的摆动幅度，电池的耗电情况，作业人员对指挥信号反应的准确性与及时性等。

3.4 运载施工作业

(1) 气象条件监测。无人机运载施工前一天，应根据天气预报确定气象条件是否适合无人机飞行。施工前使用风速仪、风向标，测得工作区域当时实际风速和风向，若小于安全风速，无大雨、大雾，则可进行运载作业。

(2) 起吊和接收点工作。起吊和接收点用彩条旗围住，需要运输的材料堆放到起吊点，堆放要平稳，堆放方式便于取用。施工人员已做好吊运准备工作。

(3) 挂载。用尼龙绳两端分别对称绑扎在光伏板左右侧金属框上，尼龙绳中间打结形成绳套，无人机挂载软绳悬停在起吊点，施工人员将软绳下端与起吊绳套打结绑扎牢固，即将光伏板挂在无人机上。

(4) 运载飞行。材料挂载完成后，挂载作业人员通知指挥人员可以起吊，指挥人员即向无人机操作人员发出起吊指令，无人机操作人员逐步控制无人机上升，使吊装的物品逐渐离开地面。在起升过程中，要密切关注无人机的状态和载荷的平衡性。操作人员用遥控器控制无人机上升到一定高度，然后按照规划路径向接收点飞行，飞行高度保持在10~30m。

(5) 放置与卸载。无人机到达接收点后，由接收点的施工人员通知指挥人员材料已到达，指挥人员即向操作人员发出到达信号，操作人员根据遥控器上反馈的离地高度，控制无人机按照预定速度下降，离地面5m时，再精确控制无人机缓慢下降，将材料轻放在地面铺垫物上，由地面人员解开绳结，取下材料。卸载与放置是无人机吊装作业的重要环节，在卸载过程中，应注意以下事项：

1) 确保卸载区域的安全。在选择卸载区域时，要确保该区域没有障碍物、人员或其他潜在的安全隐患。同时，要设置好安全警示标志，提醒人员远离吊装区域。

2) 平稳降低无人机高度。在卸载前，无人机操作人员应逐渐降低无人机的飞行高度，使吊装物品平稳接近地面。在此过程中，要保持无人机的稳定性，避免发生晃动或倾斜。

3) 精准定位与放置。当无人机降至适当高度时，无人机操作人员需精准控制无人机的位置和角度，使吊装物品能够准确放置在预定位置。在放置过程中，要注意避免物品与地面或其他物体碰撞。

4) 解除吊索连接。当物品放置稳妥后，地面工作人员需解除吊索与物品的连接。在解除连接时，要确保操作平稳、迅速，避免发生意外情况。

3.5 质量控制措施

(1) 无人机飞行状态要平稳均衡，不能急飞、急停，以免吊绳摆幅过大造成材料与周围物体发生碰撞。参与吊运的人员要随时注意无人机飞行情况，发现无人机有异常情况应立即停止继续飞行，由操作人员控制无人机到备降点降落，再进行检查。操作人员要随时关注电池耗电情况，当电池耗电和电压接近警戒值时要及时换装电池。

（2）检查验收。在材料转运开始前，必须检查转运的材料是否损坏及绑扎是否牢固，避免形成无效作业及吊装过程中出现材料掉落的现象。在材料吊装到位后，施工人员应第一时间检查材料外观是否变形、磕碰，并把材料放置在安全可靠的位置上，做好成品保护。

（3）无人机完成运载任务后，操作人员应及时将无人机回收，并进行例行检查。在每一次飞行前检查并及时更换变形或破损的螺旋桨，并安装紧固。非工作状态或运输时，务必移除或清空货箱，避免过重损坏起落架。

3.6 安全环境控制措施

3.6.1 安全控制

（1）对作业现场存在的危险源进行辨识，通常主要的危险源有无人机失控坠落造成人员伤亡和设备损坏；飞行高度不够，碰撞障碍物；恶劣天气飞行，造成无人机失控等。为此要制定防范措施和事故应急措施。

（2）施工现场应做到封闭施工、文明施工。无人机操作人员必须持民用无人驾驶航空器操控员执照上岗。正确佩戴和使用劳动防护用品。无人机运载作业必须在风速小于12m/s，无雨或小雨，能见度较高、无大雾天气条件下进行。

（3）无人机运载作业必须在风速小于12m/s，无雨或小雨，能见度较高、无大雾天气条件下进行。

（4）无人机安全操作要求如下：

1）切勿靠近工作转动中的螺旋桨和电机。运载物重量不得超过无人机最大起飞重量。

2）在视距范围内飞行，保证视线良好，依靠肉眼观察，合理判断飞行状况，及时躲避障碍物，并根据飞行环境设置相应飞行高度及返航高度。

3）飞行时请远离人群、电线、高大建筑物、机场和信号发射塔等。无线电发射塔、高压线、变电站可能会对信号产生干扰，威胁飞行安全。

4）低电量警示时请尽快返航。

5）吊运用的绳具要定时检查，发现有破损、断裂情况应立即更换。

6）若多架无人机同时使用，确保各无人机之间距离在10m以上，以免产生干扰。多架无人机近距离作业时雷达灵敏度可能降低，请谨慎飞行。

3.6.2 环境保护

（1）减少噪声污染。无人机作业期间，应尽量选择远离居民区的地段，如必须白天作业，则需控制飞行高度和速度，以减少噪声对周边居民的影响。

（2）废弃物管理。作业过程中产生的废弃物应分类收集，按照环保部门的规定进行处理。对于可回收物，如废旧电池、电子元件等，应交由专业回收机构处理。

3.6.3 文明施工措施

（1）施工现场管理。保持施工现场整洁有序，无人机及附属设备应摆放整齐，避免占用不必要的空间。作业结束后，及时清理现场，恢复原状。

（2）人员行为规范。施工人员在作业过程中，遵守操作规程，严禁吸烟、随地吐痰等不文明行为。

（3）在施工前，应与周边居民进行沟通，告知施工计划、可能产生的影响及采取的环保措施，争取居民的理解和支持。施工过程中，对居民提出的合理建议应予以采纳并及时改进。

3.6.4 应急预案

（1）成立应急指挥部。在无人机转运专项施工前，设立应急指挥部负责统一指挥和协调应急工作。指挥部成员应包括总指挥、副总指挥及应急处理人员等关键岗位人员。通过明确的职责分工和高效的指挥体系，确保在突发事件发生时能够迅速响应并有效处置。

（2）制定应急预案。根据无人机转运作业特点和风险点，制定详细的应急预案。预案应涵盖无人机故障、载荷失控、人员伤害等多种突发情况，并明确应急处理流程和责任分工。通过详细的预案制定和明确的责任分工，确保在突发事件发生时能够迅速、有序地进行处置。

4 工程应用案例

本研究成果应用于云南某山地光伏发电工程无人机运载施工方案编制全过程。

该光伏发电工程位于云南西部高山峡谷区域，共有5个地块。拟建场址坐标介于东经$105°9'10''\sim105°12'30''$、北纬$24°15'50''\sim24°25'40''$之间，海拔在$2000\sim2500m$之间。场址光伏区总面积约为5000亩。

该光伏发电工程额定容量为150MW，总装机容量为180MW。新建一座110kV升压站，配套建设送出线路、工程场内道路、光伏阵列、杆塔、道路及符合电网和政府要求的配套储能等基础设施。

该光伏发电工程为典型的山地光伏项目，光伏区分散。受制于光伏场区进场道路，部分区域无法修建道路到光伏子阵边缘，或修建道路的手续难以办理，修建道路的成本超过投资计划。采用无人机转运材料可以有效解决光伏区无道路或者道路离子阵过远、人工和常规设备转运成本过高等问题。

无人机转运的光伏区材料包括地锚桩、混凝土、支架、光伏组件及单件重点不超过30kg的其他材料。无人机运载具有以下明显优点：

（1）快速高效。使用无人机吊运，可以快速高效地将大量光伏板运至指定位置，大大节省施工时间和人力成本。

（2）安全可靠。相比传统的人工吊装方式，无人机吊运更加稳定可靠，能够安全运输大型光伏板，同时能够避免人员高空施工带来的风险。

（3）降低施工成本。无人机吊装可以减少人力投入，降低人工成本。同时，由于无人机可以快速、准确地完成吊装作业，可以减少材料的损耗和浪费，降低材料成本。

（4）适应性强。无人机吊运不受地形和环境限制，可以适应各种复杂环境施工，进一步提高转运材料、光伏板安装的速度和效率。

经技术经济比选，该光伏发电工程采用 T60 无人机运载光伏等材料。T60 无人机是一款高性能多旋翼无人机，主要技术参数为：最大起飞重量 125kg、有效载荷 110kg、飞行时间 300min（满电状态，视具体环境和负载而定）、起吊光伏发组件重量 30kg（块）。T60 无人机如图 1 所示。

图 1　T60 无人机

采用本研究成果编制的《云南某山地光伏发电工程无人机专项运载施工方案》，顺利通过了业主和监理单位组织的审核。总承包单位严格按照《云南某山地光伏发电工程无人机专项运载施工方案》开展光伏组件等材料的运载工作，运载过程安全可靠，取得了业主和监理单位的认可和好评。采用 T60 无人机运载光伏组件等材料，取消了常规的运输道路的修建，节约了可观的工程投资，提高了施工效率，取得了较好的经济效益和生态环境效益。

5　结语

在工程实践的基础上，广泛收集资料，参考多个工程的实际情况，对无人机运载专项施工方案进行分析，提出了无人机运载专项施工方案编制提纲；在力求全面有效的基础上，对无人机运载专项施工方案主要编制内容进行了细致的研究，形成了较为完整的、具有指导性的无人机运载专项施工方案；并在云南某山地光伏发电工程中得到成功应用，取得了较好的经济效益和生态环境效益，可在类似工程中推广。

审稿人：张正富

超大纵坡地铁隧道盾构始发施工技术研究

陈　琦/中国水利水电第六工程局有限公司

【摘　要】　本文针对天津地铁 10 号线 1 标明挖区间至于台站盾构区间的超大纵坡始发施工技术难题，采用模拟计算分析、文献调研等方法，对端头加固质量强化、盾构机始发姿态调整、盾构机推进轴线预偏、盾构测量及姿态控制、电瓶防溜车改造等安全技术措施进行了研究，并提出了详细的施工技术措施，确保了超大纵坡条件下盾构机安全顺利始发、掘进，成型隧道质量得到保障，对后续类似工程有一定的借鉴作用。

【关键词】　盾构　超大纵坡　施工安全技术

1　引言

在超大纵坡盾构始发条件下，鉴于盾构机头重脚轻的构造设计，极易出现盾构机始发后栽头的现象。本工程盾构始发纵坡极大，为同期天津市在建工程项目中最大坡度条件下的盾构始发工程。若始发后盾构机栽头，会造成盾构机与车站主体结构预埋钢环卡住，导致盾构始发失败的严重后果。同时，本工程盾构始发段为全断面粉质黏土地层，超大坡度的盾构始发条件也对端头加固的质量提出了更高的要求。本文针对天津地铁 10 号线 1 标的复杂盾构施工条件，通过模拟计算分析，提出了详细的施工安全技术措施，对今后类似工程施工有一定的借鉴作用。

2　工程概况

天津地铁 10 号线 1 标明挖区间至于台站区间为双单线隧道，盾构从出入线明挖区间始发，至于台站南端头接收。左线起止里程为左 LDK0＋289.925～左 LDK0＋637.952（含长链 3.574m），左线长 351.601m；右线起止里程为右 LDK0＋291.000～右 LDK0＋648.900，右线长 357.900m。区间左线有半径为 380m 的平曲线一处，右线有半径为 350m 的平曲线一处，区间线间距为 2.94～6.2m。区间纵断面为斜下坡，盾构区间左线的纵坡坡度分别为 33.925‰、6.25‰、14.5‰的下坡；区间右线的纵坡分别为 35‰、4.441‰、14.5‰的下坡，区间结构顶部覆土厚度约为 4.7～8.8m 标段盾构区间平面图如图 1 所示。

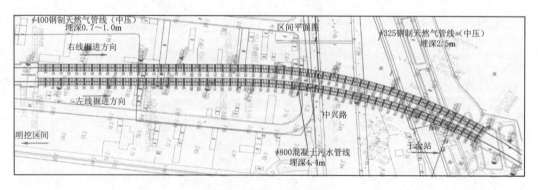

图 1　标段盾构区间平面图

该隧道采用盾构法施工，经盾构适应性选型评估，结合本工程水文地质情况和工程特点，拟投入一台开挖直径为6420mm的土压平衡盾构机，配合完成本工程施工。管片为甲供，直径管片内径为5500mm，外径为6200mm，管片宽度为1200mm，管片厚度为350mm。

3 超大坡度盾构始发施工难点

天津地铁10号线1标明挖区间至于台站区间纵断面为斜下坡，左线始发坡度达到33.925‰，右线始发坡度达到35‰，不仅为同期天津市在建轨道交通工程最大盾构始发坡度，也是国内地铁盾构隧道不常见盾构始发

坡度。本工程采用北方重工6420土压平衡式盾构机配合完成区间隧道施工，盾构机重量集中分布于刀盘、前盾、中盾，以本工程盾构机为例，刀盘、前盾、中盾长6.535m，总重量达288.25t，盾尾长3.2m，重量仅38.9t。为确保始发后盾构姿态，盾构机在始发托架上布置时，其轴线应与隧道轴线拟合，由于始发坡度较大，加之本工程处于结构施工期间，侧墙上预埋洞门钢环直径为6700mm，钢环与盾体之间的净距仅140mm，考虑到钢环与区间轴线之间有夹角存在，实际净距仅96.4mm。若出现栽头现象，极易出现盾构机与主体结构洞门钢环卡住隐患，始发风险极大。盾构始发结构剖面图如图2所示。

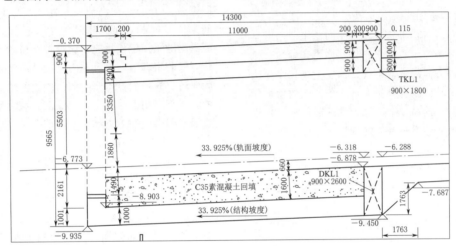

图2　盾构始发结构剖面图（高程单位：m；尺寸单位：mm）

4 施工工艺技术

4.1 始发端头地基加固准备

出入线场盾构始发端头为全断面粉质黏土地层，做好始发端头地基加固，确保加固后地基拥有良好的承载能力，对预防盾构始发后栽头具有良好的效果。本工程采用地面搅拌加固、旋喷包角的复合加固方式。三轴搅拌桩规格为φ850@600，桩间搭接250mm，弱加固区域的水泥掺量控制在7%，加固区的水泥掺量控制在20%。双重管高压旋喷桩规格为φ800@500，水泥掺量控制在20%。加固区为沿隧道纵向11m、超出隧道两侧各3m、超出隧道顶板以上及底板以下各3m范围。加固完成后28d，对加固区地面钻孔取芯。芯样完整性、连续性良好，并对芯样进行了见证取样送检，强度满足要求。盾构端头加固及钻孔取芯如图3所示，端头加固芯样试验报表见表1。

（a）三轴搅拌桩端头加固施工　　（b）加固区取芯　　（c）加固区芯样

图3　盾构端头加固及钻孔取芯

表 1 端头加固芯样试验报表

加固方式	芯样编号	抗压强度/MPa	抗渗系数/(10⁻⁸cm/s)	检测结论
三轴搅拌桩	芯样 1	1.4	7.71	合格
	芯样 2	1.4	7.71	合格
	芯样 3	1.2	8.22	合格
旋喷桩	芯样 1	1.4	5.23	合格
	芯样 2	1.4	7.21	合格
	芯样 3	1.3	8.73	合格

4.2 盾构始发技术

4.2.1 盾构始发基座安装

始发基座安装后盾构机始发姿态随即确定，始发基座安装前根据实测洞门中心确定始发基座安装轴线，采用洞门中心与掘进方向的隧道中心线的反向延长线作为始发基座安装的中轴线。针对超大坡度条件下的盾构始发工况，预防盾构机前盾、中盾等大重量部件进入加固区后栽头和盾构机盾体整体进入加固体后整体下沉是确保盾构机成功始发的关键环节。对此，在始发基座安装方面主要采取以下两个措施：

（1）将始发基座相较于实测洞门中心推测中轴线整体抬高。

（2）通过调整始发基座前后轨面高差，达到调整盾构始发坡度的目的。

进行始发基座安装时，其前端（即盾构机刀盘部位）抬高 40mm，其后端（即盾构机盾尾部位）抬高 20mm。盾构机上始发架后与预埋钢环位置示意如图 4 所示。

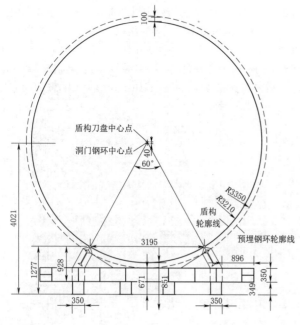

图 4 盾构机上始发架后与预埋钢环位置示意图（单位：mm）

通过上述两项调整，一方面为盾构机进入加固土体后出现整体下沉现象预留纠偏空间；另一方面通过始发基座前后高差调整，将始发坡度由原来的 33.925‰ 调减至 31.774‰，人为降低了盾构机始发后栽头的可能性。

4.2.2 盾构始发引轨安装

本工程盾构始发端墙厚 900mm，始发基座距离结构侧墙 900mm，刀盘接触土体前盾构机相对于始发基座架空 1.8m，由于盾构机刀盘和前盾的重量远大于中盾和盾尾的重量，随着盾构机的向前推进，盾构机离开托架时容易出现栽头现象。需要在洞门延伸钢环和结构预埋钢环处采取相应措施，防止盾构机栽头。本工程钢环内径为 6700mm，盾体直径为 6420mm，两者之间的间隙为 140mm，加之盾构机抬高 40mm 进洞，则底部间隙为 180mm，可在钢环上架设钢轨，钢轨与钢环之间的间隙采用钢板填充。轨道焊接位置及长度需要考虑让开橡胶帘幕板，并且在刀盘旋转时要保证刀盘不能撞到轨道。盾构始发基座与洞门之前的空隙可采用轨道延伸，下部采用钢筒支撑，确保其承载力满足要求。盾构机始发引轨安装示意如图 5 所示。

4.2.3 盾构始发模拟

为避免超大纵坡工况下盾构机始发后出现盾构机卡壳现象，根据前期准备工作情况，做好盾构始发模拟十分必要。本工程盾构始发模拟情况如下：

（1）盾构机抬高 40mm 进洞。盾构机与洞门钢环前端关系模拟示意如图 6 所示。根据模拟，在理想状况下，盾构机下部与洞门钢环间隙为 178mm，盾构机上部与洞门钢环间隙为 98mm，满足要求。

（2）随盾构向前推进。盾构机与洞门钢环后端位置关系模拟示意如图 7 所示。根据模拟，在理想状况下，随着盾构机的向前掘进，盾构机下部与洞门钢环之间的间隙逐渐减小，由进洞时的 178mm 递减至 148mm；盾构机上部与洞门钢环之间的间隙，前端逐渐变大，由进洞时的 98mm 增大至 128mm，后端则保持不变，为 98mm。

（3）盾构机整体进入。盾构机盾体与洞门钢环关系模拟示意如图 8 所示。根据模拟，在理想状况下，盾构机与洞门钢环之间的间隙不再继续发生变化，可以保证盾构机顺利进洞。

4.3 超大纵坡盾构施工电瓶车防溜车改造

超大纵坡工况下盾构施工作业，水平运输组织中的电瓶车防溜车措施是安全管理首要考虑的问题，为确保水平运输安全，本工程在施工过程中主要考虑以下防溜车措施：

（1）电瓶车机头改造。在电瓶车车头前部安装防溜车装置，电瓶车发生溜车时可及时放下挂钩勾住轨枕，帮助电瓶车减速，使之停下。电瓶车防溜车装置如图 9 所示。

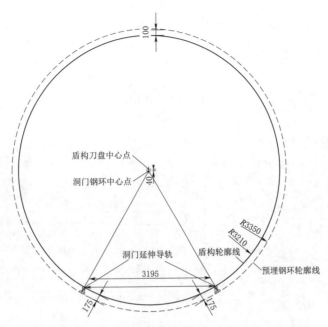

（a）洞门延伸导轨剖面示意图

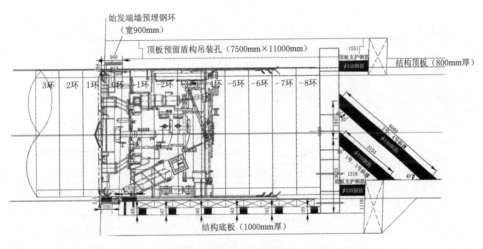

（b）洞门延伸导轨立面示意图

（c）东门延伸导轨现场

图 5　盾构机始发引轨安装示意图（单位：mm）

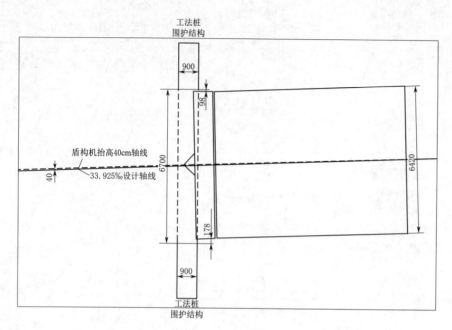

图 6 盾构机与洞门钢环前端关系模拟示意图（单位：mm）

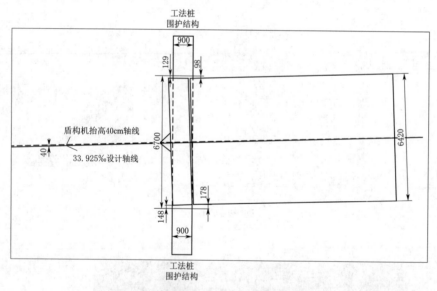

图 7 盾构机与洞门钢环后端位置关系模拟示意图（单位：mm）

电瓶车防溜车装置完善后，经现场启用，能达到预期效果。电瓶车防溜车装置应用如图 10 所示。

（2）在盾构机台车范围内增加防撞梁。在盾构机台车范围设置两道防撞梁：一道为活动防撞梁，设置于 6 号台车部位，电瓶车通过时由专人负责开闭；另一道为固定防撞梁，设置于 1 号台车位置。通过设置两道防撞梁，可防止大坡度条件下列车溜车造成车辆冲入盾尾伤人、损坏设备等事故。台车防撞梁应用如图 11 所示。

增设以上两个防溜车措施，并加强作业人员安全培训教育，规范操作流程，强化施工过程中的设备维修保养，确保了大纵坡条件下的安全施工。

5 盾构始发施工技术实施效果

经过端头加固钻芯取样获得加固数据并根据实际工况模拟盾构始发后，明挖区间至台站盾构区间左线盾构于 2019 年 8 月 18 日始发，始发后将盾构机与洞门钢环的位置关系作为本次盾构始发的关键控制工作。在盾构机上方做好距离标识，实时量测盾构机与洞门钢环位置关系，经盾构始发 3m 长度每隔 10cm 测量数据，本次盾构始发后盾构机未出现栽头或整体下沉现象。盾构机始发过程中与洞门钢环位置关系的实测数据如图 12 所示。

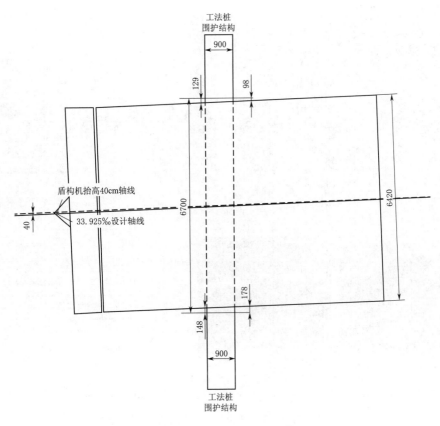

图 8　盾构机盾体与洞门钢环关系模拟示意图（单位：mm）

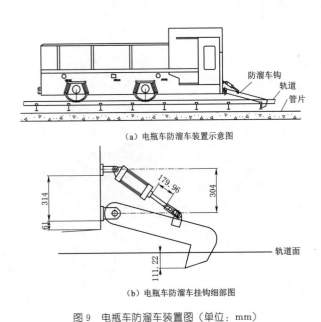

（a）电瓶车防溜车装置示意图

（b）电瓶车防溜车挂钩细部图

图 9　电瓶车防溜车装置图（单位：mm）

6　结语

在以盾构法进行隧道施工的过程中，盾构机的顺利

始发是保证后续作业工序顺利进行的关键，也是保证成型隧道整体质量满足设计要求，确保运营后地铁列车安全运行的关键。面对超大纵坡工况下的盾构始发条件，天津地铁 10 号线 1 标明挖区间至台站区间从端头加固、始发基座调整、始发模拟以及电瓶车防溜车措施等方面采取措施，确保了盾构机成功始发出洞，为今后类似工程提供了可借鉴的施工经验。同时，针对超大纵坡条件的盾构施工，建议在车站结构施工期间对盾构预埋钢环进行优化，增大洞口直径，减小盾构机始发时的卡壳隐患。

图 10　电瓶车防溜车装置应用图

（a）6号台车部位活动防撞梁　　　　　　（b）1号台车部位固定防撞梁

图11　台车防撞梁应用图

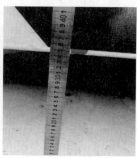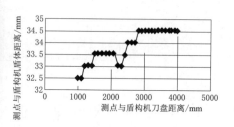

（a）盾构机盾体上方距离标识　　（b）盾构机盾体与洞门钢环间隙实测　　（c）盾构机与洞门钢环间隙数据统计

图12　盾构机始发过程中与洞门钢环位置关系的实测数据

参考文献

［1］李港.长株潭城际铁路大坡度盾构隧道电瓶车选型研究［J］.城市建设理论研究（电子版），2015（3）：4438-4439.

高地下水位承插口钢筋混凝土污水管道明挖法施工关键技术

陈　立/中电建路桥集团有限公司

【摘　要】　本文基于某市政道路污水工程，围绕如何降低地下水位、管网安装中管接头处理、管道与井室衔接、沟槽回填等重点环节，研究了轻型井点降水＋集水明排、双重柔性密封管接头处理、工艺性试验确定分层沟槽回填参数等关键技术。这些技术的应用，有效保证了污水管网的施工质量，投入使用近十年运行良好。

【关键词】　明挖法　钢筋混凝土污水管　工艺性试验

1　工程概况

某市政道路工程位于黄河以南约 25km，地处黄河泛滥冲积平原，地形略有起伏。场区年均降水量为 616mm，多年平均气温为 14.8～15.8℃。施工范围内地下水类型为第四系松散岩类孔隙潜水，地下水主要受大气降水补给，排泄方式主要为蒸发和人工开采排泄。其动态变化主要受季节性降水的影响，年变幅为 1.0～2.0m，历史最高水位埋深为 0.5m。工程沿线地下水埋深为 3.4～4.5m，地下水位较高。工程地层主要由三个工程地质单元组成，自上而下为耕土或建筑垃圾、粉土和粉质黏土、粉砂。

道路为东西走向城市主干路，设计有污水、雨水、给水、燃气等七道管网。其中污水管埋深最大（4.2～7.7m），布设于道路中线偏南 11m。污水管采用 DN500、DN600 的 II 级钢筋混凝土承插口排水管，污水井采用圆形预制模块检查井，设计采用明挖法施工。

2　降水、排水

根据现场实际地下水位高于污水管道的水文地质条件，结合室内试验并综合考虑经济因素，确定采取轻型井点降水＋集水明排关键技术。提前降水与过程降水、排水，沟槽开挖，管道安装，检查井砌筑，试验检验及沟槽回填等工序同步进行。

2.1　轻型井点降水

轻型井点降水旨在将高地下水位降至基槽底部以下

0.5m，降水从沟槽开挖前一周开始，至沟槽及检查井周土方分层回填完成后停止，基本贯穿于明挖法管道施工全过程。

（1）施工工艺流程为：放线定位→铺设总管→钻孔→安装井点管→填砂砾滤料→上部填黏土密封→用弯联管将井点管与总管连通→安装抽水设备与总管连通→安装集水箱和排水管→降水→水位观测和记录。

（2）主要参数。井点管布置在离污水沟槽开口线 1m 处，以防漏气；经计算井点管的间距为 1.2m，井点管埋设深度为 9m，满足该段明挖基槽涌水量抽排要求。

（3）主要材料和设备。井点管采用管径为 48mm、厚度为 3.0mm 的无缝钢管或镀锌钢管。滤管长度为 1.0m，采用管径为 48mm、厚度为 3.0mm 的无缝钢管或镀锌钢管。管壁上钻直径为 18mm 的孔，呈梅花形分布。管壁外包两层滤网，内层为细滤网，采用 30～50 孔/cm^2 的黄铜丝布或生丝布；外层为粗滤网，采用 8～10 孔/cm^2 的铁丝布或尼龙丝布。为避免滤管淤塞，在管壁与滤网间用铁丝绕成螺旋形隔开，滤网外面再围一层 8 号铁丝保护网。滤管下端设一个锥形铸铁头。井点管的上端用弯管接头与总管相连。连接管用透明管或胶皮管，将井点管和总管连接，采用 8 号铅丝绑扎，扎紧以防漏气。抽水设备选用 2BV5111 型真空泵。冲孔系统采用 7.5kW 高压水泵 1 台，冲管为 ϕ40 钢管，前部设圆锥形冲嘴，在冲嘴的圆锥面上设三个直径为 8mm 的圆形喷水孔。

2.2　集水明排

集水明排在明挖沟槽开挖至设计高程后即开始，沟槽回填前撤除。

沟槽底部坡脚设 30cm×30cm 集水槽，每隔 20m 设 1m 深集水井，井内安放水泵抽排明水。

降水、排水供电系统采用现场 380V 的施工电源，另配备一台 75kW 柴油发电机作为备用电源。

3 管道、检查井施工

管道安装前，先对沟槽基底承载力进行检测与验收。承载力不足的，要进行处理。本工程明挖沟槽基底为粉砂性土，待地下水位下降到位，基底整平并碾压后，承载力满足设计要求，无须特殊处理。

管道、检查井施工采用了承插口管接头双重柔性密封、井身首层与底板一次浇筑、管道与检查井连接处细节处理等关键技术。

3.1 承插口管接头双重柔性密封

连接承插口时，先在插口上套入配套的滑动橡胶密封圈，然后挤压插入承插口实施第一道密封。待管道定位完成后，将承插口缝隙内外清理干净，均匀、密实地涂抹双组分聚硫密封胶，从而实现承插口管接头双重密封。

橡胶密封圈和密封胶均为柔性材料。与传统的刚性水泥砂浆抹带接口相比，有效实现了"以柔代刚"，克服了刚性密封材料与光滑的管体连接不佳、管道扰动导致脱落、养护不到位开裂等问题，且双重柔性密封操作简单、快捷，提高了管道安装效率和密封效果。

3.2 井身首层与底板一次浇筑

检查井发生渗漏的主要原因是井身与井底不能成为有机的整体，存在"两张皮"现象。底板施工前，将底层模块砖通过垫块固定安放，测量后准确放出井底标高。从模块砖腹中下料，实现底层模块砖与底板同步浇筑。浇筑过程中确保振捣密实，使检查井与底板形成整体，有效避免了井身与底板接茬处的渗漏。

3.3 管道与检查井连接处细节处理

管道与检查井连接处细节处理主要包括如下内容：

（1）对穿井段的管道进行凿毛处理，确保模块砖内现浇混凝土与预制管之间的连接效果。

（2）对检查井外的管节下部 180° 管道进行凿毛处理并用混凝土包封。这样既能解决穿墙处管道下半部分无法坐浆密实的问题，也可减少管道与井之间的不均匀沉降。

（3）在井基坑与管道基槽间增设灰土过渡段，增强井与管基础的平顺过渡。

4 沟槽回填

压实度不足是道路完工后沟槽部位发生沉降的根本原因。影响压实度的主要因素有回填材料、分层厚度、压实设备。借鉴铁路、公路工程路基回填工艺性试验经

验，基于现有回填材料，确定了沟槽回填的最优设备、碾压组合，总结了一套适用于污水沟槽回填的工艺性试验关键技术。

回填材料采用清表后的沟槽开挖原土，经室内试验，最优含水率为 17.6%。回填前检测含水率状态，含水率偏低的洒水闷料，含水率较高的翻晒。含水率在偏差范围内应及时回填碾压密实，进行表面平整，要避免雨雪天气进行回填作业。

通过工艺性试验总结的回填和碾压参数为：采用振动强度为 15kN、振动频率为 5500 次/min、工作面积为 400mm×600mm 的振动平板夯；虚铺厚度 17.3cm，压实厚度 15cm，压实系数 1.15；碾压 3.5 遍（一个往返为一遍），压实度满足设计要求且有一定的富余系数。对工艺性试验进行总结后推广至明挖沟槽回填施工全线。

沟槽回填开始前，在检查井外壁、两侧坡面设置分层虚铺、压实厚度刻度线，以确保虚铺厚度不超标，这也是验证压实效果的辅助手段。

井周按设计要求采用水泥土或二灰土，与管道同步回填。或管道回填时预留台阶，将台阶边缘的虚土切除后，再进行井周回填，确保井周回填料与沟槽填料的搭接效果。

沟槽回填至管顶 50cm 即进行闭水试验，试验合格后分层回填至路床标高。地下管网施工完毕进行路床整形时，采用石灰洒出沟槽开口线，对沟槽填料和路基原状土跨缝整平、碾压，以减少两者之间的不均匀沉降，直至路床弯沉合格进入下道工序。

5 结语

近年来市政道路沉降、塌陷事故时有发生，归根到底还是基础不稳、管道渗漏、沟槽回填质量欠佳等方面的问题。本工程通过轻型井点降水＋集水明排降低地下水位、双重柔性密封管接头管道安装、工艺性试验确定沟槽回填碾压参数等关键技术的实际应用，以"将管道做成结构"的理念为指引，注重管道安装、井室浇筑细节处理，发扬工匠精神做好技术交底和过程监管，有效保障了污水管道的施工质量，大大提升了管道使用寿命，减少了投用过程中的维修工作量，解决了路基不均匀沉降的问题，降低了运维成本。以此抛砖引玉，可为地下水位较高地区类似管道工程施工提供参考。

参考文献

[1] 中华人民共和国住房和城乡建设部. 建筑与市政工程地下水控制技术规范：JGJ 111—2016 [S]. 北京：中国建筑工业出版社，2017.

[2] 陈立. 承插口混凝土排水管防渗漏关键技术研究 [J]. 建筑工程技术与设计，2017（36）：262.

[3] 中国铁路总公司. 高速铁路路基工程施工技术规程：Q/CR 9602—2015 [S]. 北京：中国铁道出版社，2015.

达喀尔铸铁供水管施工存在的
问题与对策研究

孙明志　龙　腾/中国电建集团港航建设有限公司

【摘　要】　为解决供水管道施工中难题，本文以中国水电塞内加尔达喀尔供水工程项目为例，分析了铸铁供水管道施工中存在的问题，并从实际角度出发提出相应的施工管理对策，以此为相关工程技术人员提供参考。

【关键词】　供水管道　施工技术　优化对策

1 引言

塞内加尔首都达喀尔位于非洲大陆的最西端，气候炎热，濒临大西洋，大部分淡水供给来源于海水淡化厂，当地居民长期以来面临水资源短缺的问题。达喀尔地下供水管年久失修，存在锈蚀、断裂以及渗水漏水等情况，造成大量水资源被浪费。中国水电塞内加尔达喀尔供水工程项目部承建标段为马梅尔海水淡化项目 6 个标段中的 2 个标段，施工总长度为 316km。计划将达喀尔日均供水流量由 50000m³ 提升至 100000m³，在改善达喀尔供水条件和解决现存供水短缺问题的同时，推动供水系统更新迭代。

供水管道管线工程作为城市基础设施之一，直接影响着城市的经济发展、市民的生活质量。城市化进程的不断提速，也对供水管道施工造成了不小的难题。本文从市政铸铁供水管施工的工艺流程阐述、分析存在的问题，并提出具体的施工管理对策。

2 铸铁供水管道施工存在的问题

2.1 铸铁供水管道施工流程

铸铁供水管道施工流程依次为：①勘察地形，开挖探坑，探明障碍物；②出具探坑报告，绘制管线和井室图纸并提交和批复、监理现场定线；③定线桩号，开挖沟槽；④铸铁管道及井室施工；⑤回填及表层处理；⑥压力测试、消毒以及连接点施工。

2.2 铸铁供水管道各施工流程中的难点

2.2.1 地质条件及障碍物问题

施工前进行地质条件勘察，开挖探坑时发现地下岩石密集，岩石以成片区形式存在，单个石块体积大，加之铸铁管线安装设计基本要求管顶至水平地面覆土高度为 1m，但实际铸铁管线设计埋置深度在 1.5～2m，开挖难度大。

除了地质条件不利于正常施工外，塞内加尔首都达喀尔市区市政规划混乱，地下障碍物（现场管线）复杂是造成施工困难的最主要原因。达喀尔地下障碍物（现存管线）有污水管线、供水管线、电力管线、电话和网络线路、燃气管、污水井等，这些障碍物在铸铁管道施工时都是需要避开或者穿过的深坑开挖如图1所示。

图1　深坑开挖

当地施工团队及设计公司在对现存管线进行铺设安装，遇到难以破碎挖开的岩石（障碍物）时，为了降低施工难度，节约施工时间，普遍选择把这些管线紧贴铺设在岩石之上，而不选择破碎障碍物继续向下埋置。而达喀尔供水工程中铺设的铸铁管道埋置深度通常是在岩石（障碍物）之下，按照设计规范铺设安装铸铁管线，就必须破碎清理现存管线周围的岩石，而清理现存管线周围岩石施工难度大，并且伴随着可能破坏现存管线的风险。破碎石头施工现场如图2所示。

图2　破碎石头施工现场

2.2.2　施工定线、开挖路线问题

在塞内加尔首都达喀尔施工需要与政府多个部门相互配合、相互协调。塞内加尔公路局要求严格，非特殊复杂情况，严禁在公路（沥青混凝土路面）上开挖铺设管道，如果在施工过程中破坏了公路，将要以公路半幅路的宽度进行修复，因此监理单位在进行定线规划时，通常要求铸铁管道线路在人行道或者非公路上铺设。然而在人行道或非公路上施工，存在施工面窄、路面上障碍物多、地下现存管线不明、与住户商户协调困难等问题，严重影响施工进度计划，增加铸铁管道施工难度。

在铸铁管道施工过程中，根据监理所定的线路进行沟槽开挖。在开挖过程中，存在开挖线路与图纸线路有差异，以及不了解当地现存管线分布的情况，而且政府部门提供的现存管线图纸与实际线路不符，导致现存管线及障碍物无法避开，甚至出现挖断挖坏当地现存管线的情况，使得铸铁管线铺设工作无法继续进行，反而需要及时维修破坏的当地现存管线，从而导致人力、物力、财力的浪费，施工进度受到严重影响。

2.2.3　铸铁管道安装问题

铸铁管道连接方式为承插式，由承口和插口构成。承口的处理方式为：先将承口内壁的灰层、油漆残渣用刷把清理干净并用清洁布擦拭，然后将对应的胶圈套进承口中，并将承口内部和胶圈涂抹上润滑剂。插口的处理方式为：先用锉刀打磨掉插口上多余的油漆，然后用水冲洗干净并用清洁布擦拭，再给插口涂抹上润滑剂，润滑剂的涂抹范围为铸铁管上标记的两条白色条纹内。将承口和插口对接好，并用机器将插管承插入承管，观察插管表面两条白色条纹直至全部没入承口内，并用细

小铁丝检查无多余缝隙即连接完成。

铸铁管道的安装流程，任何一个步骤没有按照标准进行，将会直接影响管道的安装质量，甚至导致管道连接失败。一旦连接失败，打压时将会漏水，以至于验收时打压无法通过，影响整个片区的验收工作，将对项目造成极大的损失。

2.2.4　回填问题

安装完铸铁管道后进行的管沟回填有着严格的规范要求，管道的垫层至少有10cm厚。如果是岩石地或存在地下水，应当超挖一定深度的范围，并对该范围的地质进行处理，一般进行碎石换填。

如果回填材料中存在超过规定的粒径颗粒，且未按照规范铺设砂垫层保护管道，将会出现回填颗粒砸坏铸铁管道或者其他现存管线的情况。因此，开挖出来的石头颗粒直径过大，不能作为回填料，必须马上清理运出施工现场，否则将会对工程质量和施工进度造成不利影响。开挖出的颗粒直径过大的回填料如图3所示。

图3　开挖出的颗粒直径过大的回填料

2.2.5　连接点及压力测试问题

铸铁管道连接包括与当地铸铁现存管线连接、PE-HD管道连接等。当地现存管线图纸由水务公司提供，挖开管线准备连接时发现，所提供的现存管线图纸与实际管线位置存在严重偏差，另外需要连接的管道管径大小大部分与图纸不符，导致中方施工人员在开挖时需要花费大量时间寻找管线、确认管径。管径大小不符使得项目在采购时花费大量资金所购买的连接管件无法使用，从而对管道连接产生一系列不利影响。

铸铁管道压力测试是施工管道验收中极其重要的部分，影响压力测试最主要的原因是存在漏点，即管道与管道相连时对接出现问题，一般是在现存管线较多、井室周围、地质较复杂等区域未连接成功形成的漏水点。

根据业主、监理要求，打压管道要形成片区。施工人员按照规范先打压，打压合格后再进行整体回填，但

公路局要求 24h 之内必须全部回填,造成的后果为:如果压力试验不合格,将难以寻找漏点。

如能在整个区域开始试压时找到漏水点,把出水点修复好即可。但问题在于漏水点难以找到,因为铸铁管道埋置深度不低于 1m,加之管道漏水量小,很难发现水渗出表面。故只能以 6m 为一个节点开挖,寻找漏水点。由于成片区地进行压力测试,范围广、管线长,寻找漏水点需要花费大量时间,加之维修环境复杂,从而导致花费大量资金进行修复,对项目造成极大损失。

3　铸铁供水管道施工管理对策

3.1　提高施工人员专业素质

施工人员是实际施工的实施者。如果施工人员的施工经验不能满足时代发展需求,施工单位就需要加强施工人员的教育培训,为其传授更加科学、先进的施工理念与技术,明确每个岗位的职责和所需掌握的技术等。

加强对当地施工工人、测量员、安全员、机械操作手等的施工管理教育,使之在实践中学习。实践中,现场施工人员在施工前开挖探坑,查看井室,认识现存管线,掌握现存管线分布的特点,例如,离地面 30 ～ 40cm 处可能存在路灯线,离地面 50cm 左右处可能存在直径为 63mm 的供水管线。从实践中总结经验,让现场施工人员对施工内容有充分的认识,例如挖掘机司机驾驶挖机使用破碎锤破碎石块时,明白破碎石块时对现场管线有可能造成破坏,在此基础上与现场人员探讨破碎技巧,就能避免盲目破碎,导致现场管线遭到破坏。现场施工人员通过施工培训学习、现场施工实践后,往往能通过调整高程、调整水平偏移等方法避开未知的现存管线以及障碍物,实现铸铁管道准确、高效安装。

3.2　提高铸铁管道安装成功率

铸铁管道安装时中方人员必须在场监督,要求施工人员按照顺序对运输至现场的铸铁管道是否符合施工要求进行检查,检查的内容有:①管道外壁内壁是否有凹陷、磕碰;②管道承插口内壁圆环是否凹陷、破损,管道插口周围是否凹陷、破损;③安装时胶圈是否完好;④管道承插连接时,承口、插口沙子是否清理干净,润滑剂是否涂抹均匀;⑤承插时是否为垂直承插,不能是斜向承插。管道承插口连接安装如图 4 所示。

以上检查如果未达标,都会影响管道安装质量,影响后期打压验收工作。以上检查由中方人员监督,安排施工人员认真仔细完成。做好上述检查事项,将提高管道安装的成功率,为后期打压查漏减少不必要的麻烦,节约项目成本。

图 4　管道承插口连接安装

3.3　开挖沟槽注意事项

在进行沟槽开挖施工时需要注意以下几点:①开挖土以及施工所用材料须堆放在沟边 0.8m 以外的地方,且保证土堆高度在 1.5m 以下;②不得掩盖已建地下管道井盖,保证井盖可以正常使用;③沟槽底部如果有支撑物,则在支撑物之间,沟槽宽度至少等于管道内螺纹端的外径,公称直径不大于 600mm 的管道,两侧有 30cm 的多余宽度,超过该值的宽度为 40cm,沟渠在观察井水平的宽度至少等于观察井的外部尺寸,每边加 0.5m;④开挖期间在沟槽两侧建设永久性工程设施,须做好稳固处理;⑤对施工全过程实施监控,及时上报各项问题,确保各环节施工高质量开展。

3.4　避免回填而影响管道安装质量

避免出现回填颗粒不符合规范要求的情况,砸坏铺设的管道或现存的管道。要求各个施工面做到以下几点:①初级回填必须经过筛分,其颗粒度必须小于 50mm;②应分层铺设,填土厚度为 20cm,洒水并压实到招标要求的 95%;③在存在地下水的情况下,回填土由土工布膜上铺设 5～30mm 的砾石组成;④二次回填物必须具有规则分布的颗粒结构,颗粒直径小于 80mm;⑤应在路基、路肩和人行道下铺设 20cm 厚度填土,洒水并压实到招标要求的 95%。

3.5　提高压力测试成功率

因当地公路局要求当日铺设的管道当日回填、修复,因此本项目无法像常规工程一样敞开管沟打压,导致出现漏点,且查找困难,修复漏点困难。本项目通过以下三点提高压力测试成功率:①技术人员对所有管道施工人员进行管道安装技术交底,不定时对管道施工队长进行安装考核,对当地工人进行安装培训;②在遇复杂地质情况时，管道需要偏转，偏转后要计算出偏转角度是否在技术规范要求范围内，并且用小铁丝检查胶圈是否出现挤压变形的情况；③引进国内先进的探漏设备，当出现的漏点是十分微小的小缝隙时，通过流水渗出地面观察往往不现实，使用国内先进的探漏设备就可以更加精确地找到漏点，这也是整个施工流程的完善。做好以上三点，是提高压力测试成功率的决定性因素。

4　结语

由于管道安装施工质量会直接影响到塞内加尔达喀尔地区饮水供水质量，所以应进一步加强对管道安装工程施工方式的对策研究，在明确地区管道工程安装具体要求的基础上，按照要求科学开展铸铁供水管道施工的工艺流程分析、优化，解决铸铁供水管道施工中存在的问题，并对铸铁管道连接安装、回填等环节的施工质量严格把控，从而达到预期管道工程施工效果，确保塞内加尔达喀尔地区的饮水供水安全。

参考文献

[1] 余銮霖. 市政公用工程项目施工阶段质量管理 [J]. 散装水泥，2023（2）：46-48.

[2] 周玉萍. 浅谈农村安全饮水供水管道安装工程施工方法 [J]. 新型工业化，2022，12（7）：140-143.

[3] 肖强. 农村饮水安全工程运行管理长效机制建设研究 [J]. 河南农业，2019（17）：46-47.

[4] 蒋宜英. 水利工程管道施工技术与质量策略探究 [J]. 建材发展导向，2024，22（4）：52-54.

[5] 桂钱君，毛春阳，王磊，等. 市政工程雨污水管道施工技术应用分析 [J]. 四川水泥，2024（2）：214-216.

浅析复合地层中盾构刀盘耐磨设计及施工换刀技术

权 伟/中国电建市政建设集团有限公司

【摘 要】 在城市地铁建设盾构法施工中，卵石地层对刀盘、刀具存在很大的磨损风险，也会影响到盾构施工功效和地面的安全稳定，应提前采取应对措施，控制和减小不良地质对盾构机刀盘、刀具的损坏，针对已发生的既成事实的磨损要采取可行的修复方案，以确保后续施工任务的完成。

【关键词】 卵石 刀具 磨损 换刀 快速修复

1 引言

本文以成都轨道交通 19 号线二期工程天府商务区站至蓝家店站盾构区间施工为例，系统分析盾构施工掘进中出现的盾构刀具损坏、正面单刃滚刀掉齿等情况，采取加固处理措施进行常压换刀及刀盘快速修复等，解决了施工中的难题，保障项目盾构正常掘进施工，为类似工程提供经验和参考。

2 工程概况

2.1 项目概况

成都轨道交通 19 号线二期工程天府商务区站至蓝家店站区间项目位于成都市天府新区，区间右线长度为1947.54m，最小曲线半径为 4000m，最大设计纵坡为＋25‰；左线长度为 1953.63m，最小曲线半径为 4018m，最大设计纵坡为＋25‰，双线长度为 3901.17m。区间隧道拱顶覆土深为 4.99～55.18m，共设置 3 处联络通道，采用喷锚构筑法施工，其中 3 号联络通道设置废水泵房。本工程左、右线分别采用中铁 875 号盾构机和中铁 876 号盾构机施工，刀盘直径皆为 8640mm，两台盾构机参数基本相同，以下以左线盾构机为例予以说明。

2.2 地质水文情况

该区间属于构造剥蚀缓丘地貌，高差相对较大，地面坡度为 5°～10°，相对高差一般小于 50m，地面高程

为 470.00～560.00m，局部发育有树枝状沟谷。隧道洞身穿越地层主要为卵石、中风化砂岩、中风化泥岩，且存在低瓦斯有害气体。沿线地表水主要为河水，沿线地下水主要有两种类型：赋存于填土层的上层滞水和基岩裂隙水。

2.3 盾构机主要参数及刀盘结构形式

盾构机主要参数为：开挖直径为 8640mm，刀盘最大转速为 2.76r/min，最大推进速度为 80mm/min，最大推力为 81895kN，驱动电机有 12 组，总功率为 3000kW，额定扭矩为 25401kN·m，脱困扭矩为 30482kN·m。

刀盘设计及配置为：刀盘采用 6 主梁＋6 副梁结构，中间支撑形式，磨损设计上采用中厚钢板，刀盘开口率为 36％，刀盘布置刮刀 12 把，全面板采用 5mm 厚耐磨焊接网格，增加最外层网状耐磨层；最外、次外布置同轨迹滚刀 2 把，增加耐磨性；布置仿形超挖刀 1 把，中心滚刀间距为 90mm，正面滚刀采用 18 寸滚刀，正面滚刀间距为 90mm，具有较密集的滚刀刀刃；刀盘布置 60把刮刀，刮刀宽度为 250mm，内嵌合金，增加耐磨功能，刮刀背部焊接保护块，滚刀刀圈具备较强的抗冲击性。

3 刀盘、刀具磨损情况及原因分析

左线盾构机始发后掘进了 560m，由泥岩地层转入卵石地层。进入卵石地层前在全断面泥岩地层中首次开仓检刀，刀具磨损正常，关闭仓门继续掘进，掘进卵石地层至 1326m 预设换刀点开仓检刀，发现刀具有磨损，进行了更换，针对掘进的 1326m 分析如下。

3.1 刀盘、刀具磨损情况

(1) 双刃滚刀 6 把，刀刃磨损值在 5mm 以内，刀齿磨损值在 1.5mm 以内，属于正常磨损，不需要更换。

(2) 正面单刃滚刀 10 把存在掉齿的情况，刀刃磨损值超过 15mm，需要更换，其他 22 把磨损值小于 15mm，属于正常磨损，不需要更换。

(3) 边缘单刃滚刀 6 把存在掉齿的情况，刀刃磨损值超过 10mm，需要更换，其他 6 把磨损值小于 10mm，属于正常磨损，不需要更换。

(4) 刀箱无异常，刮刀正常。

3.2 换刀情况

第一次开仓掘进 490m 未更换刀具，第二次开仓掘进 1326m 更换了 10 把正面单刃滚刀、6 把边缘单刃滚刀。

3.3 原因分析

(1) 刀盘上方卵石由于重力作用进入土仓，造成开挖面超挖。

(2) 刀盘、刀具耐磨性不足，刀盘开口率小，造成刀盘、刀具及螺旋输送机的磨损。

(3) 卵石地层自稳性差，卵石集中在刀盘前后滚动，造成刀盘刀具二次磨损。

(4) 掘进过程中刀盘易出现结泥饼现象，导致卵石无法进入土仓，在刀盘前方滚动，致使边缘滚刀多次磨损，同时，易造成地面安全风险。

(5) 卵石地层自稳性差，很难形成板结的整体，最大卵石直径达 90cm，刀具切削困难，卵石棱角光滑，不利于刀盘刀具切削。

3.4 评估及对策

(1) 刀盘采用 6 主梁＋6 面板的复合式结构设计，开口在整个盘面上均匀分布，整体开口率为 36%，中心区域开口率可以达到 38%。

(2) 刀盘钢结构采用 Q345B 高强度钢板焊接而成，保证刀盘整体强度和刚度满足长距离掘进耐磨性能的需求。

(3) 滚刀间距根据地质情况进行针对性设计，弧形区域刀间距依次递减，可有效保证刀盘开挖直径，减少周边滚刀更换的次数。刀箱为 18 寸刀箱，预留安装 19 寸刀圈的空间。18 寸中心滚刀和正面刀的极限磨损为 25mm，19 寸刀圈为 35mm，边缘滚刀的极限磨损量为 20mm（泥岩）或 25mm（砂卵石）。

(4) 刮刀为 250mm 宽，有 8 个安装螺栓孔。其中 3 把刮刀内嵌耐磨合金，侧面内嵌一道合金。较宽的设计有利于刮刀大面积刮渣，同时刮刀不易脱落。内嵌耐磨合金有利于防止卵石撞击而造成刮刀崩刃或掉齿，侧面的合金延缓了刮刀基体的磨损。

(5) 用于砂卵石地层的刀盘采用的是成都现有的最高标准的耐磨设计。刀盘大圆环采用 60mm 厚的合金耐磨块全覆盖，刀盘前面板及主梁未布置刀具区域采用的是 12mm 厚的耐磨复合钢板全覆盖，大圆环背面切口环处采用 24mm 厚耐磨复合钢板全覆盖。此外，刀盘弧形区域布置 22 把重型焊接撕裂刀，与滚刀同轨迹，可防止刀盘磨损。

(6) 9 路泡沫喷口、3 路膨润土喷口（与泡沫口共用）、刀盘中心区域 6 个开口位置均有高压水径向冲刷，保证渣土改良效果。

4 技术方案及措施

4.1 开仓准备工作

(1) 根据该区间地层情况以及成都地区开仓检查刀具、换刀施工经验，换刀均采用预设检刀点常压开仓的方式进行。

(2) 制定详细的开仓方案，并在开仓前对作业人员进行专项技术交底。

(3) 从盾尾后三环往后，对管片背后进行二次注浆，注入水泥-水玻璃双液浆，注浆量以注浆压力控制，保证管片后止水效果。水泥浆的水灰比为 1∶1，水泥浆与水玻璃的体积比 1∶1，水玻璃浓度为 15～20°Bé。注浆时要密切关注管片状态及注浆压力（顶部注浆压力为 0.11～0.12MPa，底部注浆压力为 0.18～0.2MPa）。

开仓条件确认分两步：土仓最上部的土压力传感器显示数据接近 0，打开人字闸门内的出气闸阀，同时检测土仓内的气体，并由第三方气体检测单位进行气体检测合格后方可进行施工，按照要求做好记录；根据《盾构法开仓及气压作业技术规范》（CJJ 217—2014）的规定，开仓作业时，应对开挖仓内持续通风，仓内气体条件应符合相关规定，如果有水则在中部打开球阀让水流出，如果此时水流不止则不能开仓。

4.2 开仓工艺流程

打开人字闸门，首先进行易燃、易爆、有毒气体检测，然后派有经验的技术管理人员观察土仓内和掌子面情况，当掌子面稳定并无大的流水涌入土仓，判断可以进行换刀作业后报监理，经业主、监理、施工方三方认可后才可进仓进行清理和换刀作业。收集掌子面土层土样并留下影像资料。

开仓后再次用气体探测仪对仓内气体进行检测，确定仓内通风、降温、掌子面稳定后方可进仓。进仓后对刀盘上的刀具、刀座等主要位置进行冲洗作业时，应尽量避免冲洗开挖面及切口环位置。

4.3 换刀方案

检查刀具时，操作司机锁住刀盘（操作室），到人仓内的控制面板上操作，转速为 0.5r/min。如控制面板无法显示，则需操作司机与换刀负责人用对讲机沟通好，确保核实无人及其他物料后，方可转动刀盘，转速为 0~0.5r/min。检查内容应包括如下：

（1）滚刀的磨损量和偏磨量，滚刀轴承漏油情况，滚刀刀圈的脱落、裂纹、松动、移位等情况，刀具螺栓的松动和螺栓保护帽的缺损情况。

（2）刮刀的合金齿和耐磨层的缺损和磨损以及刀座的变形情况，刀盘有无裂纹，刀盘牛腿磨损及焊缝开裂情况。

（3）根据每把刀具的编号，记录刀具的磨损量，并提供刀具检查报告。根据相关介绍，盾构刀具磨损的建议标准是：周边刀磨损量为 15mm、齿刀磨损量为 15mm 左右时就必须更换。

（4）换刀期间刀盘转动控制必须在人字闸门内进行。换刀过程中尽量减少刀盘转动，力争刀盘转动一周，刀具全部更换完毕。刀具更换宜做到拆一把换一把，并做好刀具更换记录。完成后应对所有更换的刀具进行检查，确认固定牢固，螺栓紧固力矩符合要求，并将土仓内所有工具与杂物清理干净。

（5）每次更换时，换刀人员须先将刀具周围的泥土清掉，保证留有一定的工作空间。

（6）由刀盘外侧向内侧逐个检查刀具的磨损情况，确定需要更换时，用相应标号的刀具替换。

（7）用套筒及加力杆卸下固定螺栓，将拆下的螺栓及附件放入随身携带的工具袋内。

（8）将换下的刀具递到人字闸门内，同时将固定螺栓和固定座用水清洗干净，并检查是否有裂纹，如有裂纹必须更换新螺栓，以确保新装刀具有足够的固定强度。

（9）将新的刀具按原来的位置安装好，并将固定螺栓拧紧，每次带一批刀具和螺栓进仓，每批刀具换完后，把废刀具和没有安装的新刀放进料闸内。

（10）操作手转动刀盘，工作人员通过料闸把下一批刀具送入土仓内，再继续更换下一组刀具。

（11）每换完一批刀具，由值班工程师检查一遍安装质量，并检查是否有漏掉或者没有固定好的。机械工程师确认无误后方可继续作业。

4.4 关闭土仓门

换刀完毕后，在关闭土仓门前，由盾构机电部派技术员按照刀具更换和刀盘修复表的要求栏对落实情况进行检查，确认落实；由机电负责人对领取的换刀工具进行清点，确保无工具和其他杂物（尤其是金属物件）遗留在土仓内。

5 恢复掘进及相关措施

（1）换刀结束后关好土仓门，通过土仓壁上的球阀向土仓中注入充分膨化的膨润土泥浆，注入膨润土的过程中打开土仓壁上部的平衡阀排出仓内空气，直至溢出膨润土浆液时关闭平衡阀。观察土仓压力传感器，当土仓压力达到掘进时土压平衡的压力时停止注入膨润土，然后启动刀盘，将土仓内的渣土与膨润土搅拌均匀，恢复盾构掘进。

（2）盾构恢复掘进期间安排专人对地面进行巡视，如有异常状况及时汇报技术部。

（3）盾构恢复掘进后加密监测频率（每 2h 一次），根据地面监测数据，实时调整掘进参数，确保盾构施工平稳、安全。

（4）如地面监测点数据异常，及时进行地面注浆。

（5）待盾构机通过换刀区域后，加大注浆量并在隧道内利用管片吊装孔进行二次注浆，如有必要可安排地面进行袖阀管钻孔注浆，注浆前安排专人在隧道内指定位置进行观察。

6 工程实施效果

天府商务区站至蓝家店站区间，左线长 1953.63m，右线长 1947.54m，盾构机始发顺序为左线在前、右线在后。盾构机掘进左线泥岩 866m、卵石地层 1087m，共计开仓 4 次，掘进前段泥岩 560m 开仓一次，检查刀具后未更换，掘机中间段 1087m 卵石地层开仓两次，换刀 39 把，掘机后面段 306m 泥岩开仓一次，检查刀具后未更换，后掘进出洞。总结左线经验，紧随其后的右线通过预设开仓点，全长 1947m，掘进泥岩 916m 及中间段卵石地层 1031m，开仓检查刀具 4 次，换刀 30 把，其中第三次开仓后对有磨损但未超限的边缘滚刀调整到中间位置，后顺利掘进出洞。

7 结语

根据本工程的经验教训，总结类似施工项目经验。应做好前期策划，充分考虑地质、环境因素影响，采取可靠的防范措施，避免刀具磨损导致刀盘本体磨损，造成掘进困难。总结经验如下：

（1）根据地勘图纸，施工前对线路地质情况进行详勘，做到心中有数，采取相应对策。

（2）增加高性能膨润土、泡沫用量，提高渣土改良效果，减小对刀盘、刀具的磨损。

（3）根据实际情况提高刀盘、刀具检查频率或配备自动监测刀具磨损装置，及时更换刀具。

（4）针对刀盘切口环磨损情况，建议增加厚度和耐磨层，提高刀盘的刚度和强度，并选用耐磨性、抗冲击性好的刀具。

（5）在刀盘内部增加带破碎功能的设备，对大粒径卵石进行破碎，减小刀盘刀具磨损，提高螺旋输送机通过率。

预制简支梁桥自承式防护结构施工技术研究及应用

巨大飞/中国水利水电第十一工程局有限公司

【摘　要】 预制简支梁桥自承式防护结构通过设置预制梁和梁边防护围挡，不仅减少了施工安全防护费用投入，缩短了工期，还能提高防护效果，保障施工安全。本文主要以莫桑比克鲁里奥大桥为例探讨了预制简支梁桥自承式防护结构施工技术及其应用，可为类似工程提供参考。

【关键词】 钢筋　预制梁　防护

1 引言

传统桥梁工程通常采用的防护措施是搭建安全通道，不仅施工安全防护费用投入大、工期长，而且容易对下方的道路交通或结构物的日常使用造成较大影响。相比之下，预制简支梁桥自承式防护结构是对传统梁桥防护结构施工的一次重要创新。本文结合工程案例研究预制简支梁桥自承式防护结构施工技术的具体应用，该技术通过预制梁、梁间施工平台和梁边防护围挡的有机结合，实现了施工安全防护结构的简化与高效，既提高了桥梁整体结构的稳定性，也减少了线上施工污染，为简支梁桥的施工提供了新的解决方案。

2 工程概况

鲁里奥大桥位于莫桑比克尼亚萨省尼佩佩地区，全长为307m，上部结构采用10m×30m预应力混凝土T梁。桥墩及基础采用柱式墩、桩基础，桥台及基础采用柱式桥台、桩基础，桥梁宽度为9.5m。预制T梁主梁、横隔梁、湿接缝均采用C50混凝土。桥面现浇层采用12cm厚C50合成碳纤维混凝土。护栏采用C35混凝土。支座垫石采用C50细石混凝土。圆柱式墩柱及盖梁、系梁、台帽、耳墙、承台、侧墙顶等采用C35混凝土。桥头搭板采用C35混凝土，钻孔桩基础采用C35水下混凝土。

施工区海拔为425m，属热带草原气候，一年分两季，旱季5—10月，雨季11月至次年4月。

地质勘察资料显示，施工场地岩土构成主要是砂土层和变质岩土。由于桥位靠近河流岩体地下水水位，地下水主要是松散孔隙水和变质岩裂隙水。洪水水位高程为412.00m，河道长年过流，桥梁高度较高，不具备满堂架施工的条件，因而推荐采用自承式防护结构。

3 预制简支梁桥自承式防护结构施工技术方案

3.1 预制T梁施工

3.1.1 钢筋加工和安装

钢筋加工前检查钢筋质量，保证钢筋接头均采用电弧焊接，弯折度约为7°。同时，单面焊接和接头双面焊接的搭接长度分别不小于10d和5d（d为钢筋直径）。

加工钢筋定位架时，T梁台座施工中将吊装靠近梁端一侧的台座顶面高度降低2cm，并在底模对应预埋钢板的位置隔开一个50cm×65cm的切口，在切口下垫设钢板，确保梁底预埋钢板可以自由调整，使架设后的T梁支座始终处于水平受力状态。梁底预埋钢板示意如图1所示。

绑扎钢筋时，梁肋钢筋定位架间距设置为4m，底座定位角钢紧扣台座顶面，调节底脚螺栓丝杆，保证定位架垂直稳固，底部和顶部横向定位拉杆固定。绑扎横隔板钢筋要保证受力钢筋间距误差不超过10mm，箍筋间距误差不超过20mm。

进行预埋施工时，对钢束的平面布局和垂直高度进行精确放样，并在相关的钢筋部分做出清晰的标识，确保后续操作的精准对位。波纹管接头要做好密封处理，用胶带将接口紧密包裹，以防水泥浆渗入波纹管内造成

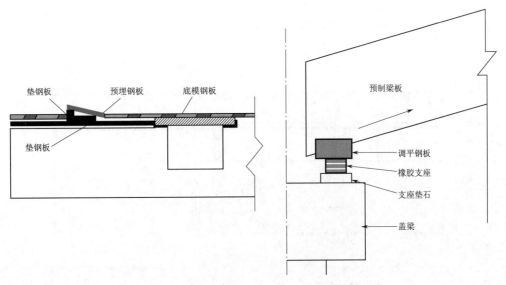

图1 梁底预埋钢板示意图

管道堵塞，波纹管安装规定见表1。此外，为了固定波纹管，采用钢筋焊接成"♯"形框架，用点焊的方式将管道固定在箍筋和架立筋上。沿管道长度方向每隔50cm设置一个定位筋，确保管道通过点焊与钢筋网架牢固连接，避免在施加预应力时发生其他方向上的移动。之后，安装T梁翼板钢筋。首先，在模板翼缘上准确定位翼板箍筋及纵向钢筋的位置；其次，根据翼板定位线，安放底层纵向水平筋和箍筋，扶直箍筋绑扎在顶层纵向钢筋及卡扣钢筋上。

表1　　　　波纹管安装规定

检 查 项 目		允许偏差/mm
管道坐标	梁长方向	±30
	梁高方向	±10
管道间距	上下层	±10
	同排	±10

3.1.2　模板加工和安装

T梁模板应采用独立的钢板底模，保证在侧模拆除后横隔板的底模仍能起支撑作用。安装时要遵循"慢吊、轻放"的原则，防止模板碰撞变形。将预先绑扎好的梁肋钢筋缓慢且平稳地吊到底模上，直至肋板内的预应力管道安装完毕；采取"先中间、后两边"的策略安装侧模；调整翼板的横坡，随即安装并连接梁顶的双向拉杆；使用水平仪重新检验该部分的模板高度，确保其符合施工标准。一旦验证通过，可以继续两侧的对称模板安装。期间使用软橡胶条填塞在模板接触处，当面板夹紧时，橡胶条会因挤压而变形，从而有效地封闭面板之间的空隙，防止混凝土在浇筑过程中发生漏浆现象。检查合格后，安装波纹管端头的锚固板、端模和齿板模板。

3.1.3　混凝土施工

T梁混凝土采用水平分层法浇筑，从梁的一端开始，按照预定的浇筑顺序逐步向另一端推进。当浇筑接近另一端时，为避免产生施工缝，保证浇筑的连续性，应改变浇筑方向，从另一端向相反方向顺序下料。在距离梁端3~4m的位置浇筑合龙，以实现一次整体成型的目标。其中第一层和第七层浇筑厚度均为25cm，第二层至第六层浇筑厚度均为30cm。为了确保混凝土间具有足够的黏附力和机械咬合力，必须对预制梁混凝土表面进行拉毛或凿毛处理。这种处理方式的目的是在混凝土表面形成凹凸不小于6mm的粗糙面，从而增大混凝土间的接触面积，进而增强它们之间的连接性能。

当梁体强度达到2.5MPa和10MPa时，依次拆除端头模板和侧模。端头模板拆除时要留意控制顶板波纹管外露的长度在30~50mm之间，严禁沿端头平面处折断。侧模拆除要两侧同步进行，先卸下法兰螺栓，再松开调整丝，最后利用龙门吊上的电动葫芦和倒链等机械设备，将模板平稳地拆除。同时，对于预制T梁的各个关键节点，如连续端和非连续段、端横梁、中横梁、1/4跨梁、3/4跨梁以及中横隔板等位置的新旧混凝土接合面，都应进行凿毛处理，直至露出碎石。

3.2　T梁架设与安装

3.2.1　预制梁安装

预制梁安装示意如图2所示。先检查清理，确保梁片和架桥机上不存在任何可能妨碍梁片顺利通过的障碍物。为确保梁片在停止时位置的准确性，须对梁片的停车位置进行明确标记，并设置止轮器进行加固，以防止梁片在吊装过程中发生位移而碰撞架桥机及附属设备。启动运梁平车前行至后支位置，并打开前天车的卷扬机，以便起吊预制梁。两车继续运行，当达到预定起吊

点时，进行第二次起吊操作。前、后天车同时作业，运梁平车返回运输下一根梁，并将天车前行至适合放绳的

地点，同步横向移动桥机，将预制梁稳定地安放在支座之上。

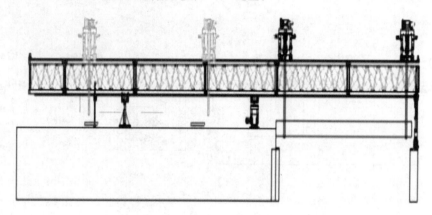

图2 预制梁安装示意图

该孔架设完成后，天车回到中托位置，调整后托油压千斤顶高度，使中托脱离主梁下弦。最后，利用天车将中托及中横移轨道起吊，并精确操控其前行至桥端的合适位置。在到达预定位置后，对中横移轨道进行稳固的垫实处理，以确保其稳定性和承重能力。随后，将天车平稳地移动到后支上的合适位置，以便为下一孔桥跨的架设做好准备。

3.2.2 自承式承重防护湿接缝施工

（1）钢筋安装。T梁架设后，要立即启动横隔板湿接缝的浇筑工作。首先，凿去梁板表层5～10mm厚混凝土，以清除表面的污垢、松散颗粒和其他杂质。其次，充分湿润梁板表面，并涂抹一层砂浆，以显著提高新旧混凝土间的黏结力。湿接缝处钢筋安装示意如图3所示。图中N8钢筋与N3（N4）钢筋采用交替间隔的方式安装，即一根钢筋通过焊接连接，相邻的一根则采用绑扎方法，且绑扎连接时，搭接长度须保持在1000mm。N8钢筋与预制T梁顶板连接时，搭接的侧面朝向上方，以确保钢筋间的搭接长度和连接质量。此外，涉及现浇湿接缝的部分预埋型钢筋与桥面板的横向钢筋须进行绑扎连接。这些钢筋在纵向沿桥方向的布置应为每隔500mm设置一组，每组包含两根钢筋。

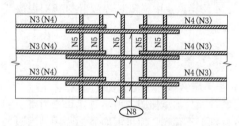

图3 湿接缝处钢筋安装示意图

（2）模板安装。在自承式防护结构的湿接缝施工中，湿接缝模板的选取与安装是确保施工质量的关键步骤。本工程选用吊模作为湿接缝模板，具体材料选用竹胶板。主要原因在于竹胶板具有较好的强度和稳定性，

能够有效承受施工过程中的各种荷载。模板采用φ12拉杆固定，间距为1m，确保模板在吊装过程中的稳定性。拉杆通过蝴蝶卡固定在双拼φ48钢管上，钢管则放置在湿接缝两侧的方木上，以提供足够的支撑力。模板与桥梁之间要涂抹密封材料，以确保湿缝处密封严密，防止混凝土渗漏。

进行防护栏杆模板安装时，在桥梁两侧预先标记出防护栏杆的安装位置，确保位置准确。再使用螺栓和螺母将防护栏杆模板固定在桥梁两侧的支撑结构上，确保模板与支撑结构紧密贴合，无缝隙。进行横隔板模板安装时，根据标记的位置和尺寸，将横隔板模板放置在桥梁上，检查模板的水平度。确保横隔板模板与主梁模板之间密封良好，避免混凝土浆液泄漏，可使用密封胶带或密封剂处理接缝。

为了进一步增强模板的稳定性和耐久性，在每根拉杆的外侧都套上PVC管，这样不仅可以保护拉杆免受外界环境的侵蚀，还能在浇筑过程中起到润滑作用，减少拉杆与模板之间的摩擦，从而降低模板损坏的风险。同时，采用双面胶等材料对模板间的缝隙进行填塞，确保模板之间的连接紧密无缝隙，避免在浇筑过程中出现漏浆、错缝等质量问题。模板安装完成后，必须进行全面检查，确保模板安装牢固。

（3）混凝土浇筑。进行混凝土浇筑时应用平板振动器振捣，注意避免振动棒与底板的碰撞，以免对结构造成损害。此外，振捣棒的移动间距应严格控制，一般不超过振动棒作用半径的1.5倍。在每一处振动完毕后，应边振动边徐徐提出振动棒，以避免振动棒与模板、钢筋及其他预埋件发生碰撞。当混凝土停止下沉，不再冒出气泡，且表面呈现平坦、泛浆的状态时，可视为混凝土已达到密实状态，即可停止振捣。期间各现浇连续接头的浇筑温度应尽量保持一致，温差应控制在±5℃以内，且宜选择一天中气温最低的时段进行施工。

（4）混凝土养护及拆模。湿缝施工区域周围设置围

挡，并对表面进行覆盖，以有效预防后续施工活动对接缝处造成污染。湿接缝浇筑后，静置 1～2h，带模浇水养护。脱模后在常温下进行一般养护，采用干净的无纺土工布覆盖洒水养生，时间不少于 14d。拆模时间取决于现场气候条件，过早拆模可能会损坏混凝土侧面，导致角落缺口或脱皮等问题。拆模过晚则混凝土与模板之间会造成黏结，不易拆卸。

湿缝施工结束后要立即进行跨线作业。防落棚的拆除工作也要同步进行，以确保施工区域的无障碍通行。在拆除过程中，应严格遵循安装时设定的交通管制方案，确保拆除工作有序进行，并且采用半幅封闭半幅半跨的方式进行，以最大限度地减少对交通的影响。同时，所有参与拆除工作的人员必须严格佩戴安全护具，包括但不限于安全帽、防护眼镜、手套等，以确保人身安全。

（5）防护栏与工作平台。盖梁工作平台要搭建可靠的防护结构，底面铺满 5cm 厚马道板，用外直径为 48.3mm、壁厚 3.6mm 的钢管在盖梁支架侧翼缘板外侧搭设 1.5m 高的防护栏杆，固定焊接到平台上。在高度 1.5m、1m、0.5m 处各设一根钢管，立杆间距不超过 1m。下方设高度不小于 18cm 的挡脚板，防护栏杆搭设完成后用安全网覆盖，防止施工材料坠落。同时，通道侧面设木质踢脚板，每块马道板通过 3 道 10 号铁丝捆绑固定在分布梁上，马道板下方设安全平网。

与传统防护结构相比，自承式防护结构构造简洁，减少了复杂的连接和支撑结构，提高了整体的结构强度和稳定性。同时减少了临时支撑结构的搭建和拆除工作，可以降低施工成本，提高防护结构施工效率。

4　工程实施效果

在莫桑比克鲁里奥大桥建设过程中，预制简支梁自承式防护结构施工技术的应用，极大地提升了工程质量，具体体现在以下几方面：

（1）施工记录显示，相比传统防护结构，自承式防护结构使得每跨梁的施工周期缩短了约 30%。例如，在 T 梁架设阶段，项目通过优化施工方案，将一孔 T 梁架设循环周期由 6d 缩短至 2d，提高了施工效率。同时，

减少了临时支撑结构的使用量，有效节约了材料成本和人工成本。

（2）预制 T 梁、系梁、墩柱等构件均采用接缝更少的定型钢模板，不仅提高了构件的精度和耐久性，还减少了接缝处理不当而导致的质量问题。

（3）自承式防护结构设计充分考虑了桥梁的受力特点和荷载分布，通过合理的结构布置和材料选择，有效增强了桥梁的整体刚度和抗变形能力，提高了桥梁的耐久性。

项目完工后对工程进行详细的质量检测和评估，包括预制梁负载测试、耐久性测试以及连接部位的稳定性测试等。结果发现，桥梁各项性能指标符合工程设计要求。此外，预制构件工厂化生产不仅减少了现场施工的噪声、粉尘等污染，还提高了材料的利用率，降低了施工成本，进一步提高了环保效益、社会效益和经济效益。

5　结语

预制简支梁桥自承式防护结构施工技术能够减少施工现场对周边环境的影响，降低噪声、灰尘等对周边居民生活的干扰。同时，该技术还能提高桥梁的质量和安全性，减少维护和修缮的频率与成本，具有良好的经济效益、社会效益。现代桥梁工程中，有必要结合实际情况适当应用和创新预制简支梁桥自承式防护结构施工技术，以助力我国桥梁事业的发展。

参考文献

[1] 刘桂满. 全预制装配式双 T 梁桥预制构件制作与安装技术研究 [J]. 交通世界, 2023 (1): 202-204.

[2] 亓兴军, 孙绪法, 王珊珊, 等. 基于模态参数识别的简支梁桥模态挠度预测试验研究 [J]. 建筑科学与工程学报, 2023, 40 (5): 129-137.

[3] 樊业光, 马少杰. 预制梁安装架桥机远距离整体运输技术 [J]. 建筑施工, 2022, 44 (1): 134-136.

[4] 张宇, 单衍勇, 李超, 等. 简支转连续 T 梁桥湿接缝受力模拟与实测分析 [J]. 沈阳建筑大学学报（自然科学版）, 2023, 39 (1): 44-53.

商务办公建筑钢结构安装及质量控制要点分析

孙文广/中国电建市政建设集团有限公司

【摘　要】 钢结构解决了建筑强度与性能方面的问题，其材料的可回收特性也充分符合当前社会节能环保的发展需要，尤其是在推广绿色建筑、满足建筑多样性方面表现突出。本文从商务办公建筑钢结构安装及质量控制要点方面进行分析，以期能对相关从业者有所帮助。

【关键词】 建筑工程　钢结构　安装　质量控制

1 引言

现阶段，钢结构广泛应用于桥梁、多层与高层建筑等工程领域。然而，钢结构在实际应用时对于设计、制作技术要求高，实际应用过程中常遇到安装施工质量问题，严重的甚至会造成工程事故，威胁到人们的生命与财产安全，因此如何控制好钢结构工程的质量，逐渐成为建筑施工行业关注的重点。本文以山东省济南新旧动能转换起步区中科新经济科创园基础设施 D1、D3 地块商务办公楼项目为例，分析建筑钢结构安装的质量控制要点。

2 项目概况

该项目总建筑面积为 72804.79m²，其中地上 51957.3m²、地下 20847.49m²。地下一层为地下车库及设备用房等，地面以上为科创园相应的配套商业及办公区。D1-1 楼为商业办公楼，地上 5 层，结构高度为 23.9m；展示中心为展览馆，地上 3 层，结构高度为 14.1m；D3-1 楼为商业楼，地上 3 层，结构高度为 16.5m；D3-2 楼为商业办公楼，地上 5 层，结构高度为 23.9m。该项目 D3 地块地下车库连为一体，地上沿楼周边设置抗震缝，将地上部分分为四个独立的结构单体。地上各单体的基本技术指标见表 1。

表 1　　　　　　　　　地上各单体的基本技术指标

单体	层数/层	结构高度/m	功能	地上建筑面积/m²	地下建筑面积/m²	总建筑面积/m²
D1-1	5	23.9	商业、办公	15256.86	6934.23	
展示中心	3	14.1	展览	6497.06	—	72804.79
D3-1	3	16.5	商业	9802.17	4449.06	
D3-2	5	23.9	商业、办公	20401.21	9464.2	

本项目基础型式为预应力混凝土预制桩＋承台＋防水板组合型式，主体结构为钢框架结构。主体结构采用了装配式钢结构建筑体系，围护结构采用 ALC（autoclaved lightweight concrete）加气混凝土板和半隐框玻璃幕墙＋金属幕墙，楼板采用了钢筋桁架楼承板，使装配率达到 80％以上，达到国家钢结构装配式建筑 2A 级标准。

3 钢结构安装施工关键技术

钢结构建筑安装施工相对便捷，钢构件在厂内加工完成运输至施工现场，使用起重机械按照施工图不同的构件吊装到位即可安装。结合钢结构安装实践经验分析可知，由于项目体量大、杆件种类多，安装作业中必须制订专项施工方案，精心组织作业，保证安装精度达标、连接牢固。该项目钢结构的主要安装构件为钢柱、钢梁和桁架楼承板等，具体安装施工关键技术如下。

3.1 施工机械选择

在进行钢结构安装施工时，施工机械的选择十分关键，钢结构进场卸货、堆放、搬运、安装等，均要由起重机械设备来完成。对此，钢结构安装施工前，必须做好实地考察，综合分析项目情况、场地大小及最大构件尺寸、重量等因素，合理开展吊装设备选型工作。

以该项目 D1-1 楼地上吊装为例进行分析，D1-1 楼地上钢柱分节后最大重量为 6.51t，采用一台 TC8039（2 倍率、67.63m 臂）塔吊吊装。采用 TC8039（2 倍率、67.63m 臂）塔吊进行吊装作业，构件安装时最大作业半径为 45m，构件堆场在 50m 范围内，该工况下塔吊起重性能为 8.13t（大于 6.51t），满足吊装要求。D1-1 楼钢梁最大重量为 3.06t，钢梁安装位置、堆放位置均在 50m 范围内，故满足吊装要求。

3.2 钢构件安装施工技术

建筑钢结构安装工艺要考虑各种因素，根据现场实际情况，详细分析和研究建筑工程的结构特点，考虑各种不利因素，如技术原因、工程造价限制以及周围环境影响等，都是施工时要考虑的问题。

3.2.1 地脚螺栓预埋

地脚螺栓施工流程为：地脚螺栓钢框架制作、埋设→地脚螺栓钢框架初校固定→模板制安→地脚螺栓精校固定→混凝土浇筑→地脚螺栓安装复测。

混凝土结构中，由于钢筋排列密集，使用地脚螺栓进行定位和安装变得尤为困难。混凝土在振捣时受到振动和混凝土侧压力的作用，很容易出现地脚螺栓偏移的现象。为了确保地脚螺栓的安装精度，须根据地脚螺栓之间的间距制作、加工螺栓固定框，该固定框具有一定的强度，能够确保地脚螺栓的精确定位。在地脚螺栓和钢筋绑扎工作完成之后，测量员须对地脚螺栓的具体位置再次进行测量。混凝土浇筑过程中，须使用经纬仪监测地脚螺栓的定位偏差。如果偏差超出设计和规范的要求，必须立刻指派专人进行纠正和调整。

在钢结构现场作业中，地脚螺栓的预埋是不可或缺的第一步，高强度的螺栓连接和固定技术能将钢结构的优点最大化，这也是确保钢结构现场施工质量的重要保障。地脚螺栓的埋设质量直接影响钢结构安装质量，控制好地脚螺栓的位置、长度、标高和垂直度，对于减轻扩孔、调整工作量（甚至避免返工）、改善钢结构安装质量具有重要意义。

3.2.2 钢柱安装

第一节钢框柱安装。钢框柱吊装前须在钢框柱一侧安装爬梯，同时在柱顶下 1.3m 处进行装配式作业平台的焊接。该平台可拆卸、换位，供钢框柱安装、调校及钢梁安装作业人员使用。钢框柱基础就位并确认柱身方向无误后，在测量人员的监测下，使用地脚螺栓调平螺母、缆风绳、倒链等对柱顶标高、柱身垂直度和轴线偏差进行校正。在完成钢框柱平面位置和标高的调整后，就可以对柱底板上部的固定螺母进行紧固了。

第二节及以上钢框柱施工工艺。结合钢框柱的重量及吊点情况，计算钢丝绳的适用长度和卡环规格。在吊装钢框柱前将钢爬梯、防坠器、装配式作业平台固定在柱身侧，以保证施工人员安全。吊装前将定位板焊接在钢框柱翼缘板的相邻边两侧，以防上下柱就位时出现错口或错边。待钢框柱吊至距下节钢框柱柱顶 20cm 时，须调低下降速度，确认上下钢框柱中心线对齐吻合后，将安装连接板的上下柱用螺栓固定。在相互垂直的轴线控制线上放置 2 台经纬仪，对钢框柱的垂直度进行校正，钢框柱的垂直度与设计控制值有偏差时，应及时纠偏。

3.2.3 钢梁搭建与连接

在对钢柱和钢梁进行连接时，通过钢梁编号识别连接位置。当钢梁到达安装位置时，要利用钢梁两端的溜绳，将其慢慢对准钢柱的牛腿腹板，穿入冲钉与高强螺栓进行临时固定，同时将梁两端打紧校正，确保每个节点上安装的螺栓不少于安装总孔数的 1/3；调节梁两端的焊接坡口间隙，达到设计和规范规定后，拧紧安装螺栓，并将安全绳连到两边的钢柱上；钢梁安装后与钢柱形成稳定的空间单元时，同时对钢柱与钢梁的安装精度进行复核，复核合格后，终拧各节点上的安装螺栓。钢梁的吊装施工应严格遵守施工顺序，常规要求吊装、校正、固定一气呵成，避免产生累计偏差。

3.2.4 高强螺栓安装

高强螺栓安装时，螺栓应能自由穿入螺栓孔内，不得强行敲打穿入。螺栓不能自由穿入时，不能用气割扩孔，须用铰刀修正，修孔时须使板层紧贴，以防铁屑进入板缝，铰孔后应用砂轮机将孔边毛刺清除，并将铁屑清除。高强螺栓拧紧时，只准将扭矩施加在螺母上，只在空间有限制时才允许拧螺栓。高强螺栓连接副的拧紧分为初拧、复拧、终拧，初拧扭矩、复拧扭矩皆为终拧扭矩的 50% 左右，初拧紧固达到螺栓标准轴力的 60%～80%。初拧要用快速扳手对称地进行，即第一次螺栓紧固。复拧扭矩等于初拧扭矩，用液压扳手按照对称形状的顺序紧固连接螺栓。扭剪型高强螺栓终拧时应将梅花卡头拧掉。为防止遗漏，对初拧、复拧、终拧后的高强螺栓，应使用颜色在螺母上涂上标记。高强螺栓在初拧、复拧和终拧时，连接处的螺栓应按一定顺序施拧，由螺栓群中央向外拧紧，或从接头刚度大的部位向约束小的方向拧紧。

3.2.5 钢筋桁架楼承板安装

钢筋桁架楼承板是将钢筋桁架与镀锌压型钢板焊接成一体的组合楼板，减少了模板的架设与拆卸，具有经济、方便、安全、可靠的特点。钢筋桁架楼承板施工前，将每一捆板吊运到各安装区域，明确起始点和板的扣边方向。支撑件设置在柱边，角钢支撑面与钢梁上表面平齐。在铺设钢筋桁架楼承板之前，应按施工图设计文件所标的起始位置放设铺板时的基准线。对准基准线，先安装第一块板，后依次安装其他板，采用非标准版版收尾。钢筋桁架楼承板安装应随铺设随点焊，将钢梁与钢筋桁架楼承板支座竖筋点焊固定。安装钢筋桁架楼承板时，板与板之间应扣合紧密，防止混凝土浇筑时漏浆。钢筋桁架楼承板在钢梁上的搭接，长度方向上的搭接不宜小于 5d（d 为下弦钢筋直径）或 50mm 中的较大值，板宽方向底模与钢梁的搭接不宜小于 30mm，以保证混凝土浇筑时不漏浆。钢筋桁架楼承板与钢梁搭接时，支座竖筋务必完全与钢梁焊接，宽度方向上应沿板边每隔 30cm 与钢梁点焊固定。钢筋桁架楼承板施工时要合理排版，尽量降低损耗及现场切割，现场焊栓钉时根部焊脚应均匀饱满。

3.2.6　钢结构焊接

钢结构构件高强螺栓安装完成后，还需要对每个连接点进行焊接作业。如果焊接方式选择不当，会大大降低钢结构构件的刚性，造成整体钢结构稳定性下降，因此选择最优的焊接技术是关键前提。在确定最终焊接技术方案前，焊接作业人员须进行工艺焊接试验，进行工艺焊接评定，然后根据焊接过程中出现的问题对焊接工艺进行优化和改善，提升焊接技术的专业性，提升焊接质量。正式焊接前，还需要对钢结构表面作清洁处理，以确保整个平面的整洁、干净。焊接过程中，务必确保氧气的纯度，这样才能发挥焊接技术的最大优势，以保证钢结构构件在焊接过程中不会发生形变。对于重要的钢结构构件，在正式焊接前需要对焊接部位进行预热，而焊接完成后需要进行适当的冷却处理，这样才能有效避免在焊接过程中出现冷裂纹。钢结构焊接质量与焊接人员的专业技术能力有着直接关系，焊工的专业技术水平往往决定着焊缝的质量。为此，需要加强焊接工程的施工管理、质量管理、技术管理。

4　质量控制要点分析

4.1　地脚螺栓预埋定位精度控制

地脚螺栓是建筑钢结构工程中常用的紧固件，主要用于固定建筑结构与基础之间的相对位置关系。地脚螺栓的预埋和定位精度直接影响到整个工程的质量，规范要求地脚螺栓螺栓中心偏移的允许偏差只有 5mm，因此对地脚螺栓的精确预埋和定位具有重要的现实意义。该项目钢结构主体梁柱位置跨度较大，且车库人防加固区钢筋紧密，地脚螺栓精准定位及预埋难度不易把控。现场将地脚螺栓按照设计尺寸制作的"模板"分成组，利用经纬仪、水准仪等精密仪器逐一检查定位钢板的孔位、孔径，确保定位模板的准确性，再将地脚螺栓与筏板基础钢筋固定，保证地脚螺栓轴线位置和高程，在浇筑混凝土前，再次检查锚栓的轴线、标高和垂直度以及固定是否牢固。

4.2　中厚钢板焊接质量控制

该项目大量使用中厚钢板，材质为 Q355 钢材，钢板厚 32mm。由于板材厚度大，板材焊接性能弱且有层状撕裂倾向，焊接过程中存在残余应力，易造成焊接不牢靠、变形等不利因素，影响加工精度。相关规范就钢结构焊缝外观质量，在裂纹、未焊满、根部收缩、咬边、电弧擦伤、接头不良、表面气孔、表面夹渣等检验项目上提出了具体的质量要求。该项目针对厚板焊接，编制专项焊接作业指导书，正式焊接前采取焊前预热、控制焊接层间温度等措施，消除焊接应力，有效防止焊接破裂，并加强对焊缝的质量检测工作。

4.3　悬挑梁安装质量控制

各楼层用途不同，钢结构上下层间结构尺寸设计不一，部品部件规格型号多样，悬挑部分钢梁数量较多，连接难度较大，要求同一根梁两端顶面的高差允许偏差为 1/1000mm，且不大于 10.0mm；主梁与次梁上表面的高差允许偏差为 ±2.0mm。本工程采用多台汽车吊配合塔吊进行悬挑部分钢梁的吊装，先施工除悬挑结构外的其他部位的竖向和水平结构构件，构件间利用大六角高强螺栓连接。复核终拧后再进行翼缘焊接，以保证整体钢结构的稳定性。工人借助吊索、安全绳、升降平台车等工具确保钢结构安装安全顺利进行。

4.4　地下型钢混凝土组合部位焊接质量控制

车库顶板型钢混凝土梁第一层纵向钢筋与钢柱通过牛腿焊接连接，钢筋搭接长度不得小于 5 倍钢筋直径，焊缝宽度不得小于钢筋直径的 60%，焊缝有效厚度不得小于钢筋直径的 35%；第二层纵向钢筋通过钢套筒连接，用管钳扳手拧紧，使钢筋丝头在套筒中央位置相互顶紧，外露螺纹安装后用扭力扳手校核拧紧扭矩。钢筋很密，焊接难度大，施工质量难以保证。施工人员提前与钢结构制作工厂沟通，确定钢套筒位置，在工厂焊接；现场安排高水平焊工配合钢筋工自底层逐层向上焊接，确保钢筋与牛腿的焊接质量。

4.5　大跨度桁架梁吊装、安装质量控制

该项目最大桁架梁长 33.6m、高 2.1m，重 25t，吊装、安装难度大。相关规范要求，跨中垂直度的允许偏差不大于 15.0mm；侧向弯曲失高的允许偏差不大于 30.0mm。钢桁架现场预拼装，形成单元构件，在分段对接处安装临时支撑，桁架分段吊装。该项目选用 1 台 350 吨履带吊车配合塔吊将钢桁架梁吊装到位。在钢桁架梁安装、卸载施工过程中，选取观测点位置并使用全站仪全程观测并做记录，全程监控卸载位移变化值，确保卸载过程安全可靠，卸载完成后满足设计要求。施工现场立体交叉施工作业多，在作业面有限的情况下利用整

体拼装法增加了地面拼装工作量，减少了高空散件拼装量，降低了施工的危险性，有效缩短了施工工期，保证了本工程的按时交付使用。

5 工程实施效果

济南新旧动能转换起步区中科新经济科创园基础设施 D1、D3 地块商务办公楼项目钢结构实施历时 50d，其中钢结构深化设计用时 10d，钢结构工厂加工用时 30d，所有原材料均在工厂加工制作完成，直接运输至施工现场进行安装，钢结构安装施工速度与传统建筑相比更快了。经过统计分析，本工程施工高峰期每 1000m² 钢结构需要 5 名工人，用时 20d 安装完成。本工程装配率达到 80% 以上，达到装配式建筑 2A 级标准，工程先后荣获 2022 年度山东省钢结构行业协会"钢结构金奖"、中国电力建设集团有限公司"2023 年度电建优质工程奖"。该项目建成后作为济南新旧动能转换起步区招商引资的重点工程，可带动周围发展，提供大量就业岗位，同时用优质的工程品质服务各个招商引

资企业，助力新旧动能转换起步区建设全面起势，将之打造成为黄河流域生态保护和高质量发展引领示范区。

6 结语

综上所述，本文以工程实例为背景，结合实际情况提出了建筑钢结构安装及质量控制关键技术，并阐述了实际安装过程中的技术、质量控制要点。按照所提的方法顺利完成了建筑钢结构主体的各环节施工任务，经检测得知，钢结构焊缝无损探伤检测、高强度螺栓终拧质量、防火防腐涂层厚度、主要构件安装精度等都满足质量要求，具有足够的稳定性，由此说明该施工技术可作为类似工程的参考。

参考文献

[1] 杨硕，刘才，李根，等. 多高层框架结构钢柱安装施工技术 [J]. 建筑技术，2022，53（3）：314-316.

[2] 张俊杰. 建筑工程钢结构设计及安装技术研究 [J]. 陶瓷，2020（8）：118-119.

砂石料仓钢结构网架屋顶施工方法研究

覃信海　郝晓波/中国水利水电第九工程局有限公司

【摘　要】 本文首先分析了大跨度钢结构屋顶的施工条件和施工原则，然后阐述了几种常见的钢结构屋顶的施工方法，指出钢结构屋顶施工需要选用相应合适的施工工艺手段，并对各种施工工艺的优缺点进行了全面分析，提出了一种单端起升钢网架拼装钢结构屋顶的施工方法。该施工工艺方法大大降低了施工设备投入成本，提高了施工效率，旨在供同行技术人员参考。

【关键词】 钢结构屋顶　钢网架　拼装　施工工艺

1 引言

近年来，装配式建筑物在国内快速发展。装配式建筑物广泛采用钢结构屋顶，它是由多个钢网架拼装而成的。钢网架是通过螺纹副连接、焊接或铆接等方式将多根钢杆构件、多个钢球构件预先拼接为一体而组成的网格状建筑构件。钢结构屋顶具有强度高、重量轻、抗震性能优异、稳定性高、可靠性好等优点，此外在工地现场将钢网架直接拼装后再吊装，可大大简化施工过程。随着公众对建筑物施工质量需求的提升，在地面预拼装钢网架时，必须严控拼装质量，对钢网架进行反复测量，及时校正不符合要求的钢网架。在地面拼装钢结构屋顶时，还需要根据工地地形地貌、场地空间、施工装备等情况合理选择相应的拼装施工方法、设计相应的施工方案，并且在施工过程中严格落实，以保证建筑工程施工质量和进度。此外，在钢结构屋顶施工完毕后，还要委托具有资质的第三方对工程开展验收工作，并及时对验收过程中发现的质量问题进行善后处理，保证钢结构屋顶工程交付质量。

在江西省德安县建材产业园项目建设中，砂石料仓为 96.6m×106.8m 的条形网圆拱屋面，网架高度为24m。安装场地狭窄，不具备大型吊装设备整体吊装施工条件。空中散装法施工效率低，不能保证施工工期，须寻求适合本项目的施工方案。

2 钢结构屋顶拼装施工工艺概述

钢网架是一种由多根杆件连接组成的空间杆系结构，钢网架结构中，相互交汇的杆件又互为支撑，各个杆件主要承受轴向载荷，在同等承载条件下，钢网架具有用料经济性高、受力性能优良、外形美观和施工便捷等优点。例如北京奥运会鸟巢即采用了钢网架结构，与传统钢筋混凝土结构相比，自重降低30％以上，并具有优异的抗震性能。目前，钢结构屋顶拼装施工工艺尚未制订统一的技术标准，需要根据工地现场条件设计相应的施工方案，也需要遵循以下基本原则：

（1）根据工地现场情况设计施工方案，将建筑物屋面合理划分为各个钢网架，既要考虑工地现场操作空间大小的实际，也要考虑钢结构屋顶的受力情况，还要符合工程施工需求，并且尽量减少高空作业量，以便充分利用起重设备对钢网架进行翻转、定位和校正，保障工程施工质量和施工进度。

（2）在地面预装钢网架时，必须在工地现场预留足够的拼装场地，并将拼装场地夯实整平，清除拼装场地内所有杂物；在地面预装钢网架的过程中，必须严格控制钢材质量，选用具有出厂合格证书的钢材产品；还必须根据国家相关规定对钢材进行全方位检测，经检测合格后的钢材产品才能投入到钢网架的预装施工中。

（3）在钢结构屋顶施工过程中，必须认真落实施工方案，既要保障钢网架屋顶结构的稳定性，还要注意保障施工人员的人身安全。在对相邻两个钢网架进行拼装焊接时，要选择合理的焊接方式，焊接人员必须持证上岗，并按照预定的施工顺序进行焊接。此外，为了避免钢网架屋顶结构出现变形、位移等现象，焊接时还要预留足够的变形余量。

3 钢结构屋顶常见施工方法

3.1 高空散装法

高空散装法即首先在地面上搭建支架，再将各个钢网架起吊至空中预设位置，然后在支架上将各个钢网架拼装成一个整体，最后拆除支架。根据空中操作步骤的不同，高空散装法又可划分为全支架式高空散装法和悬挑式高空散装法，全支架式高空散装法需要对每个钢网架都设置相应的支架，悬挑式高空散装法则是对一部分钢网架设置相应的支架，另一部分钢网架在空中完成拼接。高空散装法不需要投入大量的起重机械设备，但是需要搭建大量的钢材支架，并且需要施工人员在支架上或高空中对钢网架进行焊接作业，安全风险较大，一般适用于空心球节点或螺栓球节点的钢网架结构拼装。

3.2 分条安装法

分条安装法是将钢网架屋顶划分为若干条状的钢网架，每个条状单元在地面拼装后，再由起重机吊装到设计位置总拼成整体。由于条状的钢网架是在地面拼装，因而这种施工方法所需的高空作业量相比高空散装法大大减少，所需使用的辅助支架数量也相应减少，又能充分利用现有起重设备，经济性较高。分条安装法适用于网架分格后的条单元刚度较大的各类中小型网架，如两向正交正放四角锥、正放抽空四角锥等网架。条状单元在地面制作后，应模拟高空支承条件，拆除全部地面支墩后观察施工挠度，必要时应调整其挠度。分条安装法需要投入多台机械设备，因此其对工地场地空间的要求较高，适用于条形料仓网架结构的安装。

3.3 整体吊装法

整体吊装法就是首先在地面上将各个杆件拼装成整体，然后再通过大型起重机械设备将钢网架提升至预设位置后进行固定。整体吊装法在施工时需要投入大型起重机械设备，但是减少了高空作业风险，易于保证拼装节点处的焊接质量，施工工艺路线较为复杂。根据所采用的起重机械设备的不同，整体吊装法又划分为多机抬吊法、拔杆提升法、电动螺杆提升法、千斤顶提升法及千斤顶顶升法等几种类型。多机抬吊法一般用于中小型钢网架的装配施工；拔杆提升法则适用于大型钢网架的装配施工；电动螺杆提升法采用电动螺杆提升机作为起重机械沿着竖直方向垂直提升钢网架，应用局限性较大；千斤顶提升法及千斤顶顶升法一般适用于对小型钢网架的装配施工。整体吊装法需要投入起重能力巨大的大型机械设备，一方面，对工地场地空间要求较高；另一方面，施工投入成本也较高。

3.4 高空滑移法

高空滑移法适用于将钢网架用作建筑物结构穹顶的场合。这种施工方法首先需要在建筑物主体结构上安装导轨，再将多个杆件、节点球拼装组成多个单元格组件，而后通过卷扬机或电动葫芦等牵引设备对单元格组件施加牵引力，使其沿着导轨滑移至预定位置，最后再将相邻的单元格组件拼装组成整体钢网架。高空滑移法是在建筑物主体结构上进行拼装，减少了高空作业风险，施工过程中，既不需要投入大型起重机械设备，也不需要搭建大型支架，有利于降低施工成本，提高施工效率。但是高空滑移法增加了导轨装卸的工艺步骤，增加了劳动强度，在一定程度上延长了施工工期。

4 单端起升钢网架拼装方法

本文以中国水利水电第九工程局有限公司承建的江西省德安县建材产业园项目为例。该项目成品堆放库采用拱形钢结构屋顶，占地尺寸为96.6m×106.8m，钢结构屋顶拱高为24m，由于成品堆放库设置于山区，大型起重设备不便于进入施工，拟采用单端起升钢网架再拼装的施工方法，具体施工步骤如下：

（1）步骤一：首先在地面上修筑完成建筑外墙，并且在该建筑外墙顶面安装若干个铰链，再制备若干个弦框，弦框数量与铰链数量相同。铰链选择球形铰链，并且所有铰链排两列，吊装时，可以相应的球形铰链尾为支撑基点，对弦框的空中姿态进行微调，为快速、正确合龙创造有利条件。另外，弦框包括若干个节点球，任意相邻两个节点球之间均连接有一根腹杆，并且腹杆与相应的节点球通过螺纹副连接在一起。弦框整体为弧形形状，节点球采用45号碳素钢锻造制成，腹杆采用40Cr或20MnTiB合金钢制成，腹杆杆径是节点球球径的1/5～1/3。

（2）步骤二：选择一个弦框和一个铰链，分别将其作为前序弦框、前序铰链，先将该前序弦框的一端与该前序铰链连接，再起吊该前序弦框的另一端。起吊前序弦框、后序弦框结构示意如图1所示。

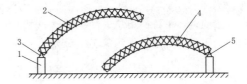

图 1　起吊前序弦框、后序弦框结构示意图
1—建筑外墙；2—前序弦框；3—前序铰链；4—后序弦框；
5—后序铰链；余同

（3）步骤三：选择一个弦框和一个铰链，分别将其作为后序弦框、后序铰链，先将该后序弦框的一端与该后序铰链连接，再起吊该后序弦框的另一端，然后使其与步骤二中的前序弦框合龙并且焊接为一体。前序弦框与后序弦框合龙结构示意如图2所示。

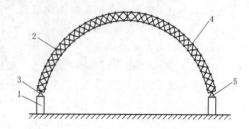

图2 前序弦框与后序弦框合龙结构示意图

在步骤二至步骤三中，前序铰链与后序铰链安装位置彼此相对，由于所有铰链等间距排列并且排列位置围绕形成封闭圆环状，重复步骤二至步骤三若干次，最终可拼装组成球面钢结构屋顶。其中，前序弦框、后序弦框采用吊车起吊，该吊车额定起吊力数值选取不小于前序弦框或后序弦框长度数值的1.1倍。例如，弦框长度为36m时，应选择吊车额定起吊力为39.6t以上的吊车对弦框进行起吊，以保证施工安全。

在空中拼装弦框时，弦框的一端始终通过铰链与建筑外墙连接，使弦框的该端可以作为定位基准或支承基点，便于弦框在空中拼装时找正，并且可在一定程度上控制弦框的空中姿态，沿着稳定的方向对其空中姿态进行微调，从而为弦框的正确合龙创造有利条件，有利于减少装配误差，提高施工效率。在空中拼装弦框时，由于仅需起吊弦框的一端，能够减少起重机械设备的使用数量，并且起重机无须承受整个弦框的重量，与现有施工方法相比，在同等条件下，起重机额定起吊力需求较小，有利于降低对工地操作空间的需求，减少施工投入成本，提高施工效率，并适用于建设弧形或球形钢结构屋顶。

由于安装采用的铰链排两列，每两排上弦节点之间有5颗螺栓球、17根杆件，平均重量为0.8t左右，单边半跨有19排上弦节点，重量约为15.2t，吊点应设置在上弦螺栓球节点处，每隔8排节点设置一处吊点，且吊点距离中部悬挑处不得超过4个节点，且自支座处第12排、第18排下弦节点处设张紧索拉紧点，半跨网架吊点及张紧索拉紧点示意图如图3所示。在网架两侧使用登高车作为高空作业平台。单跨拼装完成之后两侧使用拉锚索拉紧固定，单跨网架拉紧固定示意图如图4所示。单跨拼装约需3d，吊装合龙约需1d，该结构共计6跨，总安装时间约为24d。

5 结语

随着建筑施工技术的不断发展，钢结构工程正朝着大型化、复杂化的方向发展，各种新技术、新工艺也将逐渐融入建筑施工工艺方法中。钢结构屋顶施工工艺形式多种多样，在实施钢结构屋顶拼装施工时，要根据工

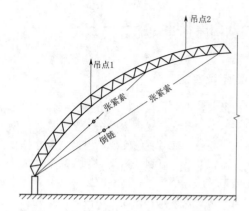

图3 半跨网架吊点及张紧索拉紧点示意图

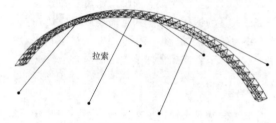

图4 单跨网架拉紧固定示意图

地现场环境和条件，选择合适的安装工艺，围绕时间、方法和质量三个关键控制目标完善施工组织设计，并加强对工作人员的培训，严格落实施工组织设计，才能提高钢结构屋顶安装质量。同时，随着钢结构屋顶朝着大型化方向发展，各种单一的钢结构屋顶安装方法可能已无法满足现场施工需求，施工企业应在满足施工质量、安全、进度的前提下，结合现场施工条件和设备机具情况，综合确定钢结构屋顶施工工艺方案。在本项目中，采用了单端起吊安装工艺，解决了大跨距网架分条吊装变形大、空中对接校位难和山区安装大型网架结构分条安装起吊重量大、大型吊装设备难就位的问题。

参考文献

[1] 刘晓泉，赵国强，林江慧. 特大型焊接空心球钢网架拼装技术 [J]. 建筑技术，2008（10）：757-759.

[2] 孙伯豪. 钢网架结构工程的整体吊装 [J]. 建筑工人，2004（10）：16.

[3] 郭伟，刘兴远，张力，等. 无腹筋钢筋混凝土简支梁受剪特性的神经网络模型初探 [J]. 四川建筑科学研究，2004（1）：32-34，37.

[4] 宫健，宋红智. 钢网架整体提升施工工艺 [J]. 天津建设科技，2013，23（1）：13-15.

[5] 尹义松，许立文，魏彦磊. 六边形铜瓦穹顶饰面及安装技术 [J]. 天津建设科技，2013，23（1）：36-38.

[6] 潘乾君. 对钢网架安装工程的监理工作总结 [J]. 石河子科技，2017（1）：11-12.

审稿人：陈建苏

关于工程质量保证金的政策
研读与应用

樊彦君 李如斯 王恩泽/黄河勘测规划设计研究院有限公司

【摘　要】 本文旨在探讨工程质量保证金的政策背景、规定及实际操作中的相关问题。通过对相关政策法规进行研读，结合工程总承包合同中的约定，分析质量保证金的预留、期限、返还等问题，以期为实际工程操作提供理论支持和实践指导。

【关键词】 工程质量保证金　政策法规　合同约定

一、引言

在工程建设领域，工程质量保证金作为一种重要的经济手段，对于保障工程质量、维护发包人和承包人的合法权益具有重要意义。然而，在实际操作中，发承包双方往往就工程质量保证金的预留、期限、返还等问题产生分歧。因此，本文从相关概念、法律规定及部门规章层面出发，对工程质量保证金相关问题进行深入分析和探讨。

二、工程质量保证金的来源

2002年9月27日，《财政部关于印发〈基本建设财务管理规定〉的通知》（财建〔2002〕394号）发布，其中《基本建设财务管理规定》第三十四条规定："工程建设期间，建设单位与施工单位进行工程价款结算，建设单位必须按工程价款结算总额的5%预留工程质量保证金，待工程竣工验收1年后再清算。"该规定最早提出"工程质量保证金"的概念，但对预留和返还的方式、期限等均未明确。

2005年1月12日，原建设部与财政部共同发布《关于印发〈建设工程质量保证金管理暂行办法〉的通知》（建质〔2005〕7号），其中《建设工程质量保证金管理暂行办法》第二条规定："本办法所称建设工程质量保证金（保修金）是指发包人与承包人在建设工程承包合同中约定，从应付的工程款中预留，用以保证承包人在缺陷责任期内对建设工程出现的缺陷进行维修的资金。"该办法首次明确了"工程质量保证金（保修金）"的概念及期限，并引入"缺陷责任期"的概念，对质量保证金预留、返还方式和预留比例、期限进行了规定，自此形成了质量保修期和缺陷责任期并存的质量保修体系。

但是，"质量保证金"与"质量保修金"两个概念易混淆。而后《住房城乡建设部、财政部关于印发建设工程质量保证金管理办法的通知》（建质〔2016〕295号）删除了有关质量保修金的表述。

三、工程质量保证金的预留比例

2017年6月20日，《住房城乡建设部、财政部关于印发建设工程质量保证金管理办法的通知》（建质〔2017〕138号）发布，其中《建设工程质量保证金管理办法》第七条规定："发包人应按照合同约定方式预留保证金，保证金总预留比例不得高于工程价款结算总额的3%。合同约定由承包人以银行保函替代预留保证金的，保函金额不得高于工程价款结算总额的3%。"

四、工程质量保证金的缴纳

《建设项目工程总承包合同（示范文本）》（GF-2020-0216）第14.6.2条约定的保证金预留方式为：在支付工程进度款时逐次按照合同约定比例预留，在此情形下，质量保证金的计算基数不包括预付款的支付、扣回以及价格调整的金额；工程竣工结算时一次性预留合同约定比例的质量保证金。根据《建设工程质量保证金管理办法》第六条和《国务院办公厅关于清理规范工程建设领域保证金的通知》（国发办〔2016〕49号）第一条规定，在工程项目竣工前，已经缴纳履约保证金的，发包人或建设单位不得同时预留工程质量保证金。发包人常采用"支付进度款逐次扣留"的方式，但在承包人缴纳了履约保证金的情况下，应当退回预留的质量保证金。在这种情形下，"在竣工结算时一次性扣留质量保证金"的方式更为合规适用。

五、缺陷责任期与质量保修期的区别

质量保修期是指承包人对所完成工程承担保修责任的期限，自竣工验收合格之日起计算。质量保修期依据《中华人民共和国建筑法》《建筑工程质量管理条例》规定，属于行政法律法规，规定的是建设工程最低保修期限，具有强制性。例如基础设施工程、房物建筑的地基基础工程和主体结构工程的法定保修期限为设计文件规定的该工程的合理使用年限。在合同中双方约定的保修范围至少应包括法律法规所规定的范围，不得低于法定期限自由约定，否则约定无效，进而适用于法定最低保修期间的规定。

缺陷责任期是发、承包双方对预留工程质量保证金约定的期限，从工程通过竣工验收之日起计。缺陷责任期来源于《建设工程质量保证金管理办法》，一般为1年，最长不超过2年，由发、承包双方在合同中约定。该办法属于部门规章，且法律法规并未作强制性要求。缺陷责任期内承包人承担的是质量缺陷修复义务。缺陷是指建设工程质量不符合工程建设强制性标准、设计文件，以及承包合同的约定。

由此可见，两者的起算时间是相同的，均从工程实际竣工日期开始计算，但两者的期限不同，质量保修期涵盖缺陷责任期，缺陷责任期是质量保修期的一部分，质量保证金与保修期没有必然联系，发包人不得以质量保修期未满为由拒绝返还质量保证金。另外，承包人在质量保修期和缺陷责任期内对工程质量都有保修义务，但修复的费用不一定由承包人承担。

六、工程质量保证金的返还条件

《建设工程质量保证金管理办法》第九条规定："缺陷责任期内，由承包人原因造成的缺陷，承包人应负责维修，并承担鉴定及维修费用。如承包人不维修也不承担费用，发包人可按合同约定从保证金或银行保函中扣除，费用超出保证金额的，发包人可按合同约定向承包人进行索赔。"第十条规定："缺陷责任期内，承包人认真履行合同约定的责任，到期后，承包人向发包人申请返还保证金。"

由此可见，质量保证金返还的条件要满足缺陷责任期限届满和无质量缺陷这两个条件，但承包人只应负责维修自身原因造成的工程质量缺陷，并承担相应的费用，待承包人修复缺陷后且满足缺陷责任期满条件，发包人及时返还质保金。由非承包人原因造成的工程质量缺陷，发包人负责组织维修，费用不应由承包人承担，也不能从保证金中扣除，缺陷责任期满后，发包人应向承包人退还剩余的质量保证金。

但在工程建设过程中，针对缺陷责任期期满前已确定存在质量缺陷，发包人往往将质量保证金扣留作为维修费用。故承包人应完善项目过程质量控制，保全质量原始资料，加强质量缺陷责任界定的风险管理。及时收集证据证明该质量缺陷非承包人导致的，承包人虽然可以接受发包人委托进行修复，但不承担维修费用，发包人不能以此为由扣留质量保证金。

七、建议采用工程质量保证保险形式转移风险

工程质量保证金只是工程担保制度下工程质量担保的现金担保形式，是可以通过保函形式予以代替的。《建设工程质量保证金管理办法》第六条规定："采用工程质量保证担保、工程质量保险等其他保证方式的，发包人不得再预留保证金。"若采用工程质量保证保险形式，承包方投保后，由保险公司代替其向发包方出具保险保函，既能代替工程质量保证金的担保功能，又能解决工程质量保证金数额高、退还难等问题。

八、结语

综上分析，发、承包双方在签订合同时，应明确质保金返还的条件、出现质量缺陷的处理解决机制以及在无法确定责任人的情形下是否可先行暂扣质保金进行维修，等等。在合同订立初期就约定好如何处理后期可能出现的争议，将有效减少双方的分歧，促进合同更好地履行。

参考文献

[1] 李中. 建设工程质量保证金的法律性质分析 [J]. 法律与社会, 2020 (1)：52 - 53.

[2] 宋玥, 王飞, 侯郁, 等. 基于承包人质量缺陷的质量保证金扣除 [J]. 土木工程与管理学报, 2016, 33 (4)：89 - 93.

[3] 肖勇. 工程质保金存在问题的分析及对策 [J]. 冶金财会, 2007 (12)：45.

[4] 吴绍艳, 宋玉茹, 刘彤. 工程质量保证金返还的阻滞问题及对策研究 [J]. 建筑经济, 2016, 37 (8)：53 - 57.

[5] 季鑫桃, 张鹏, 王小琴. 建设工程质量保证金的应用现状及对策 [J]. 河南建材, 2019 (1)：281 - 282.

[6] 滕怀东. 浅析项目工程质保金管理 [J]. 黑龙江科技信息, 2022 (5)：183.

工程赶工措施费的计算与对策

李 娟 黄献新/中国水利水电第十二工程局有限公司

【摘 要】 在建筑工程中，存在发包方要求因非承包方原因加快进度或赶工而额外增加措施费用的情况。本文通过分析赶工措施费的构成，提出措施方案和费用计算方法，研究创效应对策略，为项目赶工发生的费用计算提供参考，推进项目实现提质增效。

【关键词】 赶工措施费 工期分析 措施方案 规范计取

一、引言

在建筑工程中，由于工程建设周期长、环境影响因素多，工程工期时常发生变化，存在需要采取措施赶工而发生费用的情况。因非承包人原因需要赶工的措施费，可向发包人合理索赔。承包人需把握工程规律，准确识变，发现问题，抓住工程赶工机遇，制定应对措施，应对静态的合同工期转化为动态的履约工期带来的风险。在保证工程质量的同时，通过优化措施、压降成本、尽量缩短工期等方式，以实现工程提质增效。

二、工程赶工措施费的定义

工程赶工措施费是指当发包方要求的工期少于合理工期或者工程项目受自然、地质以及外部环境的影响导致工期延误，承包方为满足发包方的工期要求，通过采取相应的技术及组织措施所发生的应由发包方负担的费用。

三、对工程工期进行精准分析

承包人在工程实施过程中，要准确把握工程工期，做好合同商务管理，认真研判合同边界条件。积极应对前期工程施工如阻工、征地交地、施工道路、异常恶劣气候条件、地质条件变化等客观事件对合同工期的影响，做好详细记录并确证发包人的责任义务。

（一）合同边界条件变化延误工期分析

以签订的合同为基础，细心审视每个工序及细节，针对村民阻工影响、工作面交付推迟影响、施工场地受限影响、开工日期推迟影响、材料供应影响、停水停电影响、恶劣气候因素影响、地质条件变化影响等合同边界条件发生的诸多变化，要及时沟通联系，并进行书面确证。再按合同条款中"发包人未按时提供场地时"导致承包人延误工期和（或）发生额外费用时，承包人有权要求发包人延长工期和（或）增加费用的权力，及时提出相应的工期（或）费用补偿定性（发包人责任）分析。

（二）基于合同工期赶工定量分析

以延误工期问题为导向，以保合同工期为契机，提前策划，以措施费计取为抓手，化解前期施工降效潜亏风险。通过翔实的工程施工过程中出现的各项非承包人事件的影响分析，分别计算出造成各分部分项工程关键线路工期的总延误工期，并对延误工期与合同工期进行对比，得出各分部分项相对赶工工期的定量（总赶工工期）分析。

四、科学编制措施方案

以创效为目标，通过比选各种措施方案，优化组合，最终选定优先方案。根据发包人保合同节点（或不延长工期）的要求，承包人翔实分析工程实际施工滞后的情况，对分部分项工程进行赶工工期可能性分析，以保合同工期为目标，编制赶工措施方案。

以总进度计划为目标，考虑风险因素，合理制定赶工措施，确保目标工期。以工程进度、质量、安全文明施工为前提，一切施工协调管理，即人、材、机应首先满足工程赶工先决条件，通过增加施工资源，从串联施工到并联赶工、工序间合理搭接、平衡协调及计划调度等方面入手，迎头赶上总进度的计划赶工要求。

（一）技术措施方面

组织工程技术人员及作业班组长熟悉赶工施工图纸，优化施工方案，制定分部分项工程加速施工工艺及技术保障措施，提前做好一切施工技术准备，保证严格按审定的赶工计划实施。交叉作业多的，合理安排工序之间的流水和搭接。积极引进、采用有利于保证质量、安全并且能够加快进度的新技术、新工艺。在发生问题时，及时与设计、甲方、监理等相关单位沟通，根据现场实际情况，寻求妥善处理方法。

（二）组织措施方面

组织措施中需将工作任务划分到最小单元，制定项目清单，落实具体责任人和执行者。加大人力、物力、资金的投入，适当延长工作时间，实现连续动态的全过程进度目标控制，对照计划，分析进度执行情况，及时调整和落实人力、物力、资金及机械的投入量。及时总结或借鉴成功经验，不断改进和优化施工工序与程序。坚持例会制度，针对施工中存在的问题及时研讨处理方案和处理措施，明确各专业的施工顺序和工序交叉的交接关系及责任，全面分析施工进度情况，找出问题根源，提出调整措施。

（三）专项措施方面

通过比选各项专项措施，选取最优方案。例如：钢筋搭接接头采用机械连接；模板采用优质模板；混凝土掺入早强剂和自密实剂、冬季保温加热等；机械设备按 24h 不间断配置；做到有工作面就必须有作业人员、有工作面就必须有机械作业。设立进度奖励基金，实施工期进度的奖惩制度，调动积极性，增加作业时间。

（四）施工协调方面

施工协调主要通过外部工程例会及内部工程例会分别进行。外部工程例会主要听取发包人、监理、设计院各方面的指导和意见，针对施工中的问题研讨处理方案与处理措施，协调与其他专业工程施工单位的矛盾与协作关系。内部工程例会主要总结工程施工的进度、质量、安全情况，明确各专业的施工顺序和工序穿插的交接关系及责任，全面分析施工进度状况，找出问题根源，提出调整措施，加强各专业工种之间的协调、配合及工序交接管理，保证赶工顺利进行。

五、费用计取方法及依据

工程赶工措施费用主要包括为赶工而额外增加的人工费、材料费、机械费、降效、奖励以及相应的规费、利润、税金等。

措施费的计算方法主要有三种：①定额法，即通过对原进度计划与缩减后的进度计划进行对比，确定赶工需要增加的费用明细，参照合同单价或定额指导单价来确定赶工费用；②实测费用法，即据实计算，根据承包人在原施工计划的基础上为缩短工期而实际增加的各种费用；③协商法，即由承包人与发包人自愿协商来确定赶工费用（如赶工奖励）等。计算依据主要如下：

《建设工程工程量清单计价规范》（GB 50500—2013）规定，提前竣工（赶工）费是指承包人应发包人的要求，采取加快工程进度的措施，使合同工程工期缩短产生的应由发包人支付的费用。不可抗力解除后复工的，若不能按期竣工，应合理延长工期，发包人要求赶工的，赶工费用由发包人承担。合同工程提前竣工，发包人应承担承包人由此增加的费用，并按照合同约定向承包人支付提前竣工（赶工补偿）费。除合同另有约定外，提前竣工补偿的最高限额为合同价款的 5%。

《建设工程施工合同（示范文本）》（GF－2017－0201）通用条款就工期延误约定，因发包人原因（如发包人未能按合同约定提供图纸或所提供图纸不符合合同约定的，发包人未能按合同约定提供施工现场、施工条件、基础资料、许可、批准等开工条件的）导致工期延误和（或）费用增加的，由发包人承担由此延误的工期和（或）增加的费用，且发包人应支付承包人合理的利润。承包人应按关键节点工期要求完成相关工程，工期违约超过关键节点工期 10 日以内处违约金，每延迟一天按履约担保金额的 0.5% 计；工期违约累计达 10～20 日的从重处以违约金，每延迟一天按履约担保金额的 1% 计；工期违约累计超过 20 日的加重处以违约金，每延迟一天按履约担保金额的 2% 计。压缩工期属发包人违约的一种情形，以该合同条款对等及公平原则支付赶工费用。

《湖南省建设工程计价办法》（湘建价〔2020〕56号）附录 D 中，关于压缩工期措施增加费明确规定，按照《建筑安装工程工期定额》（TY 01－89－2016），合同压缩工期在 5% 以上 10% 内者乘系数 1.05，压缩工期在 15% 内者乘系数 1.10，压缩工期在 20% 内者乘系数 1.15。

本着减亏增盈、减实增虚的原则，按照实际投入的资源计算。人工费赶工补偿＝赶工期间实际发生的人工成本－结算人工费；赶工增加的机械使用费＝机械台时费×（实际投入机械台时数－结算机械设台时数）；赶工增加的措施费：按实际增加的工程量及时间依据据实予以补偿；增加人工进退场费＝（赶工高峰期人数－投标高峰期人数）×往返路费。增加的临建费据实补偿；间接费税金参照合同计取补偿。

六、赶工费用创效应对策略

（一）组建团队

一是以项目经理为第一责任人，并高度参与，各相关部门参与，分工明确，落实责任，追踪每个赶工工序的进展，一旦发现问题，及时研究策划、部署后续工作；二是项目经理要强调赶工创效理念、方式方法和项目阶段性工作的推进，以责任矩阵明确总工程师、总经济师及业务部门的工作清单；三是项目经理要懂得适时借力，积极寻求上级公司和专家的帮扶指导，共商共谋共划，为赶工创效定方向、明方法，交出高分报表。

（二）精细策划

（1）做到先费用后措施。无经济方案比选就不能确定良好的经济效益，通过测算才能确定措施的性质、方案的选择，给决策人提供最有利的依据。针对工期延误，要认真分析合同条款及责任清单，精细策划赶工措施方案，优化施工组织，对不利的现场进行分析，明确赶工创效方向，本着减亏增盈、减实增虚的原则提升措施方案的含金量。

（2）做到先收集后上报。资料收集、现场签证、资料整理一定要全面及时，适时分期、分批上报，并尽可能在过程中解决，避免一揽子解决时因项目多、金额大而增加处理难度，影响处理结果。

（3）做到先谋划后实施。赶工费能否创效，很大部分工作是通过商务谈判来解决的。因为工程各参建方立场不一致，需充分沟通，实施最优措施。

（三）强化沟通

项目经理牵头，总工程师、总经济师发挥关键作用和主体责任，抓住技术、经营、财务三大关键部室联合推进，落实责任。落实技术方案比选、赶工进度比选、成本指标比选、结算风险比选"四个比选"，常态化、定期化通过工程例会、现场调度会、各种专题会议等方式与参建各方及时沟通，不要让问题堆积而导致沟通"闭塞"。特别是对外沟通时，要体现服务意识，要有理有据、依法合规，不让发包人担责和承担风险是成功的首要条件，最终达到监理单位配合、设计单位认可、建设单位同意、跟审单位协同、相关标段支持的效果。

（四）精准计费

经营管理人员要根据合同条款、定额编制规定、计量规则、资源投入等优化技术方案，从而发挥技术经济效益最大化。一是在措施策划中寻找赶工费用切入点，要结合工程赶工需要、发包人关心的关键工期；二是经营管理人员要对技术部门编制的技术措施方案进行会审，确保用词恰当，与合同相符，达到计费支撑作用；三是措施费用一般被视为外部审计关注的重点，须用好定额编制规定等工具，确保计费有依据、合规合法。

七、解读赶工案例

某混凝土面板坝及隧洞工程，合同价为6亿元，总工期为5年。受阻工、交通道路受阻、征地交地工作影响，实际开工延误4个月。开工后又因进场道路不通、材料供应不畅、施工供水供电推迟、夜间不允许爆破、地质条件变化、异常恶劣气候条件等造成的停工、施工降效等诸多影响，在工程实施的第3年末，导致工程项目较合同控制工期滞后9～13个月，发电目标受到严重挑战。作为重点工程，合同控制工期不能实现责任重大，须实行赶工措施。

（一）工期分析

双方对比招标文件，对合同边界条件、关键线路工期进行认真分析，工期影响主要表现为：场地受限，表土堆存料场从有到无，生产生活布置场地可用面积缩水3/4；施工供水滞后27个月，且在具备供水条件后仍不能按需正常供水；施工供电滞后8个月；砂石拌和系统场地切块分期移交，最后整体移交滞后30个月，且面积缩水1/3；被称为上库施工"生命通道"的连接公路贯通滞后29个月；受常年极端恶劣气候影响，年平均有效施工天数不足200d，降效严重；征地滞后最长达8个月；村民阻工严重，要求夜间不能进行打钻、爆破、出渣运输等作业；因连接公路不通，借道当地村道经常被堵路，最窄处宽度仅2.8m，夜间不准通行，且要求限载不超过20t。

（二）策划协调

一是确定了赶工费用工作对接的关键人员，集中办公，安排专人及时与业主、监理联系，按照"完成一个评审一个、成熟一个报送一个"的原则，先确定立项批复再进行费用申报；二是高层定期对接定基调，加快函件审核；三是变更函件申报原则上先易到难，金额先大后小；四是技术支撑及基础资料完善整理到位。公司安排专驻项目部总工程师一名，从技术层面及时反馈，完善证据链，消除监理、业主的疑虑。

（三）制定措施

以总进度计划为目标，通过增加施工资源、调整关键线路工作面规划、优化工序衔接、创新施工工艺、增加设备和人员资源投入等措施保证合同目标的实现。主要措施如下：

（1）大坝填筑工作面：增加 3 台液压履带钻，确保开挖强度；增加 4 条上坝道路和 2 座跨趾板桥，提升上坝强度；将 25t 振动碾换成 32t 大碾，同时降低层厚，增加坝体填筑密实度，以缩短坝体自然沉降物理时间。

（2）面板混凝土：根据规范及初期蓄水工期要求，将面板混凝土分成二期施工；同时增加 2 套滑模设施、混凝土温控措施、汛期措施及保护措施；采用防裂混凝土新工艺。

（3）隧洞工作面：增加 2 套扩挖台车和相关配套设施；增加 2 套斜井混凝土滑模台车和相关配套设施；增加 2 台平洞混凝土衬砌针梁台车和相关模板；增加技术超挖超填；采用自密实混凝土新材料；辅助系统增加 3 台搅拌机，技术升级改造砂石加工系统；增加施工供电设施及其他临建设施等。

（四）精准计费

根据合同条款中"发包人要求赶工的，承包人应采取赶工措施，赶工费用由发包人承担"的约定。依据以上赶工措施，按实物量法计算相关申报赶工费用约 3700 万元。经监理、发包人、咨询审定后，增加的赶工措施费用约为合同价款的 5％。前期施工降效潜亏通过增加人工费用、目标考核费用等给予合理补偿，签订实现保节点目标费用的补充协议，合同控制工期目标全部实现。

八、结语

赶工是很多工程面临或者经历过的情况，赶工费用计算方法很多。不管怎么算，只要双方友好洽谈，达到赶工的目标一致，承包方做好扎实的赶工措施，精心策划组织赶工并实现目标，计费依据合理，最终定能得到业主的支持与认可，从而使项目实现提质增效。

参考文献

［1］毛明珠，何洋，王丰，等. 非承包人原因导致工期延误后的有关费用调整的计算［J］. 黑龙江水利科技，2011（3）：147 - 148.

［2］孙敏. 浅析工程量清单招标模式产生的索赔和对策研究［J］. 建筑监督检测与造价，2010（1）：57 - 59.

［3］中华人民共和国住房和城乡建设部，中华人民共和国国家质量监督检验检疫总局. 建设工程工程量清单计价规范：GB 50500—2013［S］. 北京：中国计划出版社，2013.

［4］中华人民共和国住房和城乡建设部，中华人民共和国国家工商行政管理总局. 建设工程施工合同（示范文本）：GF - 2017 - 0201［S］. 北京：中国建筑工业出版社，2017.

［5］湖南省建设工程造价管理总站. 湖南省建设工程计价办法［M］. 北京：中国建材工业出版社，2020.

采用 EPC 模式的光伏项目设备物资精细化管理研究与分析

周建辉　肖　铧/中国水利水电第七工程局有限公司

王旭平/中国电建集团西北勘测设计研究院有限公司

【摘　要】　光伏项目设备物资管理在合同中占比较大，特别是 EPC 模式，设备物资管理占比达到了 70%～80%。本文梳理影响设备物资管理的各环节因素，总结出一套适宜 EPC 模式下光伏项目设备物资精细化管理的方法，可为后期同类型项目建设提供参考和借鉴。

【关键词】　EPC 模式　设备物资　精细化管理　光伏项目

一、引言

光伏项目相较于传统水电工程来说，具有"短、平、快"的特点，与市政、轨道交通等工程比较，工期更短、施工更为紧凑，特别是对土建、机电专业工种的要求高，且各工序衔接要更为紧密，加之工程总承包（engineering procurement construction，EPC）模式下光伏项目的设备物资在合同中占比达到了 70%～80%，因此设备物资管理愈发重要，其管理效果将直接影响项目履约和项目成本管控。本文以甘肃省武威 200MW 光伏治沙基地工程为例，结合该工程建设特点，对影响设备物资管理的各环节因素进行梳理，总结一套适宜 EPC 模式下光伏项目设备物资精细化管理的方法。

二、工程概况

武威 200MW 光伏治沙基地项目位于甘肃省武威市凉州区，项目建设内容包括光伏场区、35kV 集电线路、330kV 升压站扩建、40MW/80MW·h 储能系统。项目核准装机容量为 200MW（交流侧），实际装机容量为 200MW（交流侧）、安装容量为 239.96MWp（直流侧），合同工期为 7.4 个月，设计年平均发电量为 40440.3 万 kW·h，设计年平均年利用小时数 1675h。

工程建设所需的全部设备及材料的采购均由 EPC 总承包方负责，采购工程量主要包括：螺旋钢管桩 3175t，支架 239.96MW 约 7730t，组件 36.7 万块，箱逆变一体机 64 台，汇流箱 900 台，主变压器 1 台，电缆 1738km 等。设备物资采购量大，周期长，且 EPC 模式下设备物资采购费用在项目总合同金额中占比达到了 79%，比重较大。因此，须分析影响设备物资管理的因素，并有针对性地开展对策研究，提出设备物资精细化管理举措，促进现场履约生产。

三、影响设备物资管理的因素分析

（一）技术规范书和设计图纸对设备物资招采的影响分析

房建、市政、水电等其他类型的工程项目是按照工程进展或项目节点工期按部就班提供设计图纸。光伏项目不同，其设计供图流程如下：首先由设计单位出具技术规范书，其次项目设备物资部联合经营管理部，按技术规范书招采，待中标单位明确后将基础资料（图纸）提交总包和设计单位复核，复核结果无误后设计、厂家、总包三方签署采购合同以及技术协议，厂家开始生产。此外，部分招采项目还涉及技术图纸二次复核的情况。土建和电气相互交叉的部分，招采耗时相对更长。

统计光伏项目常见的设备物资，设计出图流程大致分为以下四种情况：

（1）常规供应的设备物资设计出图流程为：电缆、接地扁铁之类，设计提出技术规范书，总包方按照要求正常招采。

（2）需二次复核的设备物资设计出图流程为：汇流箱、与后续工种（土建、电气安装）不存在相互牵扯的设备物资，均由中标设备厂家向设计方提供资料，设计修改、复核后，反馈给厂家进一步确认，无误后再签署技术协议及合同。若存在问题，则继续与设计沟通、联系。

（3）土建与电气安装交集的设备物资设计出图流程涉及的设备物资相对较多，包括升压站的电气一次设备（主变、SVG、AIS、高压开关柜等）、电气二次设备（综合自动化系统、稳控系统等），其出图过程受"土建施工工序靠前，其设计出图需待电气安装图纸确定""电气一次设备安装在前，其设计出图需后续招采的电气二次设备图纸"两个重大因素的影响。其中，又分为两种情况：

1）升压站的电气一次设备，大部分须矗立在土建基础（条形基础或刚性基础等）上，也就是常说的"先土建后安装"的施工程序，对设计出图而言，则需要"反向设计"。首先，电气一次设备中标单位提资，出图流程和上文二次复核类设备基本一致，只是在出图流程末端增加一个流程环节；然后土建须根据电气设计与总包、设备厂家三方确认的图纸再进行设计。以主变基础土建设计出图为例，须待主变设备厂家根据技术规范书提出主变电气技术参数，在确认参数的前提下，土建设计方能对主变压器的重量、集中受力点等技术参数进行分析研判，然后再"对症下药"——有针对性地出具土建图纸。

2）电气一次设备和电气二次设备交叉影响，以升压站最典型的高压开关柜（电气一次设备）为例，由于柜体内部涉及电气二次设备内容，因此须待电气二次设备厂家中标后，在设计、总包、厂家三方基本确认技术参数的基础上，对高压开关柜内的电气二次设备开孔。同时，柜体的尺寸大小也和电气二次设备大小等参数有关联，否则容易导致二次设备无法安装。

（4）受相邻工序材料物资影响的设计出图流程，以光伏区支架为例，支架檩条的安装孔位与组件开孔位置息息相关。然而市场上的光伏组件尺寸五花八门，同一规格组件，各厂家开孔位置各有安排，组件厂家未确定，开孔位置也无法确定，导致前置工序支架中的檩条无法生产。2023 年 7 月 7 日，国内多家光伏组件生产单位发出倡议，就新一代矩形硅片中版型 238mm×1134mm 组件标准化尺寸达成共识，组件尺寸为 2382mm×1134mm，组件长边纵向孔位距 400mm/790mm/1434mm。7 月 19 日，中国光伏行业协会举办的 2023 年上半年发展回顾与下半年形势展望研讨会暨 2023（年）光伏行业供应链（宣城）论坛上，光伏组件向着标准尺寸 2382mm×1134mm（210R）迈进，组件朝着尺寸大一统的时代发展。对总包或施工单位而言，这有利于组件、支架招采以及现场物资的管理。

（二）设备物资厂家生产、供应瓶颈的因素分析

分析、掌握设备物资厂家生产、供应能力，是设备物资精细化管理的一个重要环节。俗话说"兵马未动、粮草先行"，蓝图已出，之后则是掌握设备物资的生产周期、出厂时间、到场时间。设备物资厂家生产、运输过程中某一环节出现短板或"掉链子"，都将延长生产、物流周期，直接影响现场施工进度。

（1）上游原材料、零构件供应商因资金等因素，物料库存不足，影响下游供应商物资、设备生产能力，譬如光伏项目涉及最多的支架，材料类型多达 37 种，设备物资生产厂家势必存在部分零构件由配套企业代生产的行为。因此，总包部须第一时间掌握设备物资生产厂家生产能力，以及配套企业的生产能力，一旦出现供应瓶颈，总包部需要协助供应商予以协调解决。以支架生产为例，厂家基于生产能力主要负责支架檩条、立柱、斜撑、连接件的生产等，垫片、螺栓等小五金件则打包给有合作关系的小型配套企业生产，然而小型配套企业因其生产规模、流水线有限，或是原材料不足，无承载生产高峰的能力，导致"锣齐鼓不齐"，现场支架因螺栓、垫片缺项无法安装。因此，总包部不光要掌握支架檩条、立柱、斜撑、连接件等大件的情况，更要梳理、了解垫片、螺栓等小五金件的进度，才能保证支架安装"齐头并进"。

（2）生产过程中，除总包设备物资部门须及时掌握生产进度外，工程管理部门也需要"技术先行"，及时知晓设备物资生产、采购过程中的疏漏环节，并将问题及时反馈给设计和生产部门。譬如组件和支架分属不同厂家生产，其连接螺栓谁提供、是否能匹配，均需要摸排清楚，避免因一种螺丝钉漏采或型号不对不能安装，导致施工现场出现"万事俱备，只欠东风"的情况。

（三）设备物资出库及物流影响的因素分析

设备物资出库及物流影响的因素主要有以下几种：

（1）厂家仓储保管。比如库存管理不当、货物堆放不合理、与总包信息不对称等，容易导致货物无法及时出库、库存过多等问题。

（2）设备物资的属性。包含特殊货物和发运货物的配重因素。特殊货物（如主变压器）属于大件货物，因此对运输车辆有严格的要求，同时运输手续的办理也是影响物流的关键所在。对于发运货物的配重因素，需要合理地分配货车的重量，以确保货车的稳定性和安全性。以支架为例，生产厂家须根据运送的檩条、立柱等大件搭设螺栓、垫片等小型配件，每次大件运送重量确定后方能搭配各种小件数量，因此，极易出现到货材料的数量与施工现场货物预期值不匹配的情况，对现场施工组织造成一定困扰。

（3）地方政策。如某地施工需绕道行驶、某地有重大活动实施交通管制、某地新增禁行区域、某地严格治限治超等，都会影响到物流运输时间。

从上述因素分析可以看出，在光伏项目设备物资占比达到一定比例的情况下，设计供图、设备物资生产厂家保供能力以及出库物流均是影响设备物资精细化管理的关键因素。

四、设备物资精细化管理的具体措施

（一）构建光伏特色的设备物资精细化管控体系

建立光伏特色的设备物资精细化管控体系，确定管控项目及工作职责，制定完善的管控制度，明晰各级操作程序。科学完善的物资管理流程与体系不仅是开展物资管理的重要前提，更是保证工作质量的重要基础。因此，针对光伏发电工程的实际特点，必须构建光伏特色的设备物资精细化管控体系。

（1）物资采购前。主要包括以下三个方面：

1）合同解读。总包管理人员，特别是工程部、物资部、设计管理部须充分了解合同内容，并由设计管理人员解读合同工程项目和工程量的由来，确保技术员、材料员等管理人员能充分理解设计意图，同时便于计量人员知晓计量原则。

2）充分沟通。工程管理人员、设计人员、物资管理人员充分沟通，相互了解彼此诉求，譬如设计过程中的一些想法、工程项目的节点目标和工期、设备物资招采可能会遇到的难题。

3）工作计划。工程管理部根据设计管理人员出具的技术规范书，提出工作计划，涵盖物资招采计划、到货时间、现场物资材料验收形式、随车附带的资料等，从而为物资采购提供支撑依据。

（2）物资采购中。总包设备物资部要全面考虑招采过程中会出现的问题，制定切实可行的应急计划，譬如招采权限、招采时间与到货时间的冲突等。

（3）物资采购后。主要包括以下四个方面：

1）总包设备物资部第一时间告知工程管理部门，并要求中标厂家在规定时间内提供基础资料，同时流转设计管理人员。

2）总包技术负责人组织，工程部、设计管理部、设备物资部以及中标厂家参与，确定合理的技术参数。

3）签署总包、设计、厂家技术负责人（或主设）的三方技术协议。

4）设备物资生产、物流的跟踪。①在设备物资生产过程中，总包设备物资部必须对生产厂家实施有效的追踪和管理，这是确保产品质量和生产效率的关键，通过引入监造环节，可以实现对生产过程中的各个环节进行实时掌控，从而为设备安装进度节点提供决策依据；②设备物资出厂后，须第一时间掌握运输车辆的行踪，以某厂生产的主变为例，厂家以为主变出厂后已运往项目现场，然而项目现场迟迟未收到主变压器，打听了

解，方才知晓主变因为大件运输堵在高速收费站，因此需要安排厂家制定合理的运输管理跟踪台账，专人专班实时跟踪。

（4）物资进场后。物资进场后须做好验收与监督工作，联合工程管理部根据施工需求合理分配，并对进出的物资做好记录工作。

利用科学的物资管理流程开展物资管理工作，既可以提升物资管理工作效率与质量，而且可以有效地控制成本支出。

（二）建立基于信息技术的设备物资管理创新措施

目前，设备物资管理使用的主要是项目资源规划（project resource planning，PRP）系统，其在物资管理工作中得到了广泛的应用，该系统不仅可以科学高效地整合物资管理信息，而且通过信息平台可以强化物资管理工作者与物资供应商之间的联系与合作，使得物资管理工作更加高效。同时，通过信息技术在物资管理工作中的应用，可以帮助物资管理者、企业领导、施工部门实现信息共享，及时掌握物资信息，进而合理地安排工作计划，保证施工能够高效有序地完成。

此外，围绕光伏项目设备物资种类繁多的特点，可建立扫码菜单式的设备物资出入库管理 App，设备物资厂家在发货时将设备或配件信息录入 App，生成二维码；物流单位以及运输司机可根据当天到达地点定时上传所在位置；当设备抵达现场后，管理人员可扫码录入各种设备型号及数量，自动叠加库存，节约录入时间，防止人为计数错误；同时在设备分类码放时可以在 App 上记录存放位置，保留存放照片，方便查找，防止多领错领，并对已领设备物资的归属进行跟踪。

五、结语

综上所述，针对武威 200MW 光伏治沙基地项目设备物资供应管理工作中存在的实际问题，从设计、厂家源头分析，梳理出影响物资招采的设计出图流程、厂家生产瓶颈、物流短板等原因，从"事前、事中、事后"工作机制出发，结合信息化技术，总结出一套适宜 EPC 模式下具有光伏特色的设备物资的精细化管控方法。

随着光伏技术的持续发展，未来光伏项目市场广阔，通过加强设备物资供应管理，可以保障项目的顺利建设，确保 EPC 总包方的项目收益，从而实现降本增效的目的。

参考文献

［1］ 李尚波. 光伏项目设备物资管理［J］. 水利水电技术（中英文），2022，53（S2）：59 - 63.

阜康抽水蓄能电站设计施工一体化探索与应用

贺智安　孙　斌/中国电建集团西北勘测设计研究院有限公司

【摘　要】　新疆阜康抽水蓄能电站采用 EPC 模式，通过设计施工融合、顶层设计、完善各项管理制度、实施全过程技术咨询以及加强信息化管理等一系列措施，提升设计施工一体化管理水平，强化履约能力，实现企业和行业的可持续发展。

【关键词】　设计施工一体化　顶层设计　设计优化　标准工艺　阜康抽水蓄能电站

一、引言

我国传统水电工程的建设一般是在预可行性研究、可行性研究获得批准后，由建设单位委托设计单位开展招标及施工图设计工作，由中标施工单位实施工程建设。设计与施工是相互分离的，导致设计人员对施工具体细节不是很清楚，施工人员对设计规范不甚了解，建设单位需要花费大量时间协调设计与施工以解决项目实施中出现的问题。

设计施工一体化是指由承包商整合项目的设计和施工，承包商可以是某一公司，也可以是承包联营体，可有效地解决施工中存在的问题，在设计施工融合、技术方案竞争、控制成本风险、减少纠纷发生及按时保质保量完工等方面具有较大优势。其具体实施模式有设计–建造模式（design and build，DB）、EPC、公共私营合作制（public – private – partnership，PPP）等工程模式以及工程、采购、施工和调试模式（engineering procurement construction and commissioning，EPCC）和项目交付模式（engineering procurement construction management，EPCM）等衍生模式。

水电工程具有工期长、地形地质条件复杂的特点，随着国际水电 EPC 的发展以及国内政策的指导，国内水电 EPC、PPP 模式也在稳步推进。2016 年杨房沟水电站、阜康抽水蓄能电站、清原抽水蓄能电站 EPC 合同以及 2018 年大石峡水电站 PPP 合同的签订，标志着大型水电工程设计施工一化进入实施阶段。

新疆阜康抽水蓄能电站是国内首个以设计牵头的 EPC 模式的百万级抽水蓄能电站，以中国电建集团西北勘测设计研究院有限公司为牵头人、中国水利水电第三工程局有限公司和中国水利水电第十五工程局有限公司为成员的联合体，承担设计、施工、采购任务。建设单位为国网新源新疆阜康抽水蓄能有限公司，黄河勘测规划设计研究院有限公司负责设计监理和施工监理。

本文依托阜康工程，探索在 EPC 模式下如何发挥成员企业专业领域优势，整合联营体资源，实施设计施工一体化，提高履约能力，实现企业利益最大化和行业持续健康发展。

二、设计施工一体化探索与应用

（一）投标阶段设计施工一体化应用

工程投标阶段，成立了以中国电建集团西北勘测设计研究院有限公司牵头、中国水利水电第三工程有限公司和中国水利水电第十五工程局有限公司为成员的联营体，组织成员企业的优势力量集中办公，编制投标方案。以招标文件和可行性研究报告为基准，将设计方案与施工组织方案融合，开展多方案优化比选，使投标方案更具优势。

（二）顶层设计

取得中标通知书后，抽调经验丰富的专业人员组成阜康 EPC 项目领导小组，对阜康 EPC 项目联合体运营管理机制、项目经营管理及成本目标、内部经济协议、设计施工一体化等有关内容进行顶层设计。

阜康 EPC 项目领导小组着重就设计施工一体化在管理组织、成本目标和激励措施等方面进行顶层规划，开创性地将设计施工一体化写入内部经济协议中，以合同方式对联营体成员进行约束管理，使设计施工一体化管理有理有据。

（三）建立各项管理制度，确保设计施工一体化的实施

在设计管理上，制定了《设计文件会审暂行规定》《设计交底管理制度》《重大设计方案管理》等一系列管理文件，从制度上保证设计工作的良性运转。

在施工管理上，制定了《项目质量管理办法》《施工优化或替代方案管理》和《标准工艺示范区评定管理办法》等，建立由EPC总包部、施工项目部、施工工区、施工班组组成的四级技术管理体系。

为充分发挥设计施工一体化的优势，积极推行优化设计，根据制定的运行规则，编制了《设计优化管理办法》，规定了设计优化原则、优化管理体系及职责、申报流程、优化利润计提和优化金额奖励及分配等。

（四）实施全过程技术咨询

组织联营体各成员企业专家成立EPC项目技术管理委员会，针对工程建设过程中的重大技术问题进行全过程技术咨询。自开工以来，对上下水库土石方平衡、上水库初期蓄水方式、上水库库底防渗型式比选、上水库库盆沟槽经济性处理、施工总进度调整、下水库截流形象要求等重大技术问题进行咨询。

（五）以设计为龙头，加强设计管理和优化设计

在协调统一设计和施工过程中，坚持以设计为龙头，充分发挥EPC模式的设计优势。设计管理过程中实施全过程动态设计；将勘测、设计力量前移，执行首问责任制；推行标准化设计；严格执行限额设计，积极开展合理设计优化；采用三维VPM（virtual product management）协同设计平台，指导现场施工。

（六）发挥施工能动性，加强资源整合

充分利用施工单位技术优势，发挥施工能动性，实行现场确认单制，由施工单位通过现场确认单，将易于施工的方案反馈给设计，消除设计不合理对施工的影响，可在很大限度上减少工程变更。

通过加强施工单位标准工艺应用管理，实施"样板引路"和"示范工艺"的管控模式，建立标准工艺应用"首仓示范工程"，切实提升工程质量管理水平。

为避免施工过程中机电与土建相互干扰，要求机电安装单位进行机电仓面二次设计，整合机电与土建设计图纸。

（七）设计施工一体化深度融合

（1）施工、设计双方分别派出相关专业技术与管理人员，进入EPC总承包部各职能部门，根据各自专长分担相关管理任务，实现管理人员高度融合。

（2）形成设计产品、施工产品相互会签制度，设计图纸报审前施工会审，施工方案报审前设计会审，使方案更好地指导现场施工。

（3）遇到施工重难点、关键点和高风险点时，双方共同提供技术支撑，在满足功能、安全、质量的前提下，调整或修改设计方案，优化施工方案，既便于施工，又节约成本。

（八）项目信息化管理技术应用

工程管理中，大力推行项目信息化管理技术的应用，可极大地提升设计施工一体化管理水平。EPC总承包部利用项目管理总承包（project management constracting，PMC）管理系统、智能管控平台、基于建筑信息模型（building information modeling，BIM）系统的数字化电站平台等多种手段实现项目信息化管理。

三、设计施工一体化管理取得的成果

（1）有利于质量控制。本工程利用设计施工一体化优势，建立全过程质量管理体系，坚持"设计龙头、样板引路、过程管控"。总承包方各级人员高度重视工程质量，打造质量精品，创建优质工程。截至2023年年底，本工程共计建设标准工艺示范区52项，累计完成单元工程验收评定11615个，全部合格，其中优良11061个，优良率为95.23%，满足合同要求的88%以上。

（2）有利于资源优化配置。充分利用设计、施工和采购一体化优势，实现了对项目建设各个环节的整体管理，快速、及时地解决了工程建设中相互协调配合等问题；有效地整合了管理、设计、施工、采购等工程建设资源，使资本、技术、人力、物资等资源实现高效组合，实现了资源优化配置。在项目实施中，利用PM总承包管理系统进行设计施工信息资源共享，统一管理调配资源，避免资源浪费。

（3）有利于成本控制。充分利用设计施工一体化的优势严格控制成本，取得良好的经济效益。在设计管理上，鼓励标准化设计，严格执行限额设计，大力推行合理设计优化。发挥施工单位经验优势，将设计方案与施工技术、工艺和方法结合起来，优化设计方案，减少现场变更，降低工程成本。在采购管理方面，全面推行资金、物资和大型设备的集中管理、统一招标采购和集中调配，极大地降低了采购成本和运行成本。经统计，自开工以来，设计优化和施工优化金额超过100万元以上的分部工程共计21项，如上库库底防渗型式优化调整、拦沙坝悬挂式防渗墙研究和上库排水廊道预制顶拱施工等，节约工程投资约2亿元。

（4）有利于进度控制。进度管理坚持"施工配合设计，设计服务施工"的理念，并建立工期预警制度和加

大进度考核力度。该电站在建设中受新冠疫情和重大节假日影响，共计停工 297d，通过精细化进度管理，各方紧密协作配合，增加冬季保温施工投入等措施，顺利实现 2023 年 11 月首台机组发电目标。出线竖井原设计方案为整体现浇结构，计划工期为 15 个月，考虑到竖井制约倒送电，为加快施工进度，通过设计和施工紧密配合，竖井采用装配式设计与施工，节约工期约 10 个月。

（5）有利于提升管理水平。阜康抽水蓄能电站作为国内以设计牵头的 EPC 模式大型水电站试点项目，建设过程中积累了大量的设计施工一体化管理经验，提升了项目建设管理水平。

中国电建集团西北勘测设计研究院有限公司作为联营体牵头方，实现了由传统设计单位向总承包单位的角色转变，促进了与施工单位的联合与协作，提升了公司设计施工一体化管理能力，加快了公司产业结构优化升级，拓展了公司产业链。

四、建议

（1）EPC 总承包部作为项目实际管理层，是项目安全、质量、进度的实际策划者，是设计施工一体化的协调者与管理者。其需要在立足合同的基础上，指导与联合各方全面履约，加强与参建各方的沟通和协调，确保纠纷和争议及时得到妥善解决。

（2）优化 EPC 总承包项目管理组织结构，建议将设计和施工项目部项目经理、总工程师等技术管理人员纳入 EPC 总承包部管理体系，便于统一协调管理，优化管理层级，提高工作效率。

（3）实施设计施工一体化，造成设计工作量成倍增加，存在设计方案反复修改、设计文件审查流程增长等问题。建议施工单位在设计工作开展之前提前介入设计方案比选，避免设计方案反复修改。

（4）设计施工一体化需要设计人员熟悉施工，施工人员技术经验丰富，因此需完善人力资源管理、培养体系，建立吸引和使用优秀人才机制，形成长期、规范的人才培养制度。

（5）设计施工一体化不是空喊口号，需要设计人员、施工人员投入大量精力，设计施工高度融合，因此建议加大激励措施，利用项目优化金额奖励设计人员及施工人员。

（6）大力推行标准化设计、标准工艺应用，减少方案的不确定性和施工中的风险。

五、结语

阜康抽水蓄能电站作为国内首个以设计牵头的 EPC 模式大型抽水蓄能试点项目，项目管理以设计施工一体化为核心，通过设计和施工深度融合、顶层设计、完善各项管理制度、实施全过程技术咨询以及加强信息化管理等一系列管理措施的应用和探索，在质量、进度、成本管理方面均取得一定的成果，使项目建设资源得到优化配置，提升了工程建设管理水平。为进一步提升项目管理水平，还应重视管理组织机构建设、人才培养及激励措施，大力推行标准化设计和标准工艺应用，提升工程风险管控能力。

当前，国内抽水蓄能电站已进入高质量、大规模开发阶段，业界对于如何提升抽水蓄能电站项目管理水平、加快项目又好又快建设有着相同的诉求。本文依托阜康抽水蓄能电站 EPC 项目，提出一些设计施工一体化管理应用经验和建议，可为后续抽水蓄能建设管理提供一定的借鉴意义。

参考文献

[1] 蔡绍宽. 水电工程 EPC 总承包项目管理的理论与实践 [J]. 天津大学学报，2008，41（9）：1091－1095.

[2] 丁丹. 水利水电工程总承包项目设计与施工技术管理的融合 [J]. 科技资讯，2019，17（11）：93－94.

[3] 尹艳艳，刘延芳，周鸿彬. EPC 模式下设计施工一体化运作探讨与分析 [J]. 中国航班，2023（11）：117－120.

浅析智慧水务系统在农村供水中的应用

【摘　要】　近年来，农村供水安全备受关注，各地积极推进信息化与规模化建设，旨在从"有水喝"迈向"喝好水"。本文介绍以农村供水的难点、必要性及目标为线索，构建农村供水智慧水务模型，并引用河北省文安县农村供水案例，强调其对供水安全与乡村振兴的重要性，以期为农村供水系统的现代化改造和乡村振兴战略的深入实施提供有益参考。

【关键词】　农村供水　智慧水务系统　供水安全

一、引言

在当今乡村振兴的战略背景下，农村供水安全作为关乎民生福祉的重要议题，其重要性日益凸显。然而，智慧水务系统建设在农村供水领域面临着诸多挑战与难点。首先，农村供水覆盖范围的广阔与居住人员的分散，使得水量水压的平衡成为一大难题；其次，底层硬件设施的相对落后与信息管理的不完善，严重制约了农村供水系统的现代化进程；再次，随着农村供水质量要求的逐年提高，现有的服务质量已难以满足发展需求；最后，缺乏统一的信息化综合管理平台，使得农村供水的信息化管理难以推进，进而影响了乡村振兴的数字化建设。

面对这些挑战，智慧水务系统建设显得尤为必要。作为人类生存的基本需求，饮用水安全直接关系到农村广大人民群众的身心健康和生命安全。智慧水务系统的引入，不仅能够有效提升农村供水的管理效率和服务质量，还能在应对水质污染、供水调度及应急供水等方面发挥重要作用。此外，智慧水务系统建设也是响应国家政策、推动农村数字化建设的重要举措，有助于实现农村供水数据的融合与价值挖掘，为农村数字经济的发展注入新动力。

综上所述，智慧水务系统建设在农村供水领域具有举足轻重的地位。本文将从智慧水务系统建设的难点与必要性出发，深入分析其在农村供水安全中的应用与影响，以期为农村供水系统的现代化改造和乡村振兴战略的深入实施提供有益参考。

二、智慧水务系统建设的难点

（1）农村供水覆盖范围广，水量水压难以平衡。农村居住人员较为分散，供水区域大且较为分散，大多涉及十几个镇或上百个村落，关系到的人口众多，供水模式复杂。

（2）农村供水底层硬件设施相对落后，缺乏完善的底层信息管理。由于农村的经济发展相对落后，难以留住专业技术人员，设备设施长期缺乏维护，造成底层硬件设备破损及技术落后，已经跟不上现代化发展的需求。

（3）农村供水质量要求逐年在提高，服务质量已经跟不上发展需要。随着社会的发展及国家对于乡村振兴的不断加深，农村对于供水企业的要求在不断提高，供水质量的要求也在不断提高，目前农村供水的现状与要求出入较大。

（4）缺乏统一的信息化综合管理平台。基于农村供水的分散性和专业技术人员的要求，没有标准化、专业化的综合管理平台，难以推动农村供水实现信息化管理，难以吸引专业人才，难以推动农村供水数据价值的发挥及乡村振兴的数字化建设。

三、智慧水务建设的必要性

（1）饮水是人类生存的基本需求。饮用水安全问题，直接关系到农村广大人民群众的身心健康和生命安全。切实做好饮用水安全保障工作，是维护农村广大人民群众根本利益、落实科学发展观的基本要求，是实现全面建设小康社会目标、构建社会主义和谐社会、建设社会主义新农村、乡村振兴的重要内容，是把以人为本真正落到实处的一项紧迫任务。

（2）目前农村设备设施管理不规范，基础设施建设参差不齐，管理薄弱环节多，不能满足社会发展对供水安全、方便、智能的要求，同时不能满足管理标准化、可视化、智能化的要求。因此通过智慧水务系统建设，实现农村统一高效管理、降低运营成本、吸引专业人才是农村发展建设的必要，是社会发展的要求。

（3）随着乡村振兴建设步伐的不断加速，农村供水也将面临水质污染、供水调度及应急供水等多方面的挑战，为确保农村供水安全运行，最大限度地减少安全事故的发生，降低安全事故与突发事件造成的损失，最大限度地保证国家财产和人民生活免受经济损失及影响，在稳妥可靠的前提下，建立农村供水综合管理平台，有效地处理可能出现的各类突发事故，提高面对突发事故及管理单位的应急处理能力，建立供水统一智慧管理中心已经刻不容缓。

（4）随着国家政策要求农村数字建设不断加速，建立统一的数据中心，避免数据的孤立，推动农村数字化建设的数据融合，为发展农村数字经济发挥数据价值，已是迫在眉睫。

四、智慧水务建设目标

智慧水务总体目标为：建立"业务整合、互联互通、融合共享、智能决策"的"数字水务"。

（一）通过水厂全流程管控，确保供水水质安全，实现无人值守

在传统自动化水厂管理平台的基础上，结合驾驶舱、多维度报表、设备管理、工单、报警、水质化验分析、安全管理、能耗成本分析、人员关键绩效指标（key performance indicator，KPI）考核等功能模块，增质提效，实现从水源到出厂全流程自动化运行、药耗控制及自动投加，降低人工监管成本，提高安全生产管理水平，实现水厂无人值守或少人值守，确保水厂出厂水质安全达标，满足《生活饮用水卫生标准》（GB 5749—2022）的要求。

（二）通过压力及水量监测硬件，统筹管理全域供水管网，实现全域供水平衡

结合水厂出厂数据及管网压力、流量硬件的数据监测，系统对水厂-管网供水-用户用水全流程进行监测。通过压力及水量数据的采集及分析，结合数据模型及规则模型，进行数据分析及自动化调控。根据数据分析及时识别突发情况，并提供相应的应急响应方

案，实现农村供水不同场景的调度方案，满足农村供水要求。

（三）梳理农村供水管网，实现管网电子化、管理精细化

结合现有管网图纸及竣工图纸，核实梳理管网实际情况。通过统一的管网资料的电子化，建立标准管网资料库。结合管网巡检，及时更新管网信息，解决管网资产不清晰、巡检路线不明、人员绩效考核不明确、管网走向不清楚等实际问题，完成从原来的粗放式管理向精细化管理的转变。

（四）通过水量及压力监测等手段，控制供水漏损率，实现农村节水及供水达标

结合供水设备设施的运行数据和管理模式，通过底层硬件数据的变化，利用漏损模型分析，建立管网漏损统一管理机制，责任到每个部门，细化到每个人。对于可能发现的水量异常区域及点，及时安排人员进行基准摸排，对漏损点进行及时处置，可有效提升管网供水能力，降低企业运营成本。

（五）强化底层供水设备设施的安全管理，提升运维管理能力

结合农村供水设施的分散性，为满足设施的技防需要，需要布设现代化安防监控系统。通过视频监控、线上巡检、全生命周期管理等应用方式，提高农村重要设备设施的安全管理，加强设备设施的运维管理能力。通过数据分析及时发现隐患，确保供水设备设施安全可靠，提高设施安全管理，降低人员成本。

（六）提升供水企业对农村的服务能力及运营能力

系统既满足日常管理所需的报表数据，还针对农村的服务能力进行提升，借助多种渠道、多种便民服务方式，建立线上报装及网上服务模式，统一服务热线，解决服务难的问题，提升供水企业的服务能力和快速盈利能力。

（七）优化农村供水业务管理的决策能力及持续落地

针对农村供水业务系统应用，建立制水-供水-用水-售水的全流程管理，实现水厂运营管控、管网调度管理、分水站运维管理、漏损管理、营销管理等海量农村数据的积累。结合使用场景，通过大数据综合分析，形成独有的农村供水数据库，为农村供水的运营管理提供科学的决策依据，为推动农村持续改善管理模式提供可参考的数据支撑。

五、农村供水智慧水务系统的总体架构及关键性建设内容

根据国内已有的智慧水务建设经验，结合我国农村供水的现状，智慧水务系统建设遵循"顶层规划，分步实施"的原则，基于工业互联网架构的平台化智慧水务，以水务数据融合各项业务联动为核心，形成"1张网＋1个平台＋1个中心＋1个大脑＋N大应用"的技术架构。农村供水智慧水务系统总体架构如图1所示。

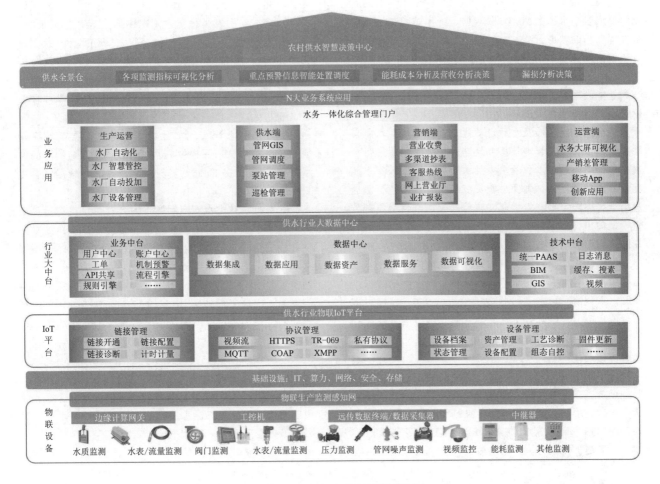

图1　农村供水智慧水务系统总体架构图

（一）生产监测物联感知网

基于农村供水的管理需要，能够多元素地对农村供水进行监测，以更加全面的感知方式来提升监控效果。根据农村供水场景，产水-供水-用水全范围智能化感知网全面覆盖。以底层监测硬件为基础，通过网关、工控机等多种传输途径，结合有线、4G等多种传输手段，使其覆盖范围更广，形成更加完善的数据采集，这样同时可以加强农村供水信息的获取，进一步增强信息的及时性、完整性，从而满足农村供水工程的管理需要。

（二）供水行业物联IoT平台

供水行业物联IoT平台主要包含基础设施和IoT平台两大部分。

（1）基础设施是整个系统的硬件支撑。①IT硬件。

根据系统的运算需要计算出算力，匹配虚拟化资源及物理存储资源，确保系统存储和足够的算力；②网络。根据农村的网络实际，可实现本地部署、云部署和混合云部署多种部署方式；③安全。系统设计上，根据实际使用要求及农村供水安全性，为满足《信息安全技术信息系统安全等级保护基本要求》（GB/T 22239—2008）的要求，从系统安全上配置匹配的安全防护系统，以确保系统安全稳定运行。

（2）IoT平台，由于底层接入不同类型的硬件，协议不同，数据接口不同，对接难度大。建立统一的连接管理，统一协议管理，统一设备管理，解决不同类型硬件的通用性问题，降低底层硬件的接入难度。

（三）供水行业大数据中心

通过建立供水行业数据中心，能够实现数据来源的

扩展和不同部门间数据的融合，提高数据共享能力。首先，建立统一业务中心，统一系统入口，统一账户管理，统一工单流程，整合规则引擎，实现告警触发；其次，对接入的数据进行统一采集，并对数据进行集成、应用，让数据可视化，使管理更加便利，使企业运营有科学依据；最后，建立数据资产，针对农村供水的特征，形成包括水厂数据、管网数据、分水站数据、视频数据等在内的数据资产。

（四）N 大业务应用

业务应用根据农村供水流程分为生产端、供水端、营销端和运营端四大部分。

生产端主要是涉及水厂自动化、管控运行、水厂自动投加、水厂设备管理，从水源进入水厂便开始进行全过程监控。通过对水源的水量及水质进行数据采集，匹配合适的处理工艺，确保水质安全和出厂水质达标。通过精准投加药剂，降低生产端的药剂成本。利用数据分析模型输出设备运行模式，使设备高效运行，实现生产端的全自动化运行和运行成本的降低。

供水端主要是通过全域的管网 GIS 地图，结合水厂运行数据，根据农村用水特性和规则模型进行全网供水调度，实现水厂出水-管网供水-分水站输水-各村用水的全流程监管。结合各个重要节点的分水站运营管理和巡线管理，确保供水管网的安全，将水稳定地输送到各个村落。

营销端主要是用户端，涉及水费缴纳、水表抄收、服务热线、线上办公及报装业务，多种水表统一接入，统一查抄，统一水费结算。除提供基础的柜台缴费业务外，还根据实际情况提供微信、支付宝等多种缴费方式，服务更加便民化。针对农村反馈渠道建立统一的客户服务热线，使服务便捷化。用户安装等相关业务提供线上服务，用户足不出户可实现流程申报，实现零跑腿，改善营商环境。

（五）农村供水智慧决策中心

建立农村供水全景仓，基于农村供水监测指标分析，建立不同的分析专题，例如压力专题、水量专题等，实现数据可视化，使分析更直观，重点突出，决策有据可依。

日常调度可根据农村供水特性，结合天气、季节、假期等实现不同的调度供水方案，积累和沉淀农村调度方案库。针对重点区域或节点，可重点标识，提前制定应急预案，一旦触发规则报警，可直接调用应急预案，通过应急调度方案实现安全供水。

企业运营管理方面，通过对水厂设备运行数据、分水站设备运行数据、药剂投加数据等进行采集和分析，提供设备能耗分析、药剂分析，结合营收及管网数据，支持漏损分析决策，降低企业运营成本，提高效益。

六、智慧水务在农村饮水安全工程管理中的应用案例

河北省廊坊市农村地下水连年超采，特别是深层地下水超采，引发了地下水降落漏斗形成及扩大加深、咸水扩散和地下水污染等严重危害。该区域内的文安县浅层地下水苦咸，深层水含氟高，局部地区大于 4mg/L，迫切需要对农村供水水质进行改善。廊坊市是国家南水北调工程售水区域，文安县农村智慧水务建设项目是以整体规划、一体化实施的本地部署方式，通过智慧水务系统实现的建设，它使文安县能够更好地利用南水北调工程提供的水资源，确保农村地区的供水需求得到满足，同时为乡村振兴战略的实施提供有力支持。

为解决农村供水安全问题，提升农村供水质量，文安县致力于进行农村生活水源江水置换。该项目针对原辖区范围内的农村，对地下水取水、水质不达标等不符合国家安全饮水的问题进行改造。具体做法为：新建管网系统和第二地表水厂，并且结合智慧水务系统整体解决方案，实现文安县 13 个乡镇的 362 个村和 5 个国营农场的生活用水水源由深层地下水置换为南水北调工程优质地表水，改善了 48.43 万人（其中外来人口 3.77 万人）的饮水问题，实现制水、合格送水、标准计量、漏损管控等方面的精细化监管，提升了供水安全系数。该方案不仅从水厂源头进行改造，还从整体智慧水务建设的角度出发，建立涵盖制水、管网输送、售水等一系列环节的智慧水务一体化平台。

针对制水，建立水厂管控系统，从处理工艺、精准投加、水质监控、节能降耗出发，严格保障水厂出水水质达标和压力合格；针对管网输送，利用各农村分水站供水建立统一的泵站管理系统，优化设备资产管理，对设备状态、压力、流量及安防进行实时监管，确保设备稳定运行，保质保量将水送到各镇各村落；针对农村漏损问题，结合供水管网规划，建立大分区和分区计量，结合硬件及软件漏损管理系统，建立供水片区-主管道-村三级监控体系。对供水作业划片区进行监控，依托大数据分析和巡检制度，明确漏损范围，及时发现漏损点，为整个供水管网的安全运行保驾护航；在售水端，建立统一抄表系统和营销系统，对用户用水情况进行采集，为之计算费用，确保收费准确，并且利用网上营业厅、热线电话，通过发布水质信息、线上业务办理、用户反馈、工单追踪等方式，提升服务的及时性和企业人员的工作效率。

智慧水务整体规划建设打破了信息"孤岛"，结合农村的实际使用场景，建立了具有特色的一体化门户与大屏系统，实时抓取业务系统数据流，通过逻辑算法，

整体监测文安县江水置换项目服务用户和管网健康情况，并及时反馈到调度中心的大屏系统上，对外业人员和突发事件等进行全程掌握，及时应对突发状况，使得运营人员在调度中心就能够进行数据分析和统一指挥；通过工单系统下发与完成情况追踪，更快地对运营过程中的情况进行处理与维护，实现流程的闭环管理。为确保智慧水务系统的安全运行，水厂从底层进行了物理隔绝，利用三网分离等技术，针对网络攻击配置了日志审查、堡垒机、终端安全等安全防护系统，确保系统安全运行，达到等保二级的安全防护标准。

智慧水务系统在文安县的实施，不仅提升了水质监测的效率，确保了供水安全，还通过数据可视化为企业运营提供了准确的数据支持，通过预警功能，能够让用水企业及时应对水量异常，减少了生产中断风险。利用营收系统对农村地区统一收费，让农村地区用户形成了节水意识。智慧水务系统的运行不仅提高了供水的安全性和效率，还促进了节水意识的形成，提升了农村地区的水资源管理水平。同时，漏损管理机制的建立，有效降低了运营成本，实现了漏损考核达标的目标。

七、结语

当前，智慧水务系统已经成为农村供水安全保障和乡村振兴的重要形式，通过现代化信息系统平台，实现了生产-供水-用水全流程的管控，深化了农村供水的应用场景和数据应用。智慧水务系统以运营管理为核心，它充分利用底层物联网感知数据，结合数据模型和大数据分析，依托工业互联网实现少人值守，全面提升了我国农村地区的管理水平和供水质量，有效解决了农村信息化程度低、管理水平地下、安全监管不到位、水质不达标等难题，有助我国农村供水的智慧化管理和高质量发展。

参考文献

[1] 汪钰，严力. 浅析智慧水务系统在农村饮水安全工程管理中的应用 [J]. 江西水利科技，2023，49（2）：122－129.

[2] 付燕琴. 智慧水务在农村饮水安全工程管理中的应用 [J]. 黑龙江粮食，2023（12）：112－114.

征 稿 启 事

各网员单位、联络员：

广大热心作者、读者：

《水利水电施工》是全国水利水电施工技术信息网的网刊，是全国水利水电施工行业内刊载水利水电工程施工前沿技术、创新科技成果、科技情报资讯和工程建设管理经验的综合性技术刊物。本刊宗旨是：总结水利水电工程前沿施工技术，推广应用创新科技成果，促进科技情报交流，推动中国水电施工技术和品牌走向世界。《水利水电施工》编辑部于 2008 年 1 月从宜昌迁入北京后，由全国水利水电施工技术信息网和中国电力建设集团有限公司联合主办，并在北京以双月刊出版、发行。截至 2023 年年底，已累计发行 96 期（其中正刊 61 期，增刊和专辑 35 期）。

自 2009 年以来，本刊发行数量已增至 2000 册，发行和交流范围现已扩大到 120 多个单位，深受行业内广大工程技术人员特别是青年工程技术人员的欢迎和有关部门的认可。为进一步增强刊物的学术性、可读性、价值性，自 2017 年起，对刊物进行了版式调整，由杂志型调整为丛书型。调整后的刊物继承和保留了原刊物国际流行大 16 开本，每辑刊载精美彩页 6～12 页，内文黑白印刷的原貌。本刊真诚欢迎广大读者、作者踊跃投稿；真诚欢迎企业管理人员、行业内知名专家和高级工程技术人员撰写文章，深度解析企业经营与项目管理方略、介绍水利水电前沿施工技术和创新科技成果，同时也热烈欢迎各网员单位、联络员积极为本刊组织和选送优质稿件。

投稿要求和注意事项如下：

（1）文章标题力求简洁、题意确切，言简意赅，字数不超过 20 字。标题下列作者姓名与所在单位名称。

（2）文章篇幅一般以 3000～5000 字为宜（特殊情况除外）。论文需论点明确，逻辑严密，文字精练，数据准确；论文内容不得涉及国家秘密或泄露企业商业秘密，文责自负。

（3）文章应附 150 字以内的摘要，3～5 个关键词。

（4）文章体例要求如下：

1）技术类文章，正文采用西式体例，即例 "1" "1.1" "1.1.1"，并一律左顶格。如文章层次较多，在 "1.1.1" 下，条目内容可依次用 "（1）" "①" 连续编号。

2）管理类文章，正文采用中式体例，文章层级一般不超过 4 级；即：例 "一" "（一）" "1" "（1）"，其他要求不变。

（5）正文采用宋体、五号字、Word 文档录入，1.5 倍行距，单栏排版。

（6）文章须采用法定计量单位，并符合国家标准《量和单位》的相关规定。

（7）图、表设置应简明、清晰，每篇文章以不超过 8 幅插图为宜。插图用 CAD 绘制时，要求线条、文字清楚，图中单位、数字标注规范。

（8）来稿请注明作者姓名、职称、工作单位、邮政编码、联系电话、电子邮箱等信息。

（9）本刊发表的文章均被录入《中国知识资源总库》和《中文科技期刊数据库》。文章一经采用严禁他投或重复投稿。为此，《水利水电施工》编委会办公室慎重敬告作者：为强化对学术不端行为的抑制，中国学术期刊（光盘版）电子杂志社设立了"学术不端文献检测中心"。该中心将采用"学术不端文献检测系统"（简称 AMLC）对本刊发表的科技论文和有关文献资料进行全文比对检测。凡未能通过该系统检测的文章，录入《中国知识资源总库》的资格将被自动取消；作者除文责自负、承担与之相关联的民事责任外，还应在本刊载文向社会公众致歉。

（10）发表在企业内部刊物上的优秀文章，欢迎推荐本刊选用。

（11）来稿一经录用，即按 2008 年国家制定的标准支付稿酬（稿酬只发放到各单位联系人，原则上不直接面对作者，非网员单位作者不支付稿酬）。

来稿请按以下地址和方式联系。

联系地址：北京市海淀区车公庄西路 22 号 A 座

投稿单位：《水利水电施工》编委会办公室

邮编：100048

编委会办公室：吴鹤鹤

E-mail：kanwu201506@powerchina.cn 或电建通

全国水利水电施工技术信息网秘书处

《水利水电施工》编委会办公室

2024 年 8 月 30 日